現代物流管理（第二版）

主　編　何峻峰
副主編　石江華　宋劍濤

松燁文化

第二版前言

　　物流管理科學是近二十年以來在國外興起的一門新學科，它是管理科學新的重要分支。隨著生產技術和管理技術的提高，企業之間的競爭日趨激烈，人們逐漸發現，企業在降低生產成本方面的競爭似乎已經走到了盡頭，產品質量的好壞也僅僅是一個企業能否進入市場參加競爭的敲門磚。這時，競爭的焦點開始從生產領域轉向非生產領域，轉向過去那些分散、孤立的，被視為輔助環節而不被重視的，諸如運輸、存儲、包裝、裝卸、流通、加工等物流活動領域。人們開始研究如何在這些領域裡降低物流成本，提高服務質量，創造「第三個利潤源泉」。物流管理從此從企業傳統的生產和銷售活動中分離出來，成為獨立的研究領域和學科範圍。物流管理科學的誕生使得原來在經濟活動中處於潛隱狀態的物流系統顯現出來，它揭示了物流活動各個環節的內在聯繫，它的發展和日臻完善，是現代企業在市場競爭中制勝的法寶。

　　實施物流管理的目的就是要在最低的總成本條件下實現既定的客戶服務水平，即尋求服務優勢和成本優勢的一種動態平衡，並由此創造企業在競爭中的戰略優勢。根據這個目標，物流管理要解決的基本問題，簡單地說，就是把合適的產品以合適的數量和合適的價格在合適的時間和合適的地點提供給客戶。

　　物流管理強調運用系統方法解決問題。現代物流通常被認為是由運輸、存儲、包裝、裝卸、流通加工、配送和信息諸環節構成，各環節原本都有各自的功能、利益和觀念。系統方法就是利用現代管理方法和現代技術，使各個環節共享總體信息，把所有環節作為一個一體化的系統來進行組織和管理，以使系統能夠在盡可能低的總成本條件下，提供有競爭優勢的客戶服務。系統方法認為，系統的效益並不是它們各個局部環節效益的簡單相加。系統方法意味著，對於出現的某個方面的問題，要對全部的影響因素進行分析和評價。從這一思想出發，物流系統並不簡單地追求在各個環節上各自的最低成本，因為物流各環節的效益之間存在相互影響、相互制約的傾向，存在著交替易損的關係。比如過分強調包裝材料的節約，就可能因其易於破損造成運輸和裝卸費用的上升。因此，系統方法強調要進行總成本分析，以及避免次佳效應和成本權衡應用的分析，以達到總成本最低，同時提升既定的客戶服務水平的目的。

編者

目 錄

第一章　現代物流的基本概念 …………………………………………………（1）
　　第一節　物流的定義及作用 …………………………………………………（5）
　　第二節　物流的功能 …………………………………………………………（8）
　　第三節　現代物流管理的形成和發展 ………………………………………（10）
　　第四節　物流合理化目標 ……………………………………………………（14）

第二章　現代物流系統 …………………………………………………………（18）
　　第一節　系統的概念 …………………………………………………………（21）
　　第二節　物流系統的構成 ……………………………………………………（23）
　　第三節　物流系統評價 ………………………………………………………（29）

第三章　現代物流的類型 ………………………………………………………（35）
　　第一節　物流分類 ……………………………………………………………（38）
　　第二節　第三方物流 …………………………………………………………（41）
　　第三節　國際物流 ……………………………………………………………（47）

第四章　現代物流採購與供應商管理 …………………………………………（56）
　　第一節　採購概述 ……………………………………………………………（59）
　　第二節　採購管理 ……………………………………………………………（62）
　　第三節　供應商管理概述 ……………………………………………………（67）
　　第四節　供應商調查 …………………………………………………………（69）
　　第五節　供應商開發 …………………………………………………………（73）
　　第六節　供應商考核 …………………………………………………………（76）
　　第七節　供應商選擇 …………………………………………………………（77）
　　第八節　供應商的使用、激勵與控制 ………………………………………（80）

第五章　現代物流運輸、裝卸搬運 ……………………………………………（83）
　　第一節　物流運輸基礎知識 …………………………………………………（85）
　　第二節　運輸方式及特點 ……………………………………………………（89）
　　第三節　裝卸搬運 ……………………………………………………………（101）

第六章　現代物流倉儲管理 …………………………………………（105）
　　第一節　倉儲概念 …………………………………………………（107）
　　第二節　倉儲管理 …………………………………………………（111）
　　第三節　儲存作業管理 ……………………………………………（114）
　　第四節　儲存控制 …………………………………………………（120）

第七章　現代物流配送管理 …………………………………………（128）
　　第一節　物流配送概念與服務特徵 ………………………………（131）
　　第二節　配送的種類 ………………………………………………（133）
　　第三節　配送的功能與作用 ………………………………………（137）
　　第四節　物流配送實務 ……………………………………………（139）
　　第五節　物流配送服務 ……………………………………………（149）

第八章　現代物流配送中心 …………………………………………（154）
　　第一節　配送中心概述 ……………………………………………（155）
　　第二節　配送中心的類型 …………………………………………（161）
　　第三節　配送中心的基本作業 ……………………………………（165）

第九章　現代物流管理技術——MRP、JIT 和 ERP ………………（169）
　　第一節　物料需求計劃（MRP）…………………………………（172）
　　第二節　閉環 MRP ………………………………………………（177）
　　第三節　製造資源計劃（MRPII）………………………………（180）
　　第四節　準時制生產方式（JIT）…………………………………（184）
　　第五節　企業資源計劃（ERP）…………………………………（192）
　　第六節　基於 TOC 理論的生產物流計劃與控制 ………………（207）

第十章　現代物流信息管理 …………………………………………（210）
　　第一節　物流信息綜述 ……………………………………………（213）
　　第二節　物流信息管理 ……………………………………………（217）
　　第三節　物流信息技術 ……………………………………………（221）
　　第四節　物流信息系統規劃及發展趨勢 …………………………（228）

第十一章　現代物流供應鏈管理 ……………………………………（234）
　　第一節　供應鏈的概念、結構模型及其特徵 ………………………（238）
　　第二節　供應鏈管理的概念及內容 …………………………………（241）
　　第三節　供應鏈環境中的企業物流管理 ……………………………（246）
　　第四節　供應鏈管理集成 ……………………………………………（249）

第十二章　現代物流成本管理 ……………………………………（256）
　　第一節　物流成本概述 ………………………………………………（256）
　　第二節　物流成本的計算 ……………………………………………（261）
　　第三節　物流成本管理 ………………………………………………（267）
　　第四節　物流成本控制 ………………………………………………（269）

第一章　現代物流的基本概念

學習目標

(1) 掌握物流的定義及其內涵；
(2) 瞭解現代物流的形式及其發展；
(3) 瞭解現代物流的功能；掌握現代物流合理化的目標。

開篇案例

自古以來，沒有過時的行業，只有過時的模式。物流，可以說是僅次於種植、養殖的古老行業了，自從有了交流，這個行業就產生了。只不過是近幾年發明了「物流」這個新詞，把它當成一個時新的行業來看，並賦予了一些新的含義。其實很不然，有人，便有路；路除了載人之外，就是載物了。除了自己把物運送，就是托人運物或是代人運物——於是便有了「物流」這個概念，或許這也是物流概念的民間通俗理解。

物流這個行業永不過時，因為有不斷更新的模式。

「長安回望繡成堆，山頂千門次第開。一騎紅塵妃子笑，無人知是荔枝來。」讀過這首《過華清宮絕句》的，都知道這是杜牧用來抨擊封建統治者的驕奢淫逸和昏庸無道，借當年唐玄宗荒唐的風流韻事，以史諷今，警戒世人的，但從中，也可看出些古代快遞的端倪。

據《新唐書——楊貴妃傳》記載：「妃嗜荔枝，必欲生致之，乃置騎傳送，走數千里，味未變，已至京師。」如果除卻歷史背景，單只「走數千里，味未變，已至京師」這 11 個字，就足以使現代的一些快遞公司汗顏——雖然代價是許多差官累死、驛馬倒斃於至長安的路上。

說到古代快遞，其大致由驛站、民信局和鏢局三種形式組成。

驛站：

我們姑且不論古人「家書抵萬金」這樣的書信和物品的流通，就說成批的物流形式，這樣的機構為人所知最早的應該是驛站。驛站可以追溯到隋唐年間，我們知道當時的驛站是專門為朝廷傳遞官府文書和軍事情報的人或來往官員途中食宿、換馬的場所。想必當年玄宗給楊貴妃送荔枝時，選擇的就是這種快遞。中國是世界上最早建立組織傳遞信息的國家之一，郵驛歷史已長達 3,000 多年。

秦始皇統一中國后（公元前 211 年），在全國修馳道，「車同軌，書同文」，建立了以國都咸陽為中心的驛站網，制定了郵驛律令——如竹筒怎樣捆扎，加封印泥蓋印以保密；如何為郵驛人馬供應糧草；郵驛怎樣接待過往官員、役夫；等等。這形成了中

國最早的郵驛法。

隋唐時期，驛傳事業得到空前發展。唐代的官郵交通線以京城長安為中心，向四方輻射，直達邊境地區，大致三十里（1里＝0.5千米，下同）設一驛站。全國共有陸驛、水驛及水陸兼辦郵驛1,600多處，行程也有具體規定，並制定有考績和視察制度。驛使執行任務時，隨身攜帶「驛卷」或「信牌」等身分證件。

宋代由於戰爭頻繁，軍事緊急文件很多，要求既快又安全，因而將由民夫充任的驛卒改由士兵擔任。將所有的公文和書信的機構總稱為「遞」，並出現了「急遞鋪」。「急遞鋪」設金牌、銀牌、銅牌三種，金牌一晝夜行五百里，銀牌四百里，銅牌三百里。急遞的驛騎馬領上系有銅鈴，在道上奔馳時，白天鳴鈴，夜間舉火，撞死人不負責。鋪鋪換馬，數鋪換人，風雨無阻，晝夜兼程。南宋初年抗金將領岳飛被宋高宗以十二道金牌從前線強迫召回臨安，這類金牌就是急遞鋪傳遞的金字牌，含有十萬火急之意。

到了元代，郵驛改為了驛站。

明代由於海上交通日漸發達，隨著鄭和七下西洋，還開闢了海上郵驛。明代還設立了遞運所，這些獨立於驛站、專門從事貨物運輸的組織，其主要任務是運送國家預付的軍需、賞賜以及各級官吏貢獻給上級官吏或朝廷之物。

到了清朝，驛站開始使用「勘合」和「火牌」作為憑證。凡需要向驛站要車、馬、人運送公文和物品都要看「郵符」，官府使用時憑勘合，兵部使用時憑火牌。使用「郵符」有極為嚴格的規定。對過境有特定任務的，派兵保護。馬遞公文，都加兵部火牌，令沿途各驛站接遞。如果要從外到達京城或者外部之間相互傳遞，就要填寫連排單。緊急公文則標明四百里或者五百里、六百里字樣，按要求時限送到。但不得濫填這種字樣。

驛站管理至清代已臻於完善，並且管理極為嚴格，違反規定，均要治罪。清代末年，近代郵政逐步興起，驛站的作用日漸消失，1913年1月，北洋政府宣布全部撤銷驛站。

驛站在中國古代運輸中有著重要的地位和作用，在通信手段十分原始的情況下，驛站擔負著各種政治、經濟、文化、軍事等方面的信息傳遞任務，在一定程度上也是物流信息的一部分，是一種特定的網路傳遞與網路運輸。中國古代驛站各朝代雖形式有別，名稱有異，但是組織嚴密、等級分明、手續完備是相近的。封建君主依靠這些驛站維持著信息採集、指令發布與反饋，以達到封建統治的目的。由於當時歷史條件和科學技術發展水平的局限，其速度與數量與今天無法相比，但就其組織的嚴密程度、運輸信息系統的覆蓋水平也不亞於現代通信運輸。可以說那時的成就也是我們現代文明基礎的一部分。驛站與當今的郵政系統、高速公路的服務區、貨物中轉站、物流中心等，是否有異曲同工之妙？

甚至有人說，從沈陽市的歷史發展來看，它就是由古代驛站起家，逐步進化到當代這樣一個大都市的。姑且不論這種說法準確率有幾何，至少，古代驛站的重要性由此可見一斑。

民信局：

驛站是官府的通信組織，只傳遞官府文書。一般老百姓傳遞信息，只是托人捎帶，然而輾轉傳遞，緩不濟急，且易延誤遺失。中國古書記載著不少有關「鴻雁捎書」一類的故事，可見古代人民通信多麼艱難。

民間通信組織的形成，大約始於唐朝。當時主要由於社會經濟的發展，特別是經商貿易的需要，首先在長安與洛陽之間，有了為民間商人服務的「驛驢」。到了明朝才出現專為民間傳遞信息的民信局。在西南各省曾有「麻鄉約」探親帶信的出現：相傳湖北麻城縣（今麻城市）孝感鄉被遷往四川開墾的農民，由於思念家鄉，相約每年推派代表回鄉探親，往返時帶些土產和信件，而后逐步形成民信局。

鏢局：

驛站是專門為朝廷押送一些來往信件的，而民信局一般也只傳送信件、匯款等小件物品，對於民間的商業往來始終缺乏一個大件運輸並有安全保障的機構。因此，到了清代，民間的需求催生了民營物流公司的產生，如我們在 2009 年春節期間熱播的電視劇《闖關東》裡看到的「鏢局」。中國的鏢局究竟始於何年何月，現在已難考究。根據近代學者衛聚賢所著《山西票號史》披露，鏢局之鼻祖應當為山西人神拳張黑五，清乾隆年間，張黑五在北京前門外大街創立興隆鏢局。

鏢局又稱鏢行，是受人錢財，憑藉武功，專門為人保護財物或人身安全的機構。舊時交通不便，客旅艱辛不安全，便有鏢戶走鏢，為鏢局保鏢的雛形。

鏢局的業務，包括承接保送一般私家財務和運送地方官上繳的餉銀。漸漸由於鏢局同各地都有聯繫或設有分號，一些匯款業務也由鏢局承擔；后來，看家護院，保護銀行等也需要鏢局派人，鏢局生意越做越大。隨著鏢業的發展，逐漸形成了信鏢、票鏢、銀鏢、糧鏢、物鏢、人身鏢六種。

「民營企業」取代「國營單位」，靠的是自身實力和人際關係。做鏢局生意要有三硬：一是在官府有硬靠山；二是在綠林有硬關係；三是自身有硬功夫。三者缺一不可。這幾乎和現在民營企業起家沒什麼兩樣——機會生存，漸入速度化生存。

鏢局走鏢時都有鏢車、鏢箱、鏢旗。鏢車是當時鏢局走鏢時的重要交通工具；鏢箱的鎖採用了最先進的防盜暗鎖，在當時只有大掌櫃和二掌櫃兩把鑰匙並起來才可以打開，起到了防貪污的作用。鏢車上必不可少的就是一面小旗幟——鏢旗。這面小旗幟就是鏢師出鏢的標誌，即使有強盜劫鏢，也要先看清這面小旗，有些鏢旗，強盜還不一定敢劫。想來這就是品牌效應了，像現代的一些快遞公司，那一個小標誌就是信譽的保證，同時也是高收費的原因所在。

其實走鏢是有很大的風險的——不但要承擔「失鏢」的風險，掛彩那是常有的事，丟了小命的也不在少數。因此，鏢師在每走一趟鏢之前就已經打點好了家裡的一切，做好了回不了家的準備。

現代的一些快遞公司，隨隨便便就失了「鏢」，看到古人用命在保鏢，不知有何感想呢？

其實，在驛站之前，統治者已在用烽火臺傳遞信息了。烽火作為一種原始的聲光通信手段，服務於古代軍事戰爭，從邊境到國都以及邊防線上，每隔一定距離就築起

一座烽火臺。當敵人入侵時，便一個接一個地點燃烽火報警，各路諸侯見到烽火，馬上派兵相助，抵抗敵人。只不過烽火臺只能傳遞信息，不能用於運輸荔枝這類「高難度」物流活動，而且雖然傳遞速度快，也只能起到報警的作用，很難滿足掌握敵情、指揮作戰的需要。所以，隨著社會的發展和適應政治軍事的需要，才慢慢發展出郵驛制度，並與烽火臺互為補充，配合使用。

巧合的是，關於烽火臺，也有個關於博取妃子一笑的故事。周幽王烽火戲諸侯，相信知名度比唐玄宗的「千里送荔枝」要高得多。褒姒笑了，楊玉環也笑了。結果是，西戎來犯，周幽王點了烽火沒人來救駕，掛了；褒姒呢，據說被迫自縊而死；安史之亂爆發了，楊在馬嵬坡也是被迫自縊而死。

歷史總是呈現出驚人的相似性，不過只是苦了中國古代之兩大物流體系，都被君王用作泡妞手段，添上了不光彩的一筆。

聯邦快遞公司的創始人弗雷德·史密斯在大學三年級的時候，寫了一篇學期論文，對當時包裹不能直接運送到目的地，而必須經由多家航空公司轉運的問題提出了質疑。他提出，對一個能夠直接運輸「非常重要、講究時效」的貨物的公司來說，可能存在一個潛力巨大的市場。史密斯知道，當時的郵局、鐵路快遞和飛虎航空公司之類的郵遞者都很少把包裹直接送到目的地。包裹「在送到目的地之前，總是從一個城市送到另一個城市，由這家航空公司轉到那家航空公司」，這不僅浪費金錢，而且浪費時間，造成這種現象的唯一原因就是由於它們使用航空郵遞或快件郵遞。不僅如此，「如果包裹在到達最后目的地之前必須依靠另一家航空公司的話，第一家負責運送的航空公司對包裹就沒有控制權」。雖然這篇論文沒有得到教授的重視，但卻催生了一家偉大的公司。

也許機會就在對貨物安全和時效的責任上，「聯邦快遞成功的原因很簡單，其實就是因為一件貨物本身對發送人和收件人是極具時間價值的，是值得付出額外運費的，所以從邏輯上來說，我們可以說服客戶將貨物交給我們，我們保證這件貨物在到達前不會離開我們的手，這是一種從『子宮到墳墓』都負責的運輸方式。」這也就是后來的所謂「門到門」服務，顧客不用再和航空公司打交道，不用去機場取貨和送貨，一切都由聯邦快遞負責。

其實，聯邦快遞的創意就是「鏢局」，並無新意，弗雷德·史密斯爺爺的爺爺還小的時候，中國鏢局就對客戶的貨物進行了「門到門」的安全運輸服務了。

回首中國古老的文明發展史，王朝更替，卻阻擋不住社會的發展。雖然「宮闕萬間都做了土」，但古代的物流業，卻一直活著，雖然緩慢，卻也一直在發展。

(選自：彭揚. 現代物流學案例與習題 [M]. 北京：中國物資出版社，2010.)

案例思考

1. 結合案例，分析驛站、民信局和鏢局的主要區別。

2. 以鏢局為例，說明古代的快遞業與現代的第三方物流（如聯邦快遞）有何聯繫與區別。

現代物流及物流的功能

雖然現代物流科學的出現僅有數十年的歷史，但由於它的發展為國民經濟與企業生產帶來了巨大的經濟效益，因此引起了人們的普遍重視，這也是企業經營環境激烈變化和信息技術發展應用到企業營運帶來的經營變革的具體表現。國內外許多企業的生產實踐表明：物流是「經濟領域尚未開墾的黑大陸」「物流是企業的第三利潤源」「物流領域是現代企業競爭最重要的領域之一」。在中國，物流科學遠未普及，物流蘊藏的巨大效益還不為人們所認識。開展物流科學的研究，探索物流的規律，提高物流的科學化、合理化、現代化水平，已經作為經濟發展中重大理論和實踐課題提上了議事日程。

第一節　物流的定義及作用

一、物流的定義

自從人類進入文明社會就產生了物流活動。傳統的物流概念是指物質實體在空間和時間上的流動，通俗地說，就是指商品在運輸、裝卸和儲存等方面的活動過程。

現代物流是相對於傳統物流而言的。它是在傳統物流的基礎上，引入高科技手段，通過計算機進行信息聯網，並對物流信息進行科學管理，從而加快物流速度，提高準確率，減少庫存，降低成本，延伸並擴大了傳統物流的功能。

關於物流的定義，目前國內有多種不同的表述。這裡採用中國國家標準（GB/T18354－2001）中的物流定義：物流（Logistics）是指物品從供應地向接收地的實體流動過程，根據實際需要，將運輸、儲存、搬運、包裝、流通加工、配送、信息處理等基本功能有機結合，形成完整的供應鏈，為用戶提供多功能、一體化的綜合性服務。

物流概念應當包括以下四個主要方面：
（1）實質流動——指原材料、半成品及產成品的運輸。
（2）實質儲存——指原材料、半成品及產成品的儲存。
（3）信息流通——指相關信息的聯網。
（4）管理協調——指對物流活動進行計劃和有效控制的過程。

二、物流的價值

從整個物流的過程來看，物流是由「物」和「流」這兩個基本要素組成的。物流中的「物」泛指一切物質，有物資、物體、物品的含義；物流中的「流」則泛指一切運動形態，有移動、運動、流動的含義，同時靜止也是物質的一種運動形態。

物質在物流系統中流動時，「物」的性質、尺寸、形狀都不應當發生改變。也就是說物流活動與加工活動不同，不創造「物」的形式價值，但是它克服了供給方和需求方在空間維和時間維方面的距離，創造了空間價值和時間價值，由此在社會經濟活動中起著不可缺少的作用。因此，物流主要是通過創造時間價值和空間價值來體現其自

身價值的。另外，在特定的情況下，它也可能創造出一定的加工等附加價值。

1. 時間價值

「物」從供給者到需求者之間有一段時間差，因改變這一段時間差而創造的價值，稱為「時間價值」。物流主要通過縮短時間創造價值、彌補時間差創造價值、延長時間差創造價值等方式實現其時間價值。

例如大米的種植和收穫是季節性的，多數地區每年收穫一次。但是對消費者而言，作為食品，每人都會有所消耗，因此必須對其進行保管以保證人們經常性的需要，供人們使用並實現其使用價值。這種使用價值是通過克服了季節性產出和經常性消耗的時間距離後才得以實現的，這就是物流的時間價值。

2. 空間價值

空間價值是指通過改變物質的空間距離而創造的價值。物流創造的空間價值是由現代社會產業結構、社會分工決定的，主要原因是供給和需求之間的空間差，商品在不同地理位置有不同的價值，通過物流活動將商品由低價值區轉移到高價值區，便可獲得價值差，即空間價值。空間價值的實現主要有以下幾種具體形式：從集中生產場所，注入分散需求場所創造價值；從分散生產場所，注入集中需求場所創造價值。例如，山西的煤，埋藏在深山中，與泥土、石塊一樣沒有任何價值，只有經過採掘、輸送到別的地方用來作為發電、取暖的燃料時，才能實現其價值。它的使用價值是通過運輸克服了空間距離才得以實現的，這就是物流的空間價值。

3. 加工附加價值

有時，物流也可以創造加工附加價值。加工是生產領域常用的手段，並不是物流的本來職能。但是，現代物流的一個重要特點，就是根據自己的優勢從事一些補充性加工活動，這種加工活動不是創造商品的主要實體並形成商品，而是帶有完善、補充、增加性質的加工活動。這種活動必然會形成勞動對象的附加價值。

三、物流的作用

物流在整個社會再生產過程中是一個不可省略或者說不可跨越的過程，而且隨著經濟和社會的發展，它在國民經濟中的地位越來越重要。具體地說，物流的作用主要表現在以下七個方面：

1. 保值

物流有保值作用。也就是說，任何產品從生產出來到最終消費，都必須經過一段時間、一段距離，在這段時間和距離中，都要經過運輸、保管、包裝、裝卸、搬運等多環節、多次數的物流活動。在這個過程中，產品可能會淋雨受潮、水浸、生鏽、破損、丟失等。物流的使命就是防止上述現象的發生，保證產品從生產者向消費者移動過程中的質量和數量，起到產品的保值作用。

2. 節約

搞好物流，能夠節約自然資源、人力資源和能源，同時也能夠節約費用。比如，集裝箱化運輸，可以簡化商品包裝，節省大量包裝用紙和木材；機械化裝卸作業、倉庫保管自動化，能節省大量作業人員，大幅度降低人員開支。重視物流可節約費用的

事例比比皆是。被稱為「中國物流管理覺醒第一人」的海爾企業集團，加強物流管理，建設起現代化的國際自動化物流中心，在短短一年的時間裡就將庫存占壓資金和採購資金，從 15 億元降低到 7 億元，節省了 8 億元開支。

3. 縮短距離

物流可以克服時間間隔、距離間隔和人的間隔，這自然也是物流的實質。現代化的物流在縮短距離方面的例證不勝枚舉。在北京可以買到世界各國的新鮮水果，全國各地的水果也可長年不斷；郵政部門搞了物流，使信件大大縮短了時間距離，全國快遞兩天內就到，而美國聯邦快遞，能做到隔天送達亞洲的 15 個城市；日本的配送中心可以做到上午 10 點前訂貨，當天送到。這種物流速度，把人們之間的空間距離和時間距離一下子拉得很近。隨著物流現代化的不斷推進，國際運輸能力大大加強，從而極大地促進了國際貿易。

4. 增強企業競爭力，提高服務水平

在新經濟時代，企業之間的競爭越來越激烈。在同樣的經濟環境下，製造企業，如家電生產企業，相互之間的競爭主要表現在價格、質量、功能、款式、售後服務的競爭上。近幾年，全國各大城市都在此起彼伏地進行家電價格大戰，支撐降價的因素是什麼？如果說為了占領市場份額，一次、再次地虧本降價，待市場奪回來後再把這塊虧損補回來也未嘗不可。然而，如果降價虧本後仍不奏效那又該如何辦呢？不言而喻，企業可能就會一敗塗地。在新世紀和新經濟社會，靠增加產量、降低製造成本去攫取第一利潤和通過擴大銷售攫取第二利潤已基本到了一定的極限，目前剩下的一塊「待開墾的處女地」就是物流。降價是近幾年家電行業企業之間競爭的主要手段，降價競爭的后盾是企業總成本的降低，即功能、質量、款式和售後服務以外的成本降低，也就是通常所說的降低物流成本。

國外的製造企業很早就認識到了物流是企業競爭力的法寶，搞好物流可以實現零庫存、零距離和零流動資金占用，是提高為用戶服務、構築企業供應鏈、增加企業核心競爭力的重要途徑。在經濟全球化、信息全球化和資本全球化的 21 世紀，企業只有建立現代物流結構，才能在激烈的競爭中求得生存和發展。

5. 加快商品流通，促進經濟發展

配送中心的設立為連鎖商業提供了廣闊的發展空間。利用計算機網路，將超市、配送中心和供貨商、生產企業連接，能夠以配送中心為樞紐形成一個商業、物流業和生產企業的有效組合。有了計算機迅速及時的信息傳遞和分析，通過配送中心的高效率作業、及時配送，並將信息反饋給供貨商和生產企業，可以形成一個高效率、高能量的商品流通網路，為企業管理決策提供重要依據。同時，還能夠大大加快商品流通的速度，降低商品的零售價格，提高消費者購買慾望，從而促進國民經濟的發展。

6. 保護環境

環境問題是當今時代的主題，保護環境、治理污染和公害是世界各國的共同目標。例如，你走到馬路上，有時會看到在夜裡施工運土的卡車漏撒在馬路上的一層黃土；馬路上堵車很嚴重，你連騎自行車都沒法過去；噪聲和廢氣使你不敢張嘴呼吸。這一切問題都與物流落后有關——卡車漏撒黃土是裝卸不當或車廂有縫；馬路堵車屬流通

設施建設不足……這些如果從物流的角度去考慮，都將迎刃而解。

7. 創造社會效益和附加價值

實現裝卸搬運作業機械化、自動化，不僅能提高勞動生產率，而且能解放生產力。把工人從繁重的體力勞動中解脫出來，這本身就是對人的尊重，是創造社會效益。比如，日本多年前開始的「宅急便」「宅配便」，國內近年來開展的「宅急送」，都是為消費者服務的新行業，它們的出現使居民生活更舒適、更方便。再如，超市購物時，那裡不僅商品便宜、安全、環境好，而且為你提供手推車，你可以省很多力氣，輕鬆購物。由以上例子可以看出，物流創造社會效益。隨著物流的發展，城市居民生活環境、人民的生活質量可以得到改善和提高，人的尊嚴也會得到更多的體現。

物流創造附加價值，主要表現在流通加工方面，把原木加工成板材，把糧食加工成食品，把水果加工成罐頭，名菸、名酒、名著、名畫都會通過流通中的加工，使裝幀更加精美，從而大大提高商品的欣賞性的附加價值。

第二節　物流的功能

一、物流主體功能

物流的主體功能包括運輸、儲存和配送。

1. 運輸

物流過程中的運輸，主要是指物流企業或受貨主委託的運輸企業為了完成物流業務所進行的運輸組織和運輸管理工作。如生產過程中的原材料運輸，半成品、成品的運輸，包裝物的運輸；流通過程中的物資運輸、商品運輸、糧食運輸及其他貨物的運輸；在回收物流過程中，各種回收物品的分類、捆裝和運輸；在廢棄物物流過程中，各種廢棄物包括垃圾的分類和運輸等。

2. 儲存

這裡所說的儲存，主要是指生產儲存和流通儲存。如工廠為了維持連續生產而進行的原材料儲存、零部件儲存；商業、物資企業為了保證供應、避免脫銷所進行的商品儲存和物資儲存；在回收物物流過程中，為了分類、加工和運送而進行的儲存；在廢棄物物流過程中，為了進行分類和等待處理的臨時儲存；等等。這些儲存業務活動，除了保證社會生產和供應外，也要實現儲存合理化。當然，要做到儲存合理化，需採取一些措施，如國外有的工廠實現「零庫存」，即按計劃供應，隨用隨送，準時不誤，避免積壓原材料和資金。

3. 配送

配送是物流業的一種新的服務形式，它的業務活動面很廣。有物資供應部門給工廠的配送，也有商業部門給消費者的配送，還有工礦企業內部的供應部門給各個車間配送原材料、零部件等。配送業務強調它的及時性和服務性。

二、物流輔助功能

在由儲存、運輸和配送構建的物流體系框架中，還存在著諸多輔助性的功能。概括地講，輔助性功能主要有包裝、裝卸搬運和流通加工這三個功能。

1. 包裝

包裝也是物流的重要職能之一。包裝不僅僅是為了商品銷售，在物流的各個環節——運輸、儲存、裝卸、搬運中，都需要包裝。特別是運輸和裝卸作業時，必須強調包裝加固，以避免商品破損。包裝不僅具有保護和儲存商品的功能，還具有廣告宣傳的行銷功能。

2. 裝卸搬運

裝卸搬運是物流業務中的經常性活動。無論是生產物流、銷售物流還是其他物流，也無論是運輸、儲存還是其他物流作業活動，都離不開物品的裝卸搬運。在裝卸搬運作業中，有自動化、機械化、半機械化和手工操作等方式。

3. 流通加工

流通加工是指產品已經離開生產領域，進入流通領域，但還未進入消費的過程中，為了銷售和方便顧客而進行的加工，它是生產過程流通領域內的繼續，也是物流職能的一個重要發展。無論是生產資料，還是生活資料，都有一些物資和商品，必須在商業或物資部門進行加工以後，才便於銷售和運輸。

三、物流信息管理功能

物流信息是聯結物流各個環節業務活動的鏈條，也是開展和完成物流事務的重要手段。在物流工作中，每日都有大量的物流信息發生，如訂貨、發貨、配送、結算等，都需要及時進行處理，才能順利地完成物流任務。信息積壓或處理失當，都會給物流業務活動帶來不利的影響。因此，如何接受、整理並及時處理物流信息，也是物流的重要職能之一。

物流信息管理通常包括以下內容：
市場信息收集與需求分析；
訂單處理；
物流動態信息傳遞；
物流作業信息處理與控制；
客戶關係管理；
物流經營管理決策支持。

第三節　現代物流管理的形成和發展

一、現代物流的發展過程

物流的發展不僅與社會經濟和生產力的發展水平有關，也與科學技術的發展水平有關。按照時間順序，現代物流發展大體經歷了以下四個階段：

1. 初級階段

20世紀初，在北美和西歐一些國家，隨著工業化進程的加快及大批量生產和銷售的實現，人們開始意識到降低物資採購及產品銷售成本的重要性。單元化技術的發展，為大批量配送提供了條件，同時也為人們認識物流提供了可能。

1941—1945年的第二次世界大戰期間，美國軍事后勤活動的組織為人們對物流的認識提供了重要的實證依據，推動了戰後對物流活動的研究及實業界對物流的重視。1946年美國正式成立了全美輸送物流協會。這一時期可以說是美國物流的萌芽和初始階段。

日本物流觀念的形成雖然比美國晚很多，但發展十分迅速。日本自1956年從美國引入物流概念以來，在對國內物流進行調研的基礎上，將物流理解為「物的流通」。直至1965年，「物流」一詞才正式為理論界和實業界全面接受。「物的流通」一詞包含了運輸、配送、裝卸、倉儲、包裝、流通加工和信息傳遞等諸多活動。

2. 快速發展階段

自20世紀60年代以後，世界經濟環境發生了深刻的變化。科學技術的發展，尤其是管理科學的進步、生產方式的改變、組織規模化生產的實現，大大促進了物流的發展。物流逐漸為管理學界所重視，企業界也開始注意到物流在經濟發展中的作用，將改進物流管理作為激發企業活力的重要手段。這一階段是物流快速發展的重要時期。

在美國，現代市場行銷觀念的形成使企業意識到顧客滿意是實現企業利潤的唯一手段，顧客服務成為經營管理的核心要素，物流在為顧客提供服務上起到了重要的作用。物流特別是配送得到了快速的發展。

20世紀60年代中期至70年代初是日本經濟高速增長、商品大量生產和大量銷售的年代。隨著這一時期生產技術向機械化、自動化方向發展以及銷售體制的不斷改善，物流已成為企業發展的制約因素。於是，日本政府開始在全國範圍內進行高速道路網、港口設施、流通聚集地等基礎設施的建設。這一時期是日本物流建設的大發展時期，其原因在於社會各方面對物流的落后和物流對經濟發展的制約性都有了共同的認識。

3. 合理化階段

20世紀80年代—90年代初，物流管理的內容從企業內部延伸到企業外部，物流管理的重點已經轉移到對物流的戰略開發上。企業開始超越現有的組織機構界限，而注重外部關係，將供貨商、分銷商及用戶等納入管理的範圍，利用物流管理建立和發展與供貨廠商及用戶的穩定、良好、雙贏、互助合作的夥伴式關係，形成了一種聯合

影響力量，以贏得競爭的優勢。物流管理已經意味著企業應用先進技術，站在更高層次上管理這些關係。電子數據交換、準時制生產、配送計劃和其他物流技術的不斷湧現及其應用與發展，為物流管理提供了強有力的技術支持和保障。這一時期，歐洲的製造業已採用準時生產模式（JIT），產品跟蹤採用條形碼掃描。第三方物流於這一時期開始在歐洲興起。

4. 信息化、智能化、網路化階段

自20世紀90年代以來，隨著新經濟和現代信息技術的迅速發展，現代物流的內容仍在不斷地豐富和發展。信息技術的進步使人們更加認識到物流體系的重要性，現代物流的發展被提到重要日程上來。同時，信息技術特別是網路技術的發展，也為物流發展提供了強有力的支撐，使物流向信息化、網路化、智能化方向發展。目前，基於互聯網和電子商務的電子物流正在興起，以滿足客戶越來越苛刻的物流需求。

二、中國物流的發展現狀

中國自20世紀70年代末從國外引進「物流」概念，20世紀80年代開始啓蒙及宣傳普及，20世紀90年代物流起步，21世紀物流「熱」開始升溫。從中國物流現狀及目前蓬勃發展的趨勢來看，可以說，中國的物流已經步入一個嶄新的發展階段。

1. 現代物流的發展開始受到重視

近幾年來，中國部分省市政府開始認識到物流對於推動經濟發展、改善投資環境以及提高經濟和工商企業在國內外市場的競爭能力上的重要性，把發展現代物流作為一項涉及經濟全局的戰略性問題來抓。許多省市對發展現代物流高度重視。近期，在一些省市發展計劃委員會的領導下，明確提出了加快現代物流業發展的對策建議。建議中明確指出：現代物流業發展水平正成為衡量地區綜合競爭力的重要標誌；發展現代物流是再創本地區發展新優勢的重要舉措；發展現代物流是本地區信息化、工業化、城市化、市場化的加速器。

2. 一些工商企業開始重視物流管理

中國的一些工商企業已開始認識到物流不僅能使企業降低物資消耗、提高勞動生產率，而且還是企業增加效益和增強競爭能力的「第三利潤源泉」。

例如，海爾集團把物流能力擺在企業核心競爭力的位置，實施企業流程管理再造工程，將集團的採購、倉儲、配送和運輸等物流活動統一集中管理，成立了物流推進本部，下設採購事業部、配送事業部和儲運事業部，對物流業務和物流資源進行優化重組，從而獲得了巨大的經濟效益。

商業企業為集中精力進行銷售，擴大市場佔有率，將產品的進貨、儲存和配送統一由自己的物流系統來完成。例如，以111億元的銷售額位列「中國連鎖業百強」之首的上海聯華超市，其智能型配送中心的倉儲面積達3.55萬平方米，停車場地達13萬平方米，前后兩個裝卸區可供25輛大型卡車同時進出配送貨物。該中心採用了計算機管理和機械化操作，配送中心根據各超市網上傳遞的訂貨單，經計算機處理后，向各樓層發出指令，各樓層按指令配送到集散地裝車，中心實施24小時服務，同時為30家超市配送，做到40分鐘送到門市部，實現了快速、高效的配送服務，日吞吐商品已達

到7.8萬箱，配送效率達到了國際先進水平。

3. 一批運輸、倉儲及貨代企業正逐步向物流企業發展

隨著中國社會物流需求的增加以及對物流認識的深化，中國在計劃經濟體制下形成的一大批運輸、倉儲及貨代企業，為適應新形勢下競爭的需要正努力改變原有單一的倉儲或運輸服務方式，積極擴展經營範圍，延伸物流服務項目，逐漸向多功能的現代物流方向發展。

4. 國外物流企業開始進入中國

由於中國物流企業的經營規模、管理技術和管理水平相對落後，其服務質量還很難滿足一些企業，特別是跨國公司對高質量物流服務的需求，因此，近幾年來國際上一些著名的物流企業普遍看好中國的物流市場，陸續進入中國，在中國許多地方開始建立物流網路及物流聯盟。這些物流企業的服務對象，大多是在中國境內的中外合資或外商獨資企業。這種結合方式，形成了在中國境內兩個企業之間的「強強聯合」。

5. 一些物流企業開始重視物流服務的質量管理

物流的本質是服務，物流服務質量是物流企業生命的保證，它直接關係到物流企業在激烈競爭中的成敗。中國的一些物流企業開始把提高服務質量作為與國際接軌、進入國際物流領域的入門證。它們把質量保證思想運用到物流運作中，確立物流質量管理的關鍵要素，將每項要素的具體標準及要求匯編成質量管理手冊。

6. 信息技術和通信技術已逐步運用在物流業務中

中國在20世紀90年代初期，計算機網路技術開始應用於物流活動中。1995年，國際互聯網在商業領域開始應用，這使得信息技術在物流領域有了突破性進展，促進了中國以網路物流為基礎的物流業的迅速發展。利用互聯網和電子數據交換系統（EDI），使工廠及其各供應商可隨時查看最新交易狀況、庫存結構和數量，使物流總體效益逐步趨於最優化。

7. 為電子商務提供服務的物流企業有了發展

電子商務，是指通過計算機和計算機網路來完成商品交易等一系列商業活動的一種商品流通方式。目前，中國已出現了為電子商務服務的、以高科技信息技術為基礎的第三方物流企業。它們充分利用互聯網、無線通信和條形碼等現代信息技術，以代理的形式，對物流系列實行統一管理，建立了全國性的、快速的、以信息技術為基礎的、專門服務於電子商務的物流服務系統，為客戶提供便捷的網上物流交易商務平臺。

8. 物流研究和技術開發工作取得了一定進展

隨著中國物流業的發展，自20世紀90年代以來，中國物流理論界不僅將國外先進的物流理論和經驗大量介紹和引進國內，同時還借鑑國外物流理論研究成果並結合中國實際，在物流系統建設、物流規劃、物流企業的發展戰略方面做出了諸多貢獻，並取得了豐碩成果，大大推動了中國物流的發展。

中國物流技術的研究也取得了長足進步。例如激光導引無人運輸車系統、巷道堆垛機、機器人穿梭車等技術，物流信息技術和物流管理技術，網上倉庫管理信息系統和汽車調度信息系統，衛星寫信系統，配送物流系統等方面的研究都取得了一定成果。

中國物流與發達國家相比差距還很大，距新形勢的要求尚差得很遠，亟待解決的

問題還相當多。這主要表現在：觀念存在障礙、體制分割；第三方物流服務水平有待提高；物流技術裝備落后，資源整合較差；大多數生產製造企業還處在朦朧之中，尚未覺醒。只有大部分生產製造企業切實重視了物流管理和物流技術，中國的物流才可以說是真正發展起來了。

三、中國與國外物流管理的差別與借鑑

人們常說，物流水平代表一個國家的經濟發展程度，物流管理體現各個國家民族的性情和經濟模式的差異。比如，日本注重物流成本測算，英國致力於構築綜合性物流體制，美國則以物流機械的現代化作為物流管理的切入點。比較分析發達國家之間的物流差別，對於中國構建現代物流體系將有所幫助。

1. 日本：成本物流獨樹一幟

日本物流業的發展大致經歷了以下四個階段：

1953—1963 年，初始階段；

1963—1973 年，以流通為主的階段；

1973—1983 年，以消費為主的發展時期；

1983 年到現在，物流現代化、國際化階段。

在不斷降低成本的過程中，日本積澱了一套行之有效的成本物流管理方法，即通過成本管理物流提高物流效益。成本核算涉及各個領域，如供應物流、社內物流、銷售物流、退貨物流、廢棄物流。具體到每一個項目，日本物流界也有其嚴格的考核辦法，著名的「五大效果六要素」法就是典型。

2. 美國：追求高度自動化

撬動美國物流的槓桿之一便是物流機械。為提高運輸效率，降低運輸成本，美國不斷加大車輛載重量，一級長途營運企業汽車平均載重量從 1950 年的 5 噸逐年增加到現在的 30~40 噸。在液罐車上更是推陳出新，有可運送溫度低達 −235~−185℃ 的壓縮氣體的保溫液罐車，有可運送溫度高達 205℃ 的瀝青的液罐車及運送熔融合金的帶熔液罐車。如今，美國的物流管理領域，已實現了高度的機械化、自動化和電算化。美國的物流包裝，也特別強調適用性，尤其對作戰物資的包裝，著重從強化包裝質量入手，改進包裝方法，方便物資的儲存與運輸。

3. 英國：建立綜合物流體制

20 世紀 60 年代末期，英國組建了物流管理中心，開始以工業企業高級顧問委員形式出現，協助企業制訂物流人才培訓計劃，組織各類物流專業性的會議，到了 20 世紀 70 年代，正式組建了英國管理協會。該協會會員多半是從事出口業務、物資流通、運輸的管理人員。協會以提高物流管理的專業化程度為目的，並為運輸、裝卸等部門管理者和其他對物流感興趣的人員提供一個相互交流的中心場所。

由此，英國一再灌輸綜合性的物流理念，並致力於發展綜合物流體制，以全面規劃物資的流通業務。這一模式強調為用戶提供綜合性的服務。物流企業不僅向用戶提供和聯繫鐵路、公路、水運、空運等交通運輸工具，而且還向用戶出租倉庫及提供其他的配套設施。在這一思想下建立的綜合物流中心向社會提供以下幾類業務：建立送

物中心、辦理海關手續、提供保稅和非保稅倉庫、貨物擔保、醫療服務、消防設備、道路和建築物的維護、鐵路專用線、郵政電傳系統、代辦稅收、就業登記，以及具有吃、住、購物等多種功能的服務中心等。此外，計算機技術在英國物流體系中也起到了舉足輕重的作用，計算機輔助倉庫設計、倉庫業務的計算機處理等，為英國現代物流揭開了新的一幕。

第四節　物流合理化目標

一、距離短

物流是物質資料的物理性移動。這種移動，即運輸、保管、包裝、裝卸搬運、流通加工、配送等活動，最理想的目標是「零」。因為凡是移動都要產生距離，距離移動得越長，費用越大，反之費用就越小。所以物流合理化的目標，首先是使距離短。

對運輸來說，如果產品在產地消費，能大大節省運輸成本，減少能源消耗；採取直達運輸，盡量不中轉，避免或減少交叉運輸，空車返回，也能做到運距短；大、中城市間採取大批量運輸方式，在城市外圍建配送中心，由配送中心向各類用戶進行配送，就能杜絕重複運輸，縮短運距。現在一些發達國家進行「門到門」「線到線」「點到點」的送貨，進一步縮小了運輸距離，大幅度減少了運輸上的浪費。距離短還包括裝卸搬運距離短，貨架、傳送帶和分揀機械等都是縮短裝卸搬運距離的工具。

二、時間少

這裡主要指的是產品從離開生產線算起至到達最終用戶的時間，包括從原材料生產線到製造、加工生產線這段時間，也就是物品的在途時間少。如運輸時間少，保管時間少、裝卸搬運時間少和包裝時間少等。如果能盡量壓縮保管時間，就能減少庫存費用和占壓資金，節約生產總成本。在裝卸搬運時間少方面，可以進行叉車作業、傳送帶作業、托盤化作業，以及利用自動分類機、自動化倉庫等；裝卸搬運實現機械化、自動化作業，不僅可以大大縮短時間、節約費用、提高效率，而且通過對裝卸搬運環節的有效連接，還可以激活整體物流過程。在包裝環節，使用打包機作業是非人工作業之所能及的；現代物流手段之一的模塊化包裝和模擬仿真等，都為物流流程的效率化提供了有利條件。

三、整合好

物流是一個整體性概念，是運輸、保管、包裝、裝卸搬運、流通加工、配送及信息的統一體，也是這幾個功能的有機組合。物流是一個系統，強調的是綜合性、整合性，只有這樣，才能充分發揮物流的作用，降低物流成本，提高物流效益。下面舉幾個例子予以說明：

一個企業自建立了全自動化立體倉庫后，保管效率得以大幅度提高。可是商品包

裝差，經常散包、破損；或者托盤尺寸和包裝尺寸不標準、不統一，造成物流過程混亂，窩工現象不斷。那麼建了全自動化立體倉庫也只能發揮一個環節的作用，物流整體的效率還是沒有太大的提高。

一個企業在運輸、保管、包裝和裝卸這四個環節都已經實現了現代化，但唯獨信息環節落后，造成信息收集少、傳遞不及時、篩選分析質量差或計算差錯率高等，那麼整個物流系統也就不能高效運轉。

以上兩個例子已足以說明物流整合好是多麼重要。當然，在條件不全部具備的情況下，先建一個現代化的配送中心，邁出第一步，也能取得局部效果，這種做法也無可非議。

四、質量高

質量高是物流合理化目標的核心。物流質量高的內容有：運輸、保管、包裝、裝卸搬運、配送和信息各環節本身的質量要高，為客戶服務的質量要高，物流管理的質量要高等。

就運輸和保管質量來說，送貨的數量不能有差錯、地址不能有差錯、中途不能出交通事故、不能走錯路，保證按時到達。在庫存保管方面，要及時入庫、上架、登記，做到庫存物品數量準確、貨位確切，還應將庫存各種數據及時傳遞給各有關部門，作為生產和銷售的依據，庫存數據和信息的質量要求也必須高標準。物流合理化目標的歸結點就是為客戶服務，客戶是物流的服務對象，物流企業要按照要求的數量、時間、品種、安全、準確地將貨物送到指定的地點。這是物流合理化的主體和實質。

物流質量高的另一個方面是物流管理的質量。沒有高水平的物流管理就沒有高水平的物流，物流合理化的目標也會變成一句空話。

五、費用省

物流合理化目標中，既要求距離短、時間少、質量高，又要求費用省。這似乎不好理解，很可能有人認為，物流質量高了，為客戶服務周到了，肯定要增加成本，同時又要求節約物流費用，不是相互矛盾嗎？實際上，如果真正實現了物流合理化，物流費用照樣能省。比如，減少交叉運輸和空車行駛會節約運輸費用；利用計算機進行庫存管理，充分發揮信息的功能，可以大幅度降低庫存，加快倉庫週轉，避免貨物積壓，也會大大節省費用；採取機械化、自動化裝卸搬運作業，既能大幅度削減作業人員又能降低人工費用。

六、安全、準確、環保

物流活動必須保證安全、準確，物流過程中貨物不能被盜、被搶、被凍、被曬、被雨淋，不能發生交通事故，確保貨物準時、準地、原封不動地送達。同時，諸如裝卸搬運、運輸、保管、包裝、流通加工等各環節作業，不能給周圍帶來影響，盡量減少廢氣、噪聲、振動等公害，要符合環境保護要求。

本章小結

現代物流是一個新興的產業，其主要功能包括包裝、裝卸搬運、運輸、儲存保管、配送、流通加工和物流信息管理等。現代物流形成的時間不長，但發展十分迅速，這是全球經濟社會發展的客觀需要。本章從介紹物流的定義和內涵入手，闡述了物流的價值、作用和功能，最后歸結到物流合理化的最終目標。

案例分析

香港成為世界市場物流樞紐的八大優勢

中國香港是一個國際大都會，是國際金融中心、貿易中心、服務中心。中國香港迴歸祖國以來，進一步強化了這一地位。

中國香港之所以被譽為「東方之珠」，其中一個重要原因是物流業的發展。而香港物流的平衡發展完全得益於以下八個方面：

1. 擁有世界級的基建設施和懂兩文三語的 IT 專才

中國香港擁有世界級的基建設施，又與製造業發達的珠江三角洲聯繫緊密，所以中國香港物流業的潛力無限。香港的 IT 專才，除了懂兩文三語外，還熟悉內地的經營環境，有良好的法治意識。

2. 地理優勢和稅率低

首先，地理優勢方面，香港在北上和南下上所花的時間較其他地區短，且大部分工廠北移，空置出來的商廈增加，其租金成本與新加坡相似。此外，中國香港的公司主管級的住宅租金與中國上海及新加坡相比也不會過於昂貴。其次，香港不徵收消費稅，加上稅率低，大部分設備成本比鄰區低 10%～25%。

3. 通信網運作成本相當低

無論是長途電話，還是專用電信網路，香港的通信網運作成本都相當低。香港為亞太區重要的商貿中心，擁有強健的金融構架及完善的司法制度，資金可以自由進出，有逾 900 個國際企業在香港設立總部。因此，香港有優勢成為亞太區的供應鏈管理樞紐。

4. 政府的強有力支持是自由港發展的前提

在當今競爭日益劇烈的經濟環境中，政府有必要制定統一的物流政策，使物流朝高科技、系統完善及效率高的方向發展，才能控制成本以提高競爭力。特區政府成立了促進物流發展的「物流發展局」，並根據物流發展局的意見，已經把發展《數碼貿易運輸網路》這個電子資訊平臺的建設納入研究課題。特區政府為提高香港作為亞洲運輸及物流樞紐的地位，還在北大嶼山選址發展現代化物流園，同時加大香港的資訊和基礎設施建設。

5. 擁有完善的海、陸、空運輸設施和配套設備及全世界最繁忙的集裝箱碼頭

香港擁有全世界最繁忙的集裝箱碼頭。在海運方面，約 80 家國際集裝航運公司每星期提供 400 條航線，開往全球 500 多個目的地。

在空運方面，66 家國際航空公司每星期提供約 3,800 班定期班機，由香港飛往全

球130多個目的地。現在香港國際機場採用最先進的設備和雙跑道設計,以應付日益繁重的運輸量。

在港口方面,9號碼頭第一期將投入服務,工程完工后,該碼頭將擁有4個深水及2個駁船泊位,容量將不少於260萬個標準箱,而且也開始了10號碼頭的可行性研究。

陸路建設方面,香港政府正加緊建設公路,連接機場及各港口到港內各區。

此外,特區政府還積極興建后海灣通往深圳及蛇口的跨海大橋,連接青島至長沙灣工業區的9號干線等。

6. 完善的軟件體系

香港在軟件配套方面,擁有相對完善、為外國商家信任的法律體制,具備優質的國際性金融和保險服務;而港務、運輸等行業也具有富有專業精神的24小時制的各式客戶服務。

香港的各類配套設施、物流服務、貨櫃碼頭的服務效率及素質,均屬國際水準。

在軟環境方面,與物流有關的資訊科技、網站,甚至軟件物流供應鏈管理設計公司,都有不同種試探參與。

7. 對物流人才的重視

為適應物流業的快速發展,提高物流人才素質,香港物流專業協會正積極引進國際認可的物流從業人員專業資格評審機制,還為進修物流課程的在職人士提供資助,以便提升香港物流業的整體技術水平,適應物流業日新月異的需要。

8. 區位優勢是香港成為內地最大貿易夥伴的必然條件

包括港澳在內的珠江三角洲地區,目前已成為舉世矚目的強大製造中心,並正向服務業、高增值行業轉型,務求成為區內的物流樞紐,為內地及整個東南亞地區提供服務。

香港是內地最大的貿易夥伴,內地也是香港轉口貨物的最大市場兼主要來源地,香港約有90%的轉口貨物來自內地或以內地為目的地。

目前,部分物流企業已經在內地以合資的形式成立公司,還有超過10萬家香港公司在內地採購。憑著香港擁有的一流運輸設施和交通網路、全球首屈一指的航空貨運中心地位,加上珠江三角洲的強大生產能力,兩地結伴合作可以發展成為連接內地與世界市場的物流樞紐。

(選自:彭揚. 現代物流學案例與習題 [M]. 北京:中國物資出版社,2010.)

案例思考

1. 香港為什麼能成為亞太地區乃至世界的物流中心?
2. 在香港物流業的發展中,哪些方面值得內地借鑑?

第二章　現代物流系統

學習目標

（1）瞭解系統的定義和系統的特徵；
（2）瞭解物流系統的定義和物流系統的構成；
（3）闡述物流系統性要求的理由。

開篇案例

奧運物流

舉世矚目的 2008 北京奧運會落幕了，精彩的賽事讓人們久久回味，崛起的中國和美麗的北京給世人留下了永恆的記憶。然而，我們同樣不能忘記的是支撐起這樣一個龐大項目的幕后英雄——奧運物流系統。作為全球規模最大的體育盛會，奧運會的參賽運動員和觀眾比其他任何體育賽事都多，由此引發了巨大的物流需求。2008 年北京奧運會期間，大量的比賽器材、體育用品的運送、儲存和人們的旅遊、娛樂、餐飲等活動都對物流提出了高質量服務需求，從而形成一個巨大的奧運物流市場。2008 年北京首次承辦奧運會，能否按照預訂計劃有序地進行，如何做好奧運物流工作把北京奧運會辦成歷史上最成功的一屆奧運會，是我們面臨的一個重要課題。

1. 北京奧運物流的必要性分析

北京奧組委在北京奧運行動規劃當中提出，2008 年奧運會要以「新北京、新奧運」為主題，要突出「綠色奧運、科技奧運、人文奧運」三大理念，並要求奧運的組織工作要高效、創新。北京奧運物流一方面是奧運三大理念的重要體現，另一方面是奧運競賽工作的重要保障。從 1996 年第 26 屆亞特蘭大奧運會開始，一直到 2000 年第 27 屆悉尼奧運會和 2004 年第 28 屆雅典奧運會，奧組委下面都成立了奧運物流委員會。而且，國外的經驗表明，一個高效的物流系統是成功舉辦奧運會的物質基礎和堅強的后勤保證。

中國在物流技術、物流設施和物流管理這些方面都還相對落后於發達國家，同時我們又沒有舉辦奧運會的經驗，因此我們就更應該加大力度，對奧運物流規劃進行研究。我們要從因地制宜和先進性這兩個角度出發，同時要借鑑國外的經驗，研究制定 2008 年北京奧運物流系統規劃。

2. 奧運物流的概念與內涵

奧運物流是指為了舉辦奧運會所消耗的物品（包括商品和廢棄物）從供應地到接收地的實體流動過程，即根據奧運會的實際需求，將運輸、存儲、裝卸、搬運、包裝、

流通加工、配送、信息處理等基本功能有機地結合，並根據需要提供延伸服務，如通關服務、分揀服務、快遞服務、保險服務等。奧運物流的基本概念，又可以分為廣義的概念和狹義的概念。廣義的概念，是泛指在奧運會舉辦前後較長一段時間內，在全社會範圍內直接和間接引發的物流活動；狹義的概念，是指奧運物流在奧運會舉辦期間及前後一段時間，包括賽前、賽中、賽後這樣一個時間範圍內所產生的一些物流活動（這是研究奧運物流的著眼點）。一般情況下，人們對賽前、賽中物流考慮較為全面，但比賽畢竟是在一個具體時間段、具體地點發生的行為，這個時間段過去後，比賽所涉及的物品就要恢復原樣，這同樣涉及物流問題，因此，賽後物流也是非常重要的一個環節。

由於奧運物流涉及大量的人和各種各樣的物品，有精確的時間和地點的要求，因此更好地為奧運物流規劃服務、滿足奧運物流系統的總體目標，應該是奧運物流計劃和實施的標準和原則，這樣才能實現北京 2008 年奧運會前後高效、快捷、安全、準確、網路化的物流服務。

3. 近幾屆奧運會奧運物流的運作情況

從第 25 屆巴塞羅那奧運會開始，歷屆奧運會的主辦者對奧運物流問題都非常重視。在第 24 屆漢城奧運會結束的同時，第 25 屆巴塞羅那奧運會的組織和物流工作就開始進行了。其中成功的一點是任命了三位有經驗的人士從事物流組織工作，在整體的運作過程中共有 5 位政府官員和 18 位專家參與。這說明西班牙奧組委很重視奧運物流問題，雖然並沒有像亞特蘭大那樣成立專門的物流機構，但是在圍繞奧運會賽事產生的物流需求和參加奧運會的記者、政府代表團成員、志願者以及各種工作人員辦公、生活所需物品的物流需求，觀看奧運會的國內外觀眾、遊客的物流需求，以及奧運會期間產生的目前不可預見的非賽事物流需求方面，事先均有很好的認知和解決方案。

2000 年舉辦的第 27 屆悉尼奧運會，還專門對奧運物流進行了系統的規劃。在悉尼奧運會的籌備期間，悉尼奧組委對奧運物流組織工作十分重視，認為奧運會不僅有體育比賽的金牌，還能決出物流組織的金牌，在舉辦 2000 年悉尼奧運會之前應重視奧運物流研究。同時，有資料表明，在 2000 年悉尼奧運會中，悉尼市的物流設施規劃與建設、物流組織與管理、物流技術創新與應用等都取得了令人矚目的成就，物流規劃對悉尼奧運會的成功舉辦起到了重要的作用。

對於直接為奧運會服務的物流，如貨運代理、信件與包裹傳遞、奧運村生活物流、奧運比賽器材的物流需求等活動可以承包合同的形式委託給第三方物流公司，合同中規定了第三方物流公司的責任和奧組委 S2LT 所需提供的必要設施、條件以及協調與監督管理的職責。事實證明，由於奧運會是特有的短期行為，且奧運物流活動又是十分複雜、需要現代物流技術支撐才能完成的，在技術、人力、物力等條件有限的情況下，將那些需要高度專門技術來完成的奧運物流活動外包，不僅可行而且具有特殊的優越性。

4. 奧運物流市場的形成與北京奧運物流市場的構成

（1）奧運物流市場的形成

現代奧運會不是一個獨立封閉的系統，它存在於發達的商業社會中，必須和這個

商業社會進行各種物質和能力的交換。從這個意義上說，現代奧運會不僅是一場體育盛會，更是一個特大的商業項目。一方面，奧運會自身組織工作的複雜性使得它需要利用市場來進行資源的優化配置；另一方面，商家們也不會放過奧運會這一特大商機。所以說，市場化運作的發展趨勢是由社會環境和奧運會的自身特點共同決定的。

1980 年薩馬蘭奇出任國際奧委會主席以後，奧林匹克運動加快了與市場接軌的步伐。1984 年洛杉磯奧運會通過市場化的運作和商業開發，盈利 2.5 億美元，一改以前主辦奧運會經常給主辦國家帶來經濟虧損的狀況。從此，奧運會成為體育產業中一個最具有代表性的、融體育競技比賽和商業行銷活動於一體的活動。因此，與奧運會的組織準備、開幕舉行和相關企業行銷活動過程相伴隨的所謂奧運物流——由於舉辦奧運會而產生的物流服務需求，形成了一個潛力巨大、備受關注的奧運物流市場。

（2）北京奧運物流市場的構成

①賽前物流市場

2008 年北京奧運會的賽前物流市場包括物流基礎設施建設市場、奧運場館建設物流市場、物流裝備市場、物流信息與諮詢市場、物流人才培訓市場、比賽器材物流市場、生活物流市場、奧組委及各國代表團的貨運代理市場、奧運新聞器材物流市場、商業物流市場 10 個部分。

以奧組委及各國代表團的貨運代理市場為例，目前北京近 90% 的進出境貨物通過天津港出入，因此奧組委及各國代表團的貨物的主要運輸方式也應為海運，其奧運賽前物流的進入通道主要在北京的「出海口」——天津港。大部分入境貨物首先通過國際運輸到達天津港，然后再由天津港採用海關跨關區運輸方式直接運至北京，在北京奧運物流主要倉儲基地（如北京朝陽十八里店物流港，因為此物流基地有京津海關直通系統）辦理海關和檢驗檢疫手續，可以在北京奧運物流倉儲基地進行存放，或根據需要直接運到相關的目的地。其他不需報關、報檢的非進口貨物可以通過合理運輸方式運到相關物流基地倉庫存儲，根據需要向相關場館進行配送。通過北京首都機場的空運貨物可在報關、報檢后直接運輸至北京奧運物流倉儲基地。

②賽中物流市場

賽中物流市場包括比賽器材物流市場、生活物流市場、奧運信函與包裹快遞市場、商業物流市場、奧運會展物流市場、奧運新聞器材物流市場、廢棄物流市場 7 個部分。

2000 年悉尼奧運會賽中物流的配送規模為：每天向悉尼奧運公園的 25 個場館大約 115 個配送點進行 500 次配送業務，每天向 Darling 港的 4 個場館 10 個配送點進行 100 次配送業務。根據粗略估計，2008 年北京奧運會「賽中物流」總的配送規模約為悉尼奧運會的 1.2～1.5 倍。北京奧運賽中物流的重要點是奧運村和各比賽場館的物流配送，賽中物流主要物流設施及各比賽場館的設置，即奧林匹克公園、各比賽場館及相關設施、物流基地和物流中心。

③賽后物流市場

賽后物流的主要活動是出境物流及國際國內物流運輸、配送、倉儲等相關工作，涉及的主要物流服務內容是待出境貨物的暫時倉儲、國際運輸、通關、報檢、空陸聯

運、海陸聯運、貨運代理、倉儲等服務，其中重點內容是倉儲、運輸、通關、報檢等物流服務。

賽后物流市場包括商業物流市場、回收物流市場和廢棄物物流市場三個部分。雖然賽后物流不像賽前物流和賽中物流的作用那樣突出，但大部分貨物都要求在幾周之內運送完畢，時間緊迫，要求高質量的物流服務。

綜上所述，物流整體水平的提高，除了必要的硬件基礎設施之外，更應重視管理水平的提高。要從思想上重視科學技術在物流領域的應用，尤其是電子商務在提高物流效率、效益和競爭力方面的重要作用。同時應多吸收相關方面的專業人才，全面提高管理人員的素質。成立奧運物流指揮中心加強與相關部門的合作，保證奧運物資順利到達指定位置；成立由有關部門共同組成的聯合領導小組，為成功舉辦奧運會規劃安全、高效、順暢的奧運物流系統。

案例思考

1. 奧運物流包含了哪些環節？
2. 結合案例內容，對北京奧運物流系統規劃的制定提出你的意見和建議。

第一節　系統的概念

一、系統的定義

「系統」這個詞最早出現於古希臘語中，是「部分組成的整體」的意思。系統概念並不神祕，它廣泛存在於自然界、人類社會和人類思維之中，大到浩瀚的銀河系，小到肉眼看不到的原子核，從複雜的導彈系統，到一種簡單的產品，都可視為系統。如果撇開這些系統的生物的、技術的、生產的具體物質運動形態，僅僅從整體和部分之間的相互關係來考察，我們稱這種由相互作用和相互依賴的若干部分（要素）組成的具有特定功能的有機整體為系統。

二、系統的一般模式

系統是相對外部環境而言的，但是它和外部環境的界限又往往是模糊過渡的，所以嚴格地說系統是一個模糊集合。

外部環境向系統提供勞力、手段、資源、能量、信息，稱為「輸入」。系統以自身所具有的特定功能，將「輸入」進行必要的轉化處理活動，使之成為有用的產品，供外部環境使用，稱之為系統的「輸出」。輸入、處理、輸出是系統的三要素。如一個工廠輸入原材料，經過加工處理，得到一定產品作為輸出，這就成為生產系統。

外部環境因資源有限、需求波動、技術進步以及其他各種變化因素的影響，對系統加以約束或影響，稱為環境對系統的限制或干擾。此外，輸出的成果不一定是理想的，可能偏離預期目標，因此，要將輸出結果的信息返回給「輸入」，以便調整和修正

系統的活動，這稱為反饋。根據以上關係，系統的一般模式可用圖2－1表示。

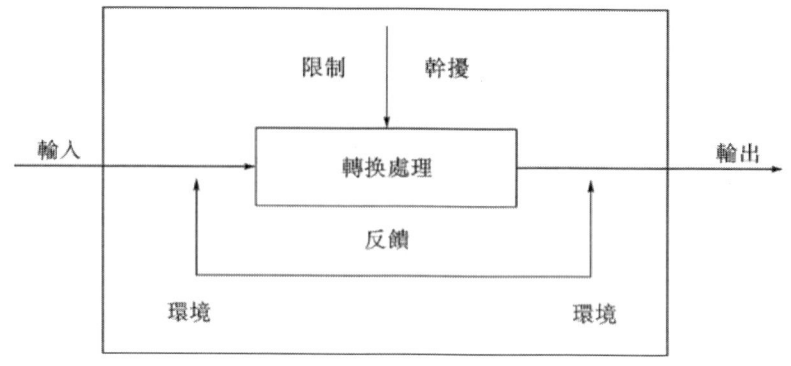

圖2－1　系統的一般模式

三、系統的特徵

1. 集合性

系統是由兩個或兩個以上的要素所構成的具有特定功能的有機集合體，但該有機集合體的功能不是各要素功能的簡單疊加。也就是說，系統不是各個要素的簡單拼湊，它是具有統一性的一個系統總體。即使是把那些單個功能並不優越的要素經系統組合起來，但形成的系統總體卻可以具有優越的功能，也可以產生新的功能。例如，繼電器在電路中是起開關作用的，現在把許多繼電器隨便集中起來，其功能是不會發生任何變化的。但如果把這些繼電器按照一定邏輯電路的要求巧妙地連接起來，就構成了一個計算機系統，它便會顯示出與開關功能截然不同的新功能，即計算功能。

系統和要素的區分是相對的。一個系統只有相對於構成它的要素而言才是系統，而相對於由它和其他事物構成的較大系統，它卻是一個要素（或稱子系統）。

2. 相關性

構成系統的各要素之間必須存在某種相互聯繫、相互依賴的特定「關係」，即有機聯繫的整體才可稱為系統。例如，電子計算機系統是把各種輸入輸出裝置、記憶裝置、控制裝置、運算裝置等硬件裝置，以及程序等軟件和操作人員等都作為組成部分，而且它們是以各種特定的「關係」相互有機地結合起來，這才形成了一個系統。

系統的要素間的特定關係是多種多樣的，如原子內部的引力相互作用和電磁相互作用，生物體內部的同化和異化，遺傳與變異，人類社會內部的生產力與生產關係，經濟基礎與上層建築的相互作用，等等。

3. 目的性

系統應具有一定的目的性，而且這種目的是人為的。沒有明確目的的系統，不是系統工程的研究對象。這樣，就把那些目前人類還不能改造和控制的自然系統從系統工程中排除了。例如太陽系，它是一種力學系統的自然系統，雖然它具有特定的功能，但是不存在目的。也就是說，人類還無法全部認識和改造它。系統工程所研究的人造系統或複合系統，是根據系統的目的來設定它的功能的，所以，在這類系統中，系統

的功能是為系統目的服務的。

4. 動態性

系統處於永恆的運動之中。一個系統要不斷輸入各種能量、物質和信息,通過在系統內部特定方式的相互作用,將它們轉化為各種結果輸出。系統就是在這種周而復始的運動、變化中生存和發展,人們也在系統的動態發展中實現對系統的管理和控制。

5. 環境適應性

環境是存在於系統之外、與系統有關的各種要素。可以把環境理解為更高一級的系統。

系統是不能脫離環境而孤立存在的,它必然要與環境發生各種聯繫,同時,也受到環境的約束或限制。環境不是一成不變的,環境的變化往往會引起系統功能的變化,甚至可能改變系統的目的。系統應具備一種特殊的能力,即自我調節以求適應保全的能力。這種能力使系統適應各種變化,排除干擾,保全自己目的的實現。系統的這種能力就是環境適應性,也可稱為「應變能力」。

四、系統工程

系統概念的提出,是科學研究方法的一個重要發展。系統概念的出現,不再把事物看成是孤立的、不變的,而是看成發展的、相互關聯的一個整體。當然,僅有系統的概念還不能解決具體問題,現代科學技術把系統的概念應用具體化,建立了通過邏輯推理、數學運算,定量地處理系統內部的關係等一整套系統分析方法——系統工程科學。

系統工程就是用科學的方法組織管理系統的規劃、研究、設計、製造、試驗和使用,規劃和組織人力、物力、財力,通過最優途徑的選擇,使我們的工作在一定期限內收到最合理、最經濟、最有效的成果。所謂科學的方法,就是從整體觀念出發,通盤籌劃,合理安排整體中的每一個局部,以求得對整體的最優規劃、最優管理和最優控制,使每個局部都服從於整體目標,發揮整體優勢,做到人盡其才、物盡其用,避免資源的損失和浪費。

系統工程的核心內容包括系統管理理論和運籌學模型。

第二節 物流系統的構成

一、物流系統的總體框架

所謂物流系統,是指由各個相關要素有機結合而成的、提供高質量的物流服務的一個整體。其總體框架如圖 2-2。

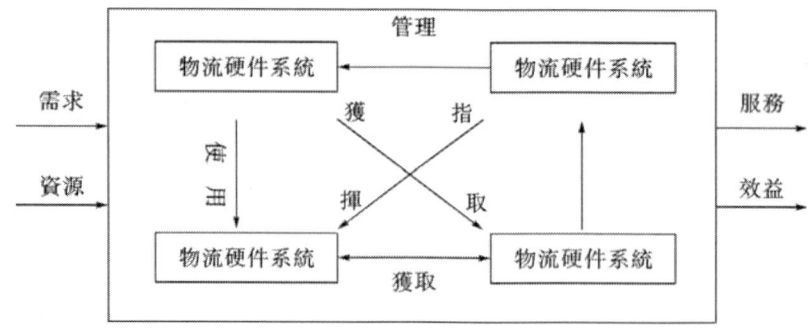

圖2-2 物流系統的總框架

1. 物流硬件系統

基礎設施：公路、鐵路、航道、港站（港口、機場、編組站）。

運輸工具：貨運汽車、鐵道車輛、貨船、客貨船、貨機、客貨機。

物流中心(配送中心)：倉庫、裝卸搬運機具、倉儲貨架、托盤、貨箱、自動化設施。

2. 物流作業系統

物流作業系統如圖2-3所示：

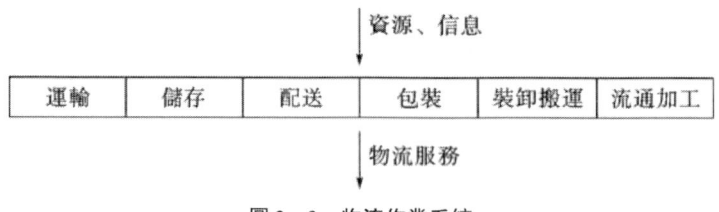

圖2-3 物流作業系統

3. 物流管理系統

物流管理系統如圖2-4所示：

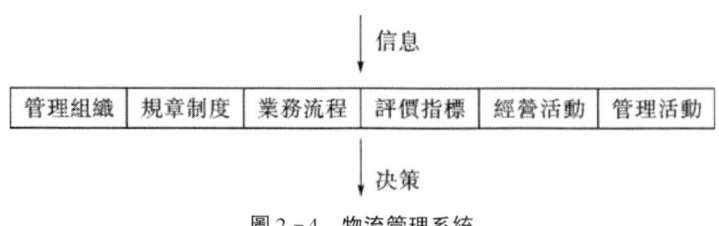

圖2-4 物流管理系統

4. 物流信息系統

（1）物流信息系統的層次結構，如圖2-5所示。

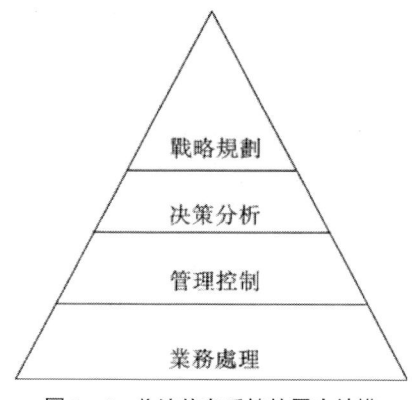

圖2-5　物流信息系統的層次結構

（2）物流信息系統的功能結構，如圖2-6所示：

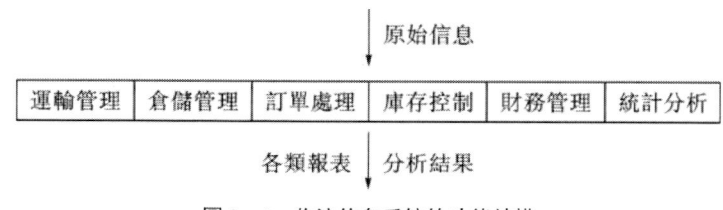

圖2-6　物流信息系統的功能結構

二、物流系統的功能

物流系統與一般系統一樣，具有輸入、輸出、處理（轉化）、限制（制約）、反饋等功能。

1. 輸入

通過提供資源、能源、機具、勞動力、勞動手段等，對某一系統發生作用，這一作用被稱為外部環境對物流系統的「輸入」。

物流系統的輸入內容有：①各種原材料或產品、商品；②生產或銷售計劃；③需求或訂貨計劃；④資源；⑤資金；⑥勞力；⑦合同；⑧信息。

2. 輸出

物流系統以其本身所具有的各種手段和功能，在外部環境一定的制約作用下，對環境的輸入進行必要的處理（轉化），使之成為有用（有價值）的產品；或實現位置轉移及提供其他服務等，這些被稱為物流系統的「輸出」。

物流系統的輸出內容有：①各種物品的場所轉移；②各種信息報表的傳遞；③各種合同的履行；④提供各種優質服務。

3. 處理（或轉化）

物流系統本身的轉化過程，即從「輸入」到「輸出」之間所進行的生產、供應、銷售、回收、服務等物流業務活動，稱為物流系統的「處理（或轉化）」。

物流系統的處理包括：①各種生產設備、設施（車間、機器、車輛、庫房、貨物

等）的建設；②各物流企業進行的物流業務活動（包括運輸、儲存、包裝、裝卸搬運等）；③各種物流信息的數據處理；④各項物流管理工作。

4. 限制、干擾

外部環境也因資源條件、能源限制、需求變化、運輸能力、技術進步以及其他各種因素的影響，而對物流系統施加一定的約束，這種約束被稱為外部環境對物流系統的「限制」或「干擾」。

對物流系統的干擾因素主要有：①資源條件；②能源限制；③資金力量；④生產能力；⑤價格影響；⑥需求變化；⑦市場調節；⑧倉庫容量；⑨運輸能力；⑩政策性波動。

5. 反饋

物流系統在把「輸入」轉化為「輸出」的過程中，由於受系統內外環境的限制、干擾，不會完全按原來的計劃實現，往往使系統的輸出未達到預期的目標（當然，也有按計劃完成生產或銷售物流業務的），所以，需要把「輸出」結果返回給「輸入」，這被稱為「信息反饋」。

物流系統的反饋內容主要有：①各種物流活動分析；②各種統計報表、數據；③典型調查；④工作總結；⑤市場行情信息；⑥國際物流動態。

三、物流系統性要求的理由

1. 從保證為客戶服務質量的角度來談

假如物流的七大環節——運輸、保管、包裝、裝卸搬運、流通加工、配送和信息處理中，只有運輸環節有問題，為客戶送貨不準時，或者送錯了地方，那麼即使其他環節效率再高，客戶也會有意見；如果其他環節都沒有問題，只有保管環節出了錯，由於倉庫貨物保管混亂，怎麼也找不到貨主要的貨，費了半天勁找到了，但誤了送貨時間，貨主還是不滿意；再如，運輸、保管、裝卸、信息處理各環節都正常，只有包裝環節質量差，不能按客戶要求的標準將貨物包裝好，影響了送貨的質量，客戶同樣會有意見。依此類推，可以講，物流的七大環節，是保證客戶滿意的七個組成部分，哪一個環節都不能出問題，哪個環節都很重要，因為只要其中有一個環節不協調，為客戶服務的質量就無法保證。

2. 從物流七大環節的作業效率來說明

假如一個企業運輸能力非常強、效率高、質量好，但保管、包裝、裝卸和信息處理各環節與運輸環節相比有很大差距，那麼整個物流效率也不可能高。運輸卡車如果排著隊等在倉庫門口，兩個小時也裝不完貨的話，恐怕卡車在路上跑得再快也沒用。假如一個企業投巨資建了全自動化立體倉庫，保管的作業效率一下子提高了幾倍，可遺憾的是，運輸環節跟不上，配送沒形成網路，在這種情況下，也同樣不能很快把貨送到用戶手中，得不到客戶滿意。再比如，運輸、保管、包裝、裝卸搬運各環節效率都很高，只有電腦軟件跟不上，信息傳遞不及時，可想而知，勢必要影響整體效率。所以說，物流是一個系統，是一個整體，各環節相互關聯，相互作用，缺一不可。

3. 從物流各環節的技術水平方面看問題

比如，運輸、保管、包裝、信息各環節的設備都先進，作業效率高，質量好，但

只有裝卸搬運環節設備落后，機械化作業水平不行，人工裝卸效率低、質量差、作業時間長，或者由於搶時間、野蠻作業，以致包裝破損，甚至出現作業事故，勢必會影響整個物流過程的速度和質量；再比如，運輸、保管、裝卸搬運和信息處理各環節的技術水平一致，效率很高，而包裝環節技術含量低，包裝機械少，主要靠人工作業，即便是每天工人加班加點，恐怕也難達到要求。如果某個環節總是與其他環節不匹配，整體物流就無法實現高效率。因此，物流各環節的技術水平的一致性同樣是物流系統性要求的重要組成部分。

拿運輸來講，現在，隨著經濟全球化的發展，國際運輸業競爭越來越激烈，國際貿易也要求運輸高效、安全、準確和快速。如果國際運輸船隊力量強大，運力充足，但是由於港口規模小，裝卸機械程度差，或者港區倉庫面積不夠等原因，輪船到港后不能馬上進港卸貨，這樣，國際運輸船隊規模再大也是多余的。如果港口已經現代化了，輪船能夠及時進港，卸貨也很快，但是，貨物裝上卡車后一上公路就走不動，因為港口腹地運輸網路和設施差，交通堵塞嚴重，或者說，貨物按原定計劃從船上卸下來，突然情況變化，需要將貨物在港口倉庫暫時保管幾天，可是港口的倉庫面積不足，貨物沒地方存放，也會出現很大麻煩。因此，物流是一根鏈條，各個環節必須配套和咬合，哪個環節也不可出問題。

上面我們講到的內容從幾個方面說明了物流系統性的重要。實際上，系統性的另一層意思是統一性、協調性和整體性。物流系統猶如一部機器，由各部分零件組合在一起，協調動作，整體運行。

托盤只是一個物流器具，但也可以形成一個系統。托盤系統包括包裝、運輸、裝卸、搬運、保管和信息處理。托盤是裝卸機械化、保管自動化、包裝標準化、運輸效率化的基本構成因素，托盤尺寸的標準化關係到整個物流系統的效率。

使托盤能夠進行叉車裝卸和搬運作業，可以大大提高作業速度和效率；如果托盤能實現托盤化堆碼、單元化包裝、單元化搬運和裝卸，就能大幅度節約倉庫空間，使貨物出入庫、保管實現全自動化；如果托盤尺寸一致了，統一了，能使物品一下生產線就堆碼在托盤上，實現運輸、包裝、裝卸、搬運、保管一體化作業，就可以極大地縮短物流各環節的作業時間，節約物流各環節的費用，大幅度提高效率。因此，世界各國都十分重視托盤的利用和托盤的標準規格、尺寸的統一，在設計托盤時，注意規格尺寸相一致，以免出現搬運裝卸的麻煩。

之所以要強調物流的系統性，一是物流本身就是一個系統，而不只是單一的運輸和保管作業。只有物流七大環節整體合理化、機械化和現代化，才能真正節約費用、增加效益、提高效率和服務水平。二是物流各環節之間相互聯繫、相互制約，如果只重視一個方面，忽略另一方面，就會產生不協調。比如不包裝或簡化包裝就要增加裝卸、搬運和保管費用，降低運輸效率；如想減少庫存，則要增加配送工具，加大運輸成本；等等。三是物流管理和物流技術本身也要求統一性和整體性。比如前面舉的托盤例子，托盤的標準和規格與包裝尺寸、卡車車廂寬度、集裝箱寬度等都有一致性要求，這關係到裝卸、運輸效率。四是物流外圍條件的系統要求。比如，要提高物流服務水平，加強為用戶服務，但服務是什麼標準，成本是否合算，這要根據企業銷售、

企業經營和企業市場戰略的需要而定。也就是說，物流系統與商流系統乃至企業經營、城市規劃、環境保護等眾多企業外部環境因素相關，我們在追求物流系統整體最優的同時，還應該與相關的外部條件協調一致。

綜上所述，物流並不是某一個環節的概念，而是一個系統性的概念，不能單純地以為運輸就是物流，或者保管就是物流，否則，就偏離了物流的實質。我們要清楚地認識到物流是由運輸、保管、裝卸搬運、包裝、流通加工、配送和信息處理七大環節（或稱七大功能）組成的一個系統工程，七個環節的整合性、協調性、一致性、關聯性、互動性、平衡性是物流的本質和生命力；物流強調的是七大環節的綜合成本的降低和綜合效益的提升，而不是局部的冒進和盲目超前；物流與商流、信息流和資金流密切相關，現代物流已與銷售、電子商務和供應鏈等連成一體，是綜合設計、整體構思、協調發展的產物。

四、物流系統的特徵

物流系統是新的系統體系，它具有系統的一般特徵。同時，它又是一個十分複雜的系統——複雜的系統要素、複雜的系統關係等，使物流系統又具有其自身的特點。這具體表現在以下幾方面：

1. 複雜性

首先，物流系統的對象異常複雜。物流系統的對象是物質產品，既包括生產資料、消費資料，又包括廢舊廢棄物品等，遍及全部社會物質資源，將全部國民經濟的複雜性集於一身。其次，它擁有大量的基礎設施和龐大的設備，而且種類各異。為了實現系統的各種能力，必須配有相應的物流設施和各種機械設備，例如，交通運輸設施，車站、碼頭和港口，倉庫和貨場設施，各種運輸工具，裝卸搬運設備，加工機械，儀器儀表等。最後，物流系統關係複雜。物流系統各個子系統之間存在著普遍的複雜聯繫，各要素關係也較為複雜，不像某些生產系統那樣簡單明瞭。而且，系統結構要素之間有非常強的「背反」現象，常稱之為「交替損益」或「效益背反」現象。物流系統中許多要素在按新觀念建立系統之前，早就是其他系統的組成部分，因此，往往較多地受原系統的影響和制約，而不能完全按物流系統的要求運行，對要素的處理稍有不慎，就會出現系統總體惡化的結果。最後，物流系統與外部環境聯繫極為密切和複雜。物流系統不僅受外部環境條件的約束，而且這些約束條件多變、隨機性強。

2. 動態性

首先，物流系統與生產系統的一個重大區別在於，生產系統有固定的產品、固定的生產方式，連續或不連續地生產，很少發生變化，系統穩定時間較長；而一般的物流系統總是連結多個生產企業和用戶，隨需求、供應、渠道和價格的變化，系統內要素及系統的運行經常發生變化，難以長期穩定。其次，物流系統信息情報種類繁多，數據處理工作量大，而且信息流量的產生不均勻。最後，物流系統屬於中間層次系統範疇，本身具有可分性，可以分解成若干個子系統；同時，物流系統在整個社會再生產中主要處於流通環境中，因此，它必然受更大的系統如流通系統、社會經濟系統的制約。

3. 廣泛性

物流系統涉及面廣、範圍大，既有企業內部物流、企業間物流，又有城市物流、社會物流，同時還包括國際物流，物流系統幾乎滲透我們工作和生活的各個領域。

在對物流活動進行研究時，只有充分考慮物流系統工程特徵，才能建立一個高效低耗的物流系統，實現系統的各種功能。

第三節　物流系統評價

一、物流系統評價的目的

物流系統評價是指從技術和經濟兩個方面對建立物流系統的各種方案進行評價，並從中選擇出技術上先進可行、經濟上合理的最優秀系統方案的過程。

系統功能、目的和要求的實現程度，是以系統的功能與實現其功能所支付的費用之間的比例關係是否合理來衡量的。因此，物流系統評價的目的就是，在技術上可行的前提下，從系統功能、目標、要求和費用方面，對系統進行分析和評價，考核其滿足程度，借以發現問題，提出改進措施，經過修改後建立或改進物流系統的最優方案，為決策提供科學依據。常用的評價方法是系統的價值分析。

系統的價值是系統的功能與所支付費用之間的比例關係，用公式可以表示如下：

$$價值（value）＝功能（function）/費用（cost）$$

簡記為：$V = F/C$

這就是價值分析中所謂價值的含義。

價值分析方法，實際上也是從技術和經濟兩個方面對系統進行的評價。因為系統功能的實現是以系統技術上的先進實用為保障的，費用的多少則體現了系統的經濟上的合理程度。因此，對系統的評價應該從系統的總評價出發，綜合評價系統價值各方面的得和失，盡可能把不同方面的評價尺度統一起來，這樣才能得到真實、完整、可比的評價結果。

二、物流系統評價的原則

物流系統是一個非常複雜的人造系統，它涉及面廣，構成要素繁多且關係複雜，這都給系統評價帶來一定的困難。為了對物流系統做出一個正確的評價，應遵循下列基本原則：

1. 要保證評價的客觀性

評價的目的是為了決策，因此，評價的質量影響著決策的正確性。也就是說，必須保證評價的客觀性。這就要弄清資料是否全面、可靠和正確，防止評價人員的傾向性，並注意人員的組成應具有代表性和獨立性。

2. 要保證評價的整體性

堅持局部利益服從整體利益的原則。物流系統是由若干個子系統和要素構成的，如果每個子系統的效益都很好，那麼，整體效益也會比較理想。在某些情況下，有些子系

統是經濟的，效益是好的，但從全局來看卻不經濟，這種方案理所當然是不可取的。反之，在某些情況下，從局部看某一子系統是不經濟的，但從全局看整個系統卻是較好的，這種方案則是可取的。因此，我們所要求的是整體效益化和最優化，要求局部效益服從整體效益。

3. 要堅持可比性和可操作性原則

指標體系的建立和評價指標的確定要堅持先進合理和可操作的原則。影響物流系統功能發揮的因素是非常多的，因此，在建立物流系統指標體系時，不可能面面俱到，但應在突出重點的前提下，盡可能做到先進合理，堅持可操作性。可操作性主要表現在評價指標的設置上，既要可行又要可比。可行性主要是指指標設置要符合物流系統的特徵和功能要求，在具體指標的確定上，不能脫離現有的技術水平和管理水平而確定一些無法達到或無法評價的指標。可比性，主要指評價項目等內容含義確切，便於進行比較，評出高低。

4. 在定性分析的基礎上堅持量化原則

這是對系統做出客觀合理的評價結果的前提。在對物流系統進行評價時，應堅持定性分析與定量分析相結合的原則，並且在定性分析的基礎上，以定量分析為主，既要反應物流系統實現功能的程度，又要確定其量的界限，爭取對系統做出客觀的評價，從而確定最優方案。

三、物流系統評價指標體系

要對不同的方案進行評價和選優，就必須建立能對照和衡量各個替代方案的統一尺度以及評價指標體系（考察系統替代方案的維度）。評價指標體系是指衡量系統狀態的技術、經濟指標，它既是系統評價的基礎，也是所建立的物流系統運行和控制的信息基礎。建立一套完整的評價指標體系，有助於對物流系統進行合理的規劃和有效的控制，有助於準確反應物流系統的合理化狀況以及評價改善的潛力和效果。

(一) 物流系統評價指標體系的組成

1. 物流生產率

物流生產率指標是指物流系統投入產出轉換效率的指標。物流系統的運行過程，是一定的勞動消耗和勞動占用（投入）完成某種任務（產出）的過程。物流系統的投入包括人力資源、物質資源、能源和技術等，各項投入在價值形態上統一表現為物流成本。物流系統的產出，就是為生產系統和銷售系統提供服務。物流生產率指標是物流指標體系的重要組成部分，它通常又包括實際生產率、資源利用率、行為水平、成本和庫存五個方面的指標。

(1) 實際生產率。它是系統實際完成的產出與實際消耗的投入之比，例如，人均年倉儲物品週轉量、運輸車輛每噸年貨運量等。

(2) 資源利用率。物流系統的資源利用率是指實際投入與系統需要的投入之比，例如，運輸車輛的運力利用率、倉儲設備的倉容利用率等。

(3) 行為水平。物流系統的行為水平是指系統實際產出與期望產出之比，也就是

對系統各生產要素工作額完成情況的評價，例如每人每小時的實際件數與定額之比、生產費用與預算之比等。有時也用實際使用時間與完成工作的規定時間之比來衡量。

（4）成本。物流系統的各項投入在價值形態上統一表現為物流系統成本。成本能有效地反應物流系統的運行狀況，並且是評價物流過程中各項活動的共同尺度。但是，只比較兩個不同的物流系統的絕對成本是沒有意義的，因此，還需要通過比較成本與產出的貨幣量或實物量，來衡量物流系統的實際生產率；或者通過實際成本與成本定額的比較，來衡量物流系統的行為水平。

（5）庫存。庫存是指物流系統倉庫占用形式的投入。庫存的數量與週轉速度是體現物流投入產出轉換效率高低的重要標誌，例如庫存週轉天數、庫存結構合理性等。

2. 物流質量

物流質量指標是物流系統指標體系的重要組成部分，它是對物流系統產出質量的衡量。根據物流系統的產出，可將物流質量劃分為物料流轉質量和物流業務質量兩個方面。

（1）物料流轉質量。物料流轉質量是對物流系統所提供的物品在品種、數量、質量、時間和地點上的正確性評價。①品種和數量的正確性：物流過程中物品實際的品種和數量與要求質量的符合程度，常見的指標包括物品盈虧率、錯發率（既包括品種的差錯，又包括數量的差錯）等。②質量的正確性：物流過程中實際質量與要求質量的符合程度，常見的指標有倉儲物品完好率、運輸物品完好率、進貨質量合格率等。③時間的正確性：物流過程中物品流向的實際時間與要求時間的符合程度，常見指標有及時進貨率、及時供貨率等。④地點的正確性：物流過程中物品流向的實際地點與要求地點的符合程度，常見指標有錯誤送貨率等。

（2）物流業務質量。物流業務質量是指對物流系統的物流業務的時間、數量上的正確性以及工作的完善性的評價。①時間的正確性：物流過程中物流業務在時間上實際與要求的符合程度，常見的指標有對訂單的反應時間、發貨故障平均處理時間等。②數量的正確性：物流過程中物流業務在數量上實際與要求的符合程度，常見的指標有採購計劃完成率、供應計劃完成率等。③工作的完善性：物流過程中物流業務工作的完善程度，常見的指標有對客戶問訊的回應率、用戶特殊送貨要求滿足率、售後服務的完善性等。

（二）物流系統評價指標體系的建立

根據系統的觀點，系統評價指標體系是由若干個單項評價指標組成的有機整體。它應反應出系統目的的要求，並盡可能做到全面、合理、科學、實用。根據不同的衡量目的，物流系統指標的衡量對象可以是整個物流系統，也可以是供應物流、生產物流、銷售物流以及回收、廢棄物流等子系統，還可以是運輸、倉儲、庫存管理、生產計劃及控制等物流職能，乃至各職能中的具體的物流活動，由此形成不同的指標體系。

建立物流系統及其子系統的評價指標體系，可以遵循以下步驟：

第一，建立物流系統的目標體系。對於物流系統的整體來說，其指標體系應當能反應物流系統的目的，其實質是對物流系統的目的從幾個不同的方面（即維度）用數量進

行描述;同樣的道理,對於其子系統來說,它是實現整個物流系統目的的一種手段,而這種手段只是物流系統整體目標的分解,依此類推,我們可以得到一個目標體系。

第二,根據目標體系確定評價指標體系。在這種情況下,我們可以根據該子系統的上一級子系統(或物流系統)的目標制定它的評價指標體系。換句話說,就是根據系統展開後的目標體系來制定各子系統的評價指標。

第三,考慮各評價對象的影響因素,修改評價指標體系。物流系統及其子系統不是孤立的,它們常常受到諸如政治、法律、經濟、技術和生態等各種各樣因素的影響。因此,我們必須把物流系統內外的相互制約、錯綜複雜的因素層次化、條理化,並納入相關的子系統中進行考慮。這樣制定出來的評價指標體系既能保持它的合理性,又能保證它的完整性。下面以最有代表性的物流職能為對象,討論如何建立指標體系。

1. 運輸

可對運輸中的自備運輸和外用運輸分別建立指標體系,衡量其生產率和質量。其指標體系如圖2-7所示:

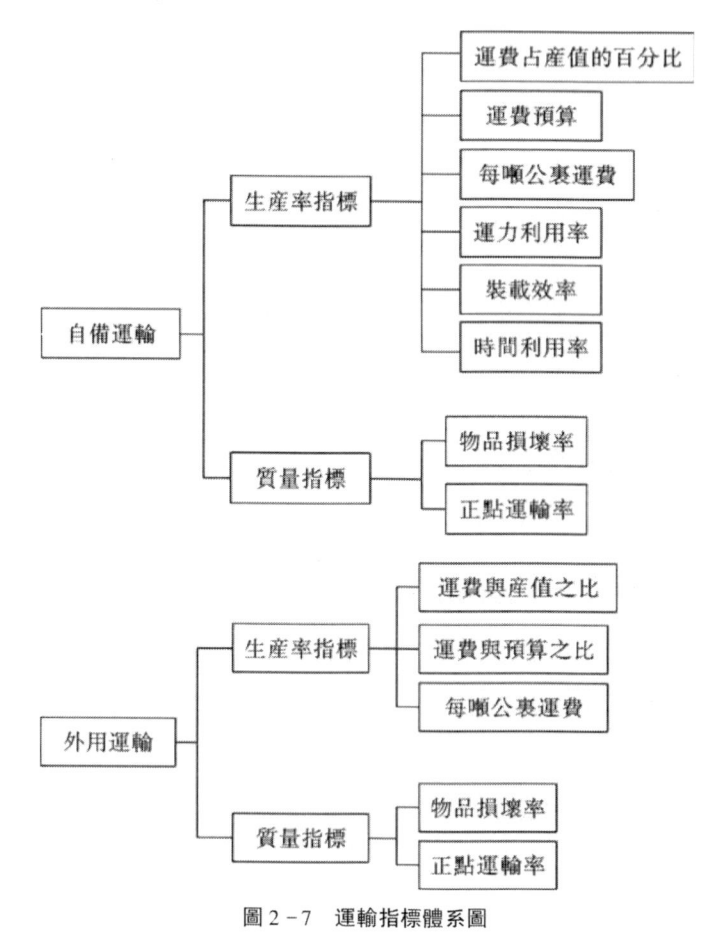

圖2-7 運輸指標體系圖

2. 倉儲

倉儲有外用和自備兩種，可分別對其建立指標體系，如圖2-8所示：

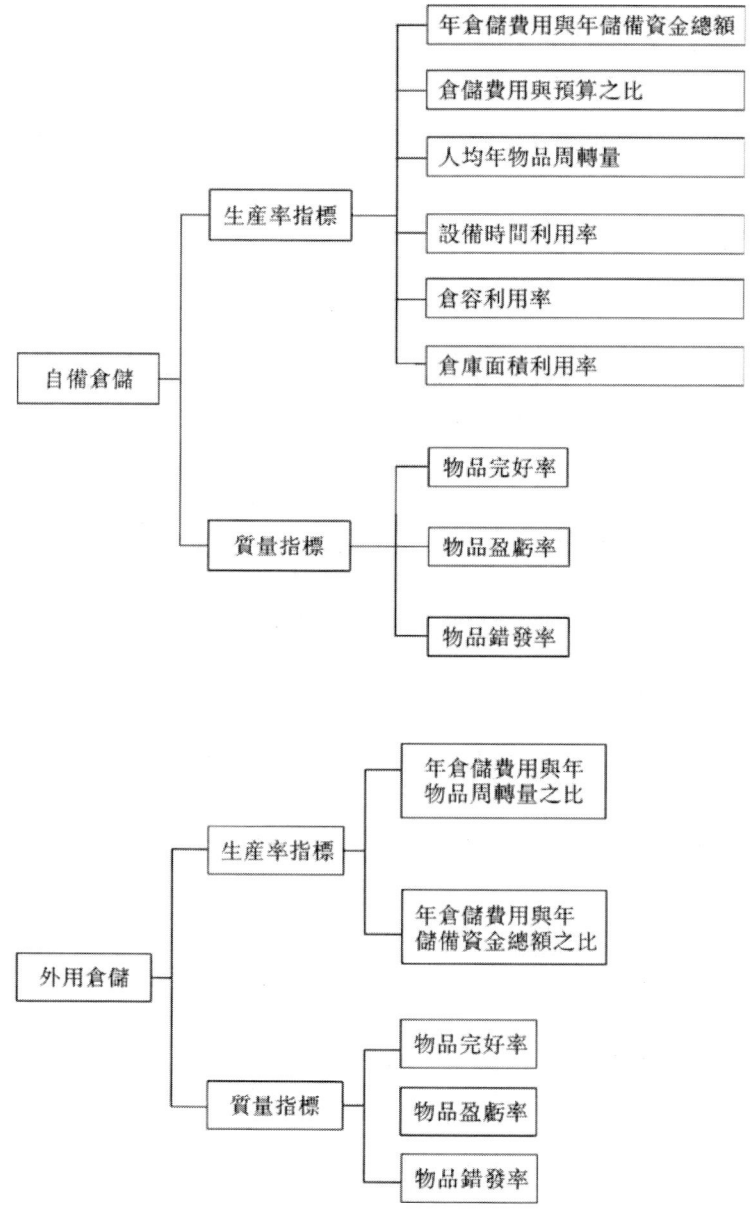

```
                          ┌─ 年倉儲費用與年儲備資金總額
                          ├─ 倉儲費用與預算之比
              ┌─ 生產率指標 ┼─ 人均年物品周轉量
              │           ├─ 設備時間利用率
              │           ├─ 倉容利用率
              │           └─ 倉庫面積利用率
   自備倉儲 ──┤
              │           ┌─ 物品完好率
              └─ 質量指標 ┼─ 物品盈虧率
                          └─ 物品錯發率


              ┌─ 生產率指標 ┬─ 年倉儲費用與年物品周轉量之比
              │           └─ 年倉儲費用與年儲備資金總額之比
   外用倉儲 ──┤
              │           ┌─ 物品完好率
              └─ 質量指標 ┼─ 物品盈虧率
                          └─ 物品錯發率
```

圖2-8　倉儲指標體系圖

本章小結

用系統觀點來研究物流活動是現代物流管理的核心問題。物流並不是某一個環節的概念，不能單純地以為運輸就是物流，或者以為保管就是物流，如果這樣認為，就偏離了物流的實質。物流系統是新的系統體系，具有複雜性、動態性和廣泛性的特徵。對物流系統的評價，因其構成要素繁多複雜，而有一定的難度，要對不同物流方案進行評價，必須建立一套完整的評價指標體系。

案例分析

香港機場貨運中心的物流水平在世界上處於領先地位

香港機場貨運中心是比較現代化的綜合性貨運中心，它的物流實現了高度的自動化，如在其1號貨站，貨運管理部對入庫的貨物按標準打包；之後，一般規格的包裝通過貨架車推到一列擺開的進出口，在電腦上輸入指令，貨架車就自動進入軌道，運送到六層樓高布滿貨架的庫房裡自動化指定的倉位。

需從庫房提取的貨物，也是通過電腦的指令，貨物自動從進出口輸送出來。巨型的貨架，則用高3米、寬7米的升降機運到倉庫的貨架。搬動貨物主要用叉車、拖車，看不到人工搬運。

傳統的倉儲運輸業與現代物流業的對比：傳統儲運的基本要求是做好貨物的保管和運輸，現代物流則包括運輸、裝卸、保管、加工、包裝、配送、信息網路等，其要求是通過整體科學管理使物流過程做到最優化。基於此，社會化的、現代化的物流中心，必須具備地點適中、一定的規模、完整的配套設施、擁有專業人才等條件，並不斷提高信息化、現代化和國際化水平，以實現商流、物流、信息流、資金流的合一。

案例思考

香港機場貨運中心的物流水平為什麼能在世界上處於領先地位？

第三章　現代物流的類型

學習目標

（1）瞭解現代物流的不同類型；
（2）懂得第三方物流的概念；
（3）懂得第三方物流是如何創造價值的；
（4）瞭解國際物流系統的組成。

開篇案例

麥當勞的第三方物流案例分析

在麥當勞的物流中，質量永遠是權重最大、被考慮最多的因素。麥當勞重視品質的精神，在每一家餐廳開業之前便可見一斑。餐廳選址完成之後，首要工作是在當地建立生產、供應、運輸等一系列網路系統，以確保餐廳得到高品質的原料供應。無論何種產品，只要進入麥當勞的採購和物流鏈，就必須經過一系列嚴格的質量檢查。麥當勞對土豆、麵包和雞塊都有特殊的嚴格要求。比如，在麵包生產過程中，麥當勞要求供應商在每個環節加強管理：裝面粉的桶必須有蓋子，而且要有顏色，不能是白色的，以免意外破損時碎屑混入面粉而不易分辨；各工序間運輸一律使用不銹鋼筐，以防雜物碎片進入食品中。

談到麥當勞的物流，不能不說到夏暉公司，這家幾乎是麥當勞「御用 3pl」（該公司客戶還有必勝客、星巴克等）的物流公司，它們與麥當勞的合作，至今在很多人眼中還是一個謎。麥當勞沒有把物流業務分包給不同的供應商，夏暉也從未移情別戀，這種獨特的合作關係，不僅建立在忠誠的基礎上，還在於夏暉為其提供了優質的服務。

而麥當勞對物流服務的要求是比較嚴格的。在食品供應中，除了基本的食品運輸之外，麥當勞還要求物流服務商提供其他服務，比如信息處理、存貨控制、貼標籤、生產和質量控制等諸多方面，這些「額外」的服務雖然成本比較高，但它使麥當勞在競爭中獲得了優勢。「如果你提供的物流服務僅僅是運輸，運價是一噸 0.4 元，而我的價格是一噸 0.5 元，但我提供的物流服務當中包括了信息處理、貼標籤等工作，麥當勞也會選擇我做物流供應商的。」為麥當勞服務的一位物流經理說。

另外，麥當勞要求夏暉提供一條龍式物流服務，包括生產和質量控制在內。這樣，在夏暉設在臺灣地區的麵包廠中，就全部採用了統一的自動化生產線，製造區與熟食區加以區隔，廠區裝設空調與天花板，以隔離落塵，易於清潔，應用嚴格的食品與作業安全標準。所有設備由美國 SASIB 專業設計，生產能力每小時 24,000 個麵包。在專

門設立的加工中心，物流服務商為麥當勞提供所需的生菜切絲、切片及混合蔬菜，擁有生產區域全程溫度自動控制、連續式殺菌及水溫自動控制功能的生產線，生產能力每小時1,500公斤（1公斤＝1千克。下同）。此外，夏暉還負責為麥當勞上游的蔬果供應商提供諮詢服務。

麥當勞利用夏暉設立的物流中心，為其各個餐廳完成訂貨、儲存、運輸及分發等一系列工作，使得整個麥當勞系統得以正常運作，通過它的協調與連接，使每一個供應商與每一家餐廳達到暢通與和諧，為麥當勞餐廳的食品供應提供最佳的保證。目前，夏暉在北京、上海、廣州都設立了食品分發中心，同時在瀋陽、武漢、成都、廈門建立了衛星分發中心和配送站，與設在香港和臺灣的分發中心一起，斥巨資建立起全國性的服務網路。

例如，為了滿足麥當勞冷鏈物流的要求，夏暉公司在北京地區投資5,500多萬元人民幣，建立了一個占地面積達12,000平方米、擁有世界領先的多溫度食品分發物流中心，並在該物流中心配備了先進的裝卸、儲存、冷藏設施，5～20噸多種溫度控制運輸車40餘輛，中心還配有電腦調控設施用以控制所規定的溫度，檢查每一批進貨的溫度。

「物流中的浪費很多，不論是人的浪費、時間的浪費還是產品的浪費都很多。而我們是靠信息系統的管理來創造價值。」夏暉食品公司片區總裁白雪李很自豪地表示，夏暉的平均庫存遠遠低於競爭對手，麥當勞物流產品的損耗率也僅有萬分之一。

「全國真正能夠在快餐食品達到冷鏈物流要求的只有麥當勞。」白雪李稱，「國內不少公司很重視蓋庫買車，其實誰都可以買設備蓋庫。但誰能像我們這樣有效率地計劃一星期每家餐廳送幾次貨，怎麼控制餐廳和分發中心的存貨量，同時培養出很多具有管理思想的人呢？」與其合作多年的麥當勞中國發展公司北方區董事總經理賴林勝擁有同樣的自信：「我們麥當勞的物流過去是領先者，今天還是領先者，而且我們還在不斷地學習和改進。」

賴林勝說，麥當勞全國終端複製的成功，與其說是各個麥當勞快餐店的成功，不如說是麥當勞對自己營運的商業環境複製的成功，尤其重要的是其供應鏈的成功複製。離開供應鏈的支持，規模擴張只能是盲目的。

超契約的合作關係：

很讓人感興趣的是，麥當勞與夏暉長達30餘年的合作，為何能形成如此緊密無間的「共生」關係？甚至兩者間的合作竟然沒有一紙合同？

「夏暉與麥當勞的合作沒有簽訂合同，而且麥當勞與很多大供應商之間也沒有合同。」

的確有些難以置信！在投資建設北京配送中心時，調研投資項目的投資公司負責人向夏暉提出想看一下他們與麥當勞的合作合同。白雪李如實相告，令對方幾乎不敢相信，不過仔細瞭解原因後，對方還是決定投資。

這種合作關係看起來不符合現代的商業理念，但卻從麥當勞的創始人與夏暉及供應商的創始人開始一路傳承下來。

「這種合作關係很古老，不像現代管理，但比現代管理還現代，形成超供應鏈的力

量。」白雪李說,在夏暉的 10 年工作經歷讓自己充分感受到了麥當勞體系的力量。夏暉北方區營運總監林樂杰則認為,這種長期互信的關係使兩者的合作支付了最低的信任成本。

多年來,麥當勞沒有虧待他的合作夥伴,夏暉對麥當勞也始終忠心耿耿,白雪李說,有時長期不賺錢,夏暉也會毫不猶豫地投入,因為市場需要雙方來共同培育,而且在其他市場上這點損失也會被補回來。有一年,麥當勞打算開發東南亞某國市場,夏暉很快跟進在該國投巨資建配送中心。結果天有不測風雲,該國發生騷亂,夏暉巨大的投入打了水漂。最后夏暉這筆損失是由麥當勞給付的。

案例分析

這個案例不僅涉及了麥當勞作為一個連鎖企業的自身物流管理過程,還包含了其供應商夏暉公司的第三方物流運作模式。讓我們來分析一下二者的關係。

案例包含了供應物流、生產物流和銷售物流三方面,而對供應物流和銷售物流來說,夏暉公司的特別之處在於,它不僅扮演了第三方物流公司的角色,而且還承擔著供應商的責任。一方面,可以說是麥當勞採用了委託第三方物流代理的方式為其製造、庫存、配送及管理,另一方面,它完全採用了供應商代理的形式,由供應商掌握麥當勞的庫存,採購也是由夏暉公司來完成,而麥當勞和其供應商夏暉公司的關係也就完全成了夥伴型的,不管夏暉是作為第三方物流公司,還是作為供應商,它無疑都在整個物流運作過程中起到了不可忽視的作用。

SWOT 分析

(一) 強勢 (S)

(1) 麥當勞遵從了企業物流合理化近距離的原則。從夏暉公司為麥當勞建立麵包廠和在北京地區投資 5,500 多萬元人民幣建立了一個占地面積達 12,000 平方米、擁有世界領先的多溫度食品分發物流中心為例可以看出。同時,這種做法也大大地減少了麥當勞的庫存,滿足了在製品庫存最小原則。

(2) 夏暉採用了準時供應方式。供應物流活動的主導是麥當勞,它可以按照最理想的方式選擇供應物流,而供應物流的承擔者夏暉,必須以最優的服務才能為用戶所接受。這也是麥當勞和夏暉之間能保持幾十年合作關係的原因。麥當勞因為夏暉的供應而節約了巨大的物流成本,下回也因此有生意可做,兩家企業互相扶持,形成了堅不可摧的夥伴型關係。

(3) 夏暉還採用了供應鏈採購。麥當勞只需把自己的需求信息向供應商連續及時傳遞,由供應商根據用戶的需求信息,預測用戶未來的需求量,並根據這個預測需求量制定自己的生產計劃和送貨計劃,主動小批量多頻次向用戶補充貨物庫存,既保證滿足用戶需求又使貨品庫存量最少、浪費最小。這種 VMI 採購的最大受益者是麥當勞,它可以擺脫繁瑣的採購事務,從採購事務中解脫出來,甚至連庫存負擔、運輸進貨等負擔都由夏暉承擔,而服務率還特別高。

(4) 麥當勞與夏暉的這種合作關係既屬於長期目標型,又屬於滲透型。我們都知

道與供應商保持長期的關係是十分重要的，他們為了雙方的共同利益對改進各自的工作感興趣，並在此基礎上建立起超越買賣關係的合作。麥當勞對物流服務的要求是比較嚴格的，在食品供應中，除了基本的食品運輸之外，麥當勞要求物流服務商提供其他服務，比如信息處理、存貨控制、貼標籤、生產和質量控制等諸多方面；麥當勞要求夏暉提供一條龍式物流服務，包括生產和質量控制在內。這樣，在夏暉設在臺灣的麵包廠中，就全部採用了統一的自動化生產線，並採用了更先進的設施，這樣，既滿足了麥當勞對產品質量的嚴格要求，又使夏暉能在技術創新和發展上促進企業的產品改進，所以這樣做對雙方都有利，從而更加增強了企業的外部競爭力。

（二）弱勢（W）

麥當勞只有一家主要原料的供應商，會使產品原料單一，難以滿足顧客越來越挑剔的要求，顧客會需要多元化的產品出現，麥當勞只有不斷變化的產品出現才能擁有競爭力。

（三）機遇（O）

擁有中國這塊廣泛的市場，只要好好利用，還會取得更好的成績。當然，物流是非常重要的一部分。

（四）威脅（T）

物流的理念和實踐都發展得很快，其他快餐連鎖如果回應得快，就會把麥當勞吞掉，像肯德基等，無疑是麥當勞的一大威脅。

不斷貨是麥當勞的另外一個要求。這聽起來很簡單，但具體運作卻非常麻煩。想像一下麥當勞在全國有多少家連鎖店，儘管通過POS機能夠即時知道每一種商品的銷售情況，但是如何運輸、怎樣在全國範圍內建物流中心、如何協調社會性物流資源、如何在運輸的過程中做到嚴格的質量控制（麥當勞的很多產品都需要嚴格的冷藏運輸），這些非常複雜的工程，需要有極好的供應鏈管理能力。

因此有人說，多次挑戰麥當勞、肯德基的國內連鎖快餐無一勝出，不僅僅是中國快餐管理的失敗，同樣是缺乏供應鏈管理能力的中國物流業的失敗。

第一節　物流分類

為了便於研究，可以從物流系統的作用、物流活動的空間範圍和物流活動的性質等不同角度將物流分成不同的類別。

一、按照系統的性質分類

物流是一個系統工程，按照物流系統所涉及的範圍的不同，可以將物流分成以下幾種類型：

1. 社會物流

社會物流也稱為宏觀物流或大物流，它是對全社會物流的總稱，一般指流通領域所發生的物流。社會物流的一個標誌是，它伴隨商業活動（貿易）而發生，也就是說

社會物流的過程和所有權的更迭是相關的。當前的物流科學的研究重點之一就是社會物流，因為社會物資流通網路是國民經濟的命脈，流通網路分佈的合理性、渠道是否暢通等對國民經濟的運行有至關重要的影響，必須進行科學管理和有效控制，採用先進的技術手段，才能保證建立高效能、低運行成本的社會物流系統，從而帶來巨大的經濟效益和社會效益。這也是物流科學受到高度重視的主要原因。

2. 行業物流

同一行業中所有企業的物流稱為行業物流。行業物流往往促使行業中的企業互相協作，共同促進行業的發展。例如日本的建築機械行業，提出了行業物流系統化的具體內容，包括有效利用各種運輸手段，建設共同的機械零部件倉庫，實行共同集約化配送，建立新舊建築設備及機械零部件的共同物流中心，建立技術中心以共同培訓操作人員和維修人員，統一建築機械的規格等。目前，國內許多行業協會正在根據本行業的特點，提出自己行業的物流系統化標準。

3. 企業物流

企業物流是指在企業範圍內進行相關的物流活動的總稱。企業物流包括企業日常經營生產過程中涉及的生產環節。如原材料的購進，產成品的銷售，商品的配送等都屬於企業物流。企業物流系統主要有兩種結構形式：一種是水平結構，另一種是垂直結構。

根據物流活動發生的先後次序，從水平的方向上可以將企業的物流活動劃分為供應物流、生產物流、銷售物流和回收與廢棄物物流四個部分。

企業物流活動的垂直結構主要可以分為管理層、控制層和作業層三個層次。物流系統通過這三個層次的協調配合實現其總體功能。

（1）管理層。其任務是對整個物流系統進行統一的計劃、實施和控制，包括物流系統戰略規劃、系統控制和成績評定，以形成有效的反饋約束和激勵機制。

（2）控制層。其任務是控制物料流動過程，主要包括訂貨處理與顧客服務、庫存計劃與控制、生產計劃與控制、用料管理、採購等。

（3）作業層。其任務是完成物料的時間轉移和空間轉移。主要包括發貨與進貨運輸以及廠內裝卸搬運、包裝、保管、流通加工等。

二、按照活動的空間範圍分類

按照物流的地理位置的不同，可以將物流分成以下幾個類型：

1. 按地區有不同的劃分原則

例如：按行政劃分，有西南地區、華北地區等；按經濟圈劃分，有蘇（州）（無）錫常（州）經濟區、黑龍江邊境貿易區等；按地理位置劃分，有長江三角洲地區、河套地區等。地區物流系統對於提高該地區企業物流活動的效率、保障當地居民的生活環境具有重要作用。研究地區物流應根據地區的特點，從本地區的利用和工作利益出發組織好物流活動。如某城市建設一個大型物流中心，顯然這對於當地物流效率的提高、降低物流成本、穩定物價是很有作用的，但是也會引起由於供應點集中、載貨汽車來往頻繁產生廢氣噪聲、交通事故等消極問題。因此物流中心的建設不單是物流問

題，還要從城市建設規劃、地區開發計劃出發統一考慮，妥善安排。

2. 國內物流

國家或相當於國家的擁有自己的領土和領空權力的政治經濟實體，所制訂的各項計劃、法令政策都應該是為其整體利益服務的。所以物流作為國民經濟的一個重要方面，一般也都納入國家總體規劃的內容。全國物流系統的發展必須從全局著眼，對於部門和地區分割所造成的物流障礙應該清除。在物流系統的建設投資方面也要從全局考慮，使一些大型物流項目能盡早建成，從而能夠更好地為國家整體經濟的發展服務。

3. 國際物流

全球經濟一體化，使國家與國家之間的經濟交流越來越頻繁，國家之間、大洲之間的原材料與產品的流通越來越發達，不置身於國際經濟大協作的交流之中，本國的經濟技術便很難得到良好的發展。因此，研究國際物流已成為物流研究的一個重要分支。

三、按照作用分類

企業物流活動幾乎滲透所有的生產活動和流通管理工作中，對企業的影響十分重大。按照物流在整個生產製造過程中的作用來看，物流可以分為：供應物流，主要指原材料等生產資料的採購、運輸、倉儲和用料管理等生產環節；生產物流，主要指生產計劃與控制，廠內運輸（裝卸搬運），在製品倉儲與管理等活動；銷售物流，主要指產成品的庫存管理，倉儲發貨運輸，訂貨處理與顧客服務等活動；回收與廢棄物流，包括廢舊物資、邊角余料的回收利用，各種廢棄物的處理等。

1. 供應物流

所謂供應物流就是物資從生產者、持有者至使用者之間的物質流通，即生產企業、流通企業或消費者購入原材料、零部件或商品的物流過程。對於生產型企業而言，是指對生產活動所需要的原材料、備品備件等物資採購供應所產生的物流活動；對於流通領域而言，是指從買方角度出發的交易行為所發生的物流活動。企業的物流資金大部分是被購入的物資材料及半成品等所占用的，因此，供應物流的嚴格管理及合理化對於企業的成本控制有著重要影響。

2. 生產物流

生產物流是指從工廠的原材料入庫起，直到工廠成品庫的成品發送為止的這一過程的物流活動。生產物流是製造型企業所特有的物流過程，它和生產加工的工藝流程同步。原材料、半成品等按照工藝流程在各個加工點之間不停頓地移動、流轉形成了生產物流。如生產物流中斷，生產過程就將隨之停頓。生產物流合理化對工廠的生產秩序、生產成本有很大的影響。生產物流均衡穩定，可以保證在製品的順暢流轉和設備負荷均衡，壓縮在製品庫存，縮短生產週期。

3. 銷售物流

銷售物流是物資的生產者或持有者至用戶或消費者之間的物流活動，即生產企業、流通企業售出產品或商品的物流過程。對於生產型企業而言，是指生產出的產成品的銷售活動發生的物流活動；對於流通領域，是指交易活動中從賣方角度出發的交易行

為的物流。通過銷售物流，生產企業得以回收資金，進行再生產的活動；流通企業得以實現商品的交換價值，獲取差價收益。銷售物流的效果直接關係到企業的存在價值是否被市場消費者認可，銷售物流所發生的成本會在產品或商品的最終價格中得到體現，因此，在市場經濟中為了增強企業的競爭能力，銷售物流的合理化改進可以立即收到明顯的市場效果。

4. 回收物流

在生產及流通活動中有一些材料是要回收並加以再利用的。如作為包裝容器的紙箱、塑料框、酒瓶等；又如建築行業的腳手架等也屬於這一類物資。還有其他雜物的回收分類后的再加工，例如舊報紙、書籍可以通過回收、分類製成紙漿加以利用；特別是金屬的廢棄物，由於具有良好的再生性，可以回收重新熔煉成為有用的原材料。2007年中國冶金生產每年有7,200萬噸左右的廢鐵作為煉鋼原料使用，也就是說中國鋼產量中有30%以上是由回收的廢鋼鐵重熔冶煉而成的。回收物流品種繁多，流通渠道不規則且多變化，因此管理和控制的難度較大。

5. 廢棄物物流

生產和流通系統中所產生的無用的廢棄物，如開採礦山時產生的土石，煉鋼生產中的爐渣，工業廢水以及其他一些無機垃圾等，已沒有再利用的價值，但如果不妥善處理，會造成環境污染，就地堆放會占用生產用地以至妨礙生產，對這類物資的處理過程就產生了廢棄物物流。廢棄物物流沒有經濟效益，但是具有不可忽視的社會效益。為了減少資金消耗，提高效率，更好地保障生活和生產的正常秩序，對廢棄物物流合理化的研究是必要的。

第二節　第三方物流

一、第三方物流的概念

供應鏈活動中的公司為了建立相互之間更有意義的關係，越來越重視與其他公司，包括與顧客、原材料供應商及各種類型的物流服務供應商的緊密合作。其結果是使許多公司成為供應鏈成員，第三方物流的概念在這一過程中逐步形成。

「第三方」這一詞來源於物流服務提供者作為發貨人（甲方）和收貨人（乙方）之間的第三方這樣一個事實。中國國家標準（GB/T18354－2001）中「物流術語」中將第三方物流定義為「由供方與需方以外的物流企業提供物流服務的業務模式」。定義中的物流企業自然被稱為第三方物流公司。

第三方物流公司可廣義地定義為提供部分或全部企業物流功能服務的外部公司。這一廣義的定義是為了把運輸、倉儲、銷售物流等服務的提供者都包括在內。在這一行業中既有許多小的專業公司，也有一些大的公司存在。

第三方物流的出現是運輸、倉儲等基礎服務行業的一個重要的發展。從經營角度看，第三方物流包括提供給物流服務使用者的所有物流活動。歐美研究者一般是這樣

定義第三方物流的：第三方物流是指傳統的組織內履行的物流職能現在由外部公司履行。第三方物流公司所履行的物流職能，包含了整個物流過程或整個過程中的部分活動。

第三方物流是一個新興的領域，已得到越來越多的關注。像許多新的術語一樣，第三方物流這一術語的表達運用常因人和因地的不同而使其含義有很大的區別。此外，還有一些別的術語，如合同物流（Contract Logistics）、物流外協（Logistics Outsourcing）、全方位物流公司（Full-Service Distribution Company 或 FS-DC）、物流聯盟（Logistics Alliance）等，也基本能表達與第三方物流相同的概念。一般地理解，第三方物流供應者並不是經紀人。一個公司要承擔起第三方物流供應者的角色，必須能管理、控制和提供物流作業。

此外，從戰略重要性角度看，第三方物流的活動範圍和相互之間的責任範圍較之一般的物流活動都有所擴大，以下定義就強調了第三方物流的戰略意義：工商企業與物流服務提供者雙方建立長期關係，合作解決托運人的具體問題。通常，建立關係的目的是為了發展戰略聯盟以使雙方都獲利。

這一定義強調了第三方物流的幾個特徵：長期性的關係、合夥的關係、協作解決具體的不同問題和公平分享利益以及共擔風險。與一些基本服務如倉儲、運輸等相比，第三方物流提供的服務更為複雜，包括了更廣泛的物流功能，需要雙方最高管理層的協調。

第三方物流服務中，物流服務提供者須為托運人的整個物流鏈提供服務，供求雙方在協作中建立交易關係或長期合同關係。這兩種關係間還可以有多種不同的選擇，諸如短期合同、部分整合或合資經營。物流服務供求雙方的關係既可以只限於一種特定產品（如將汽車零部件配送給汽車經銷商），也可以包括一組特定的物流活動，甚至還可以有更大的合作範圍（如進出庫運輸、倉儲、最終組裝、包裝、標價及管理）。在計算機行業中，物流服務提供者還可提供超出一般範圍的物流服務，比如在顧客的辦公室安裝、組裝或測試計算機。

二、第三方物流服務的提供者

大多數第三方物流公司以傳統的「類物流業」為起點，如倉儲業、運輸業、快遞業、空運、海運、貨代、公司物流部等。

1. 以運輸為基礎的物流公司

這些公司都是大型公司的分公司，有些服務項目是利用其他公司的資產完成的。其主要的優勢在於公司能利用母公司的運輸資產擴展其運輸功能，提供更為綜合性的整套物流服務。

2. 以倉庫和配送業務為基礎的物流公司

傳統的公共或合同倉庫與配送物流供應商，已經將物流服務擴展到了更大的範圍。以傳統的業務為基礎，這些公司已介入存貨管理、倉儲與配送等物流活動。經驗表明，基於設施的公司要比基於運輸的公司更容易、更方便地轉向綜合物流服務公司。

3. 以貨代為基礎的物流公司

這些公司一般無資產，非常獨立，並與許多物流服務供應商有來往。它們具有把不同物流服務項目組合以滿足客戶需求的能力，它們正從貨運中間商角色轉為業務範圍更廣的第三方物流服務公司。

4. 以托運人和管理為基礎的物流公司

這一類型的公司是從大公司的物流組織演變而來的。它們將物流專業的知識和一定的資源（如信息技術）用於第三方物流作業。這些供應商具有管理母公司物流的經驗。

5. 以財務或信息管理為基礎的物流公司

這種類型的第三方供應商是能提供如運費支付、審計、成本監控、採購跟蹤和存貨管理等管理工具（物流信息系統）的物流企業。

三、第三方物流是如何創造價值的

第三方物流供應方必須提供比客戶自身進行運作具有更高的價值才能生存。它們不僅要考慮到同類服務提供者的競爭，還要考慮到潛在客戶的內部運作。假設所有的公司都可以提供同等水平的物流服務，不同公司之間的差別將取決於它們的物流運作資源的經濟性。如果其財務能力無限大，那麼每一家公司都可以在公司內部獲得並運用資源。因此，物流服務提供者與他們的客戶之間的差別在於物流服務的可得性及其表現水平。由於在物流公司，內部資源是給定同樣的資源，物流服務供應方就能夠比客戶公司在作業過程中獲得更多的資源和技巧，從而更能夠提供多種高水平的服務。這樣一個經濟環境，促使物流服務供應方注重在物流上投資，從而能夠在不同方面為客戶創造價值。這就是所謂「戰略核心理論」。下面將列舉物流供應方創造價值的幾個方面。

1. 運作效率

物流服務供應商為客戶創造價值的基本途徑是達到比客戶更高的運作效率，並能提供較高的成本服務比。運作效率提高意味著對每一個最終形成物流的單獨活動進行開發（如運輸、倉儲）。例如，倉儲的運作效率取決於足夠的設施與設備及熟練的運作技能。一般認為，重視管理對服務與成本有正面影響，因為它激勵其他要素保持較高水平。重視管理在作業效率範疇中的另一個更重要的作用是提高物流的作業效率，即協調連續的物流活動。要提高運作效率，除了具備良好的作業技能外，它還需要協調和溝通技能。協調和溝通技能在很大程度上與信息技術相關聯，因為協調與溝通一般是通過信息技術這一工具來實現的。如果存在有利的成本因素，並且公司的注意力集中在物流方面，那麼以低成本提供更好的服務是非常有可能的。

2. 客戶運作的整合

帶來增值的另一個方法是引入多客戶運作，或者說是在客戶中分享資源。例如，多客戶整合的倉儲或運輸網絡，客戶運作可以利用整合起來的資源。整合運作規模效益成為能取得比其他資源更高的價值。整合運作的複雜性大大地加強，需要更高水平的信息技術與技能。但是，擁有大量貨流的大客戶也會對此進行投資。由於整合的增值方式對於由單個客戶進行內部運作的很不經濟的運輸與倉儲網絡也適用，因此，表現出的規模

經濟的效益是遞增效益,如果運作得好,將以競爭優勢取得更大的客戶基礎。

3. 橫向或者縱向的整合

前面討論了創造價值的兩種方法:運作效率和客戶運作的整合注重的完全是內部,也就是盡量把內部的運作外部化。然而就像第三方的業務由顧客運作的外部化驅動,也是第三方供應方的內部創造價值的一步。縱向整合,或者說發展與低層次服務的供應商關係,是創造價值的另外一種方法。在縱向整合中,第三方供應方注重被視為核心能力的服務,或購買具有成本與服務利益的服務。根據第三方供應方的特性,單項物流功能可以外購或內置。橫向上,第三方供應方能夠結合類似的但不是競爭的公司,比如擴大為客戶提供服務的地域覆蓋面。

無資產的主要以管理外部資源為主的第三方物流服務提供商是這種類型的受益的物流供應方。這類物流公司發展的驅動力是內部資產的減少以及從規模和成本因素改進獲得的利益。這類公司為客戶創造價值的技能是強有力的信息技術(通信與協調能力)和作業技能。作業技能是概念性的作業技能,而非功能性的作業技能,因為對它來說,主要的問題是管理、協調和開發其他運作技能和資源。

4. 發展客戶的運作

為客戶創造價值的最后一條途徑是使物流服務供應方具有獨特的資本,即物流服務供應方能在物流方面擁有高水平的運作技能。我們這裡所說的高水平運作技能(概念上的技能)指的是將客戶業務與整個系統綜合起來進行分析、設計等的能力。物流服務供應方應該使其員工在物流系統方案與相關信息系統工程的開發、重組等方面具有較高水平的理論知識。這種創造價值方法的目的不是通過內部發展,而是通過發展客戶公司及組織來獲取價值。這就是物流服務供應方基本接近傳統意義上物流諮詢公司要做的工作,所不同的只是這時候所提出的解決方案要由同一家公司來開發、完成並且運作。上述增值活動中的驅動力在於客戶自身的業務過程。所增加的價值可以看作源於供應鏈工程與整合。這種類型的活動可以按不同的規模和複雜程度來開展。最簡單的辦法就是在客戶所屬的供應鏈中創建單一的節點(如生產和組裝地)或單一連結(如最后的配送)。單一節點和連結指的是第三方供應方運作並在很大程度上在客戶供應鏈管理和控制的一個或一些節點和連結。這也意味著供應方運作、控制、管理著節點和連結內外兩個方向上的物流。如果將整個供應鏈綜合考慮,則容易產生更多的增值。除了作業上和信息技術方面,這些活動需要的技能還包括分析、設計和開發供應鏈,以及對物流和客戶業務的高水平創新性概念的洞察能力。

物流運作的專門化使第三方物流公司可能在專門技術和系統領域內超越最有潛力的客戶,因為客戶還要分配資源並同時關注其他幾個領域。對於物流行業來講主要資源就是吸引有志於物流業的優秀人才。增值物流系統的發展對於第三方物流公司來講是可取的,在大多數情況下,通過在同一系統下進行多個客戶的運作,供應商可以以更低的費用提供物流服務,一體化整合使其可能減少運輸費用並抵衝資金流量的季節性和隨機性變動。這說明,供應商的戰略是在提供的服務的質量上競爭而不是價格上的競爭。

四、發展第三方物流關係的一般過程

1. 第三方服務關係的演變過程

有些第三方物流關係包括許多綜合性的服務，而大部分第三方物流服務則是由少許的活動開始的。圖3－1是這種第三方服務關係在一個公司演變的典型過程。

```
┌──────┐  ┌──────┐  ┌──────┐  ┌──────┐  ┌──────┐
│ 無外 │  │ 單向 │  │多項活動│  │多項活動│  │所有活動│  │所有活動│
│  協  │  │物流活動│ │（無整合）│ │（整合）│  │（無整合）│ │（整合）│
└──────┘  └──────┘  └──────┘  └──────┘  └──────┘
```

貨主企業物流外包的選擇

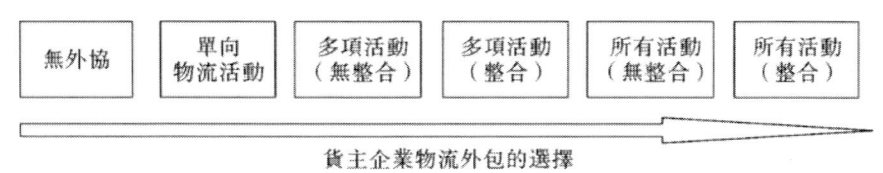

圖3－1　貨主企業物流外包的選擇

企業越來越習慣於使用由單一的第三方公司提供運輸或倉儲服務的實際情況，使第三方公司成為提供更廣範圍服務的候選公司。然而，當前只有有限的幾個公司選擇將全套供應鏈活動外包給第三方公司，如1995年美國戴爾計算機公司（Dell Computer）就將所有供應鏈活動外包給 Roadway Logistics Service。這可以說是預示第三方物流發展方向的一個重要的事件。

2. 第三方物流作業與傳統作業的區別

一般來說，第三方物流作業與傳統的作業有以下幾個方面的區別：

（1）第三方物流整合一個以上的物流功能；

（2）第三方物流服務供應商一般不保存存貨；

（3）運輸設備、倉庫等雖然可以由兩方中的任何一方擁有，但一般都由第三方公司控制；

（4）外部供應者可提供全部的勞動力與管理服務；

（5）可提供諸如存貨管理、生產準備、組裝與集運等方面的特殊服務。

五、物流外包第三方的做法與趨勢

1. 物流外部化的方法

在歐美發達國家，很多公司採用多種方式外包其物流。其中，最為徹底的方式是關閉自己的物流系統，將所有的物流職責轉移給外部物流合同供應商。對許多自理物流的公司來說，由於這樣的選擇變動太大，它不願意處理掉現有的物流資產，裁減人員，去冒在過渡階段作業中斷的風險。為此，有些公司寧願採取逐漸外包的方法，按地理區域將責任移交分步實施，或按業務與產品分步實施。歐美公司一般採用以下方式來使移交平穩化。

（1）系統接管

這是大型物流服務供應商全盤買進客戶公司的物流系統的做法。它們接管並擁有客戶車輛、場站、設備和接收原公司員工。接管后，系統仍可單獨為原企業服務或與其他公司共享，以提高利用率並分擔管理成本。

（2）合資

有些客戶更願意保留配送設施的部分產權，並在物流作業中保持參與。對它們來說，與物流合同商的合資提供了資本和獲得專業的知識的途徑。在英國，IBM 與 Tibbett & Britten 組成的 Hi-tech Logistics 即是一例。

（3）系統剝離

也有不少例子是自理物流作業的公司把物流部門剝離成一個獨立的單位，允許它們承接第三方物流業務。最初由母公司為它們提供基本業務，以後則使它們越來越多地依靠第三方物流。

（4）管理型合同

對希望自己擁有物流設施（資產）的公司，仍可以把管理外包，這是大型零售商常採用的戰略。歐盟國家把合同外包看成改進物流作業管理的一種方法，因為這種形式的外包不是以資產為基礎的，它給使用服務的一方在業務談判中以很大的靈活性，如果需要，它們可以終止合同。

2. 物流服務採購的趨勢

（1）以合同形式採購物流服務的比例增加

運輸與倉儲服務傳統上是以交易為基礎進行的。這些服務相當標準化，並能以最低價格購買。雖然公路運輸行業的分散與競爭使行業中有眾多小型承運人提供低價服務，但是購買此種運輸服務有很大的缺點，那就是需要在日常工作中接觸大量的獨立承運人，這無疑會使交易成本上升，並使高質量送達服務遇到困難。因此，即使在這種市場上，企業也必須固定地使用相對穩定的幾家運輸承運人以減少麻煩，甚至在無正規合同的情況下，製造商也表現出對特定承運人的「忠誠」。當公司有一些特殊要求，需要一些定制的服務並對承運人的投資有部分參與時，臨時招募式的做法將不再適合，它們必須簽訂長期合同。而當承運人專一服務於特定貨主時，也要求有較長的合同期，最好能覆蓋整個車輛生命期，以保障投資人的利益。

市場經濟的發展和市場運作的規範、規避風險的要求，將使物流服務採購中以合同形式採購的比例越來越大。

（2）合同方的數量減少

雖然物流服務需求方可以在市場上尋找到大量的物流服務提供商為其服務，但一個明顯的趨勢是，合同形式下合同方數量較臨時招募式做法下的供應商數量顯著減少。減少合同方數量具有以下作用：①降低交易成本；②提供標準服務；③採用更嚴格的合同方的選擇；④合同方在設計物流系統時更多地參與；⑤對長期夥伴關係發展更加重視；⑥採取零庫存原則；⑦開發電子數據交換；⑧使物流設備越來越專業；⑨改變相互依賴的程度。

六、物流提供商與使用者關係的演變特徵

1. 合同條款更加詳細

許多早期物流服務合同的條款並不詳細，這導致了不少誤解與不滿意。合同方與客戶都吸取了教訓，現在已不太容易犯早期的錯誤，對物流合同中應該注意的事項也

已有了相當詳細的清單。

2. 合同方與客戶所有層次間溝通的改進

缺乏溝通是和使用者之間建立緊密關係的主要障礙。物流供應商常常抱怨得不到中短期的客戶業務模式改變或長期戰略發展的信息，而客戶則抱怨得不到有關係統出了問題時的及時信息。

以密集的信息為基礎，可以在托運人與承運人之間建立健康的長期關係。為了保證對關係認識的一致性，應使信息在兩個組織間的各個管理層之間流動，並必須使之與每個公司的垂直溝通相結合。

3. 聯合創新

對物流服務使用者的調查顯示，他們對服務標準與作業效率基本滿意，但是在創新與主動建議等方面則認為尚有不足之處。而物流合同方則認為，作為物流供給方，必須具有創新的自由，許多公司都抱怨得不到創新的自由，因為合同已嚴格規定了有關條款。而健康的長期關係需要雙方的新思想與新觀點及雙方共同的創新意願。

4. 評估體系的改進

採用如運送時間、缺貨水平、計劃執行情況等標準對短期合同物流的審計，並不足以為長期合同項目提供有效評估。對長期合同項目的評估，應該採用短期操作性評估與長期戰略性評估相結合的方法。同時，既要考慮可以統計、測量的參數，也要考慮統計上較難測量的「滿意」參數。定量方法與定性方法的結合提供了評估托運人和承運人合作關係的框架。

5. 採用公開式會計

雖然費用收取水平並不是第三方物流服務中的主要爭議來源，但是，定價系統的選擇會較大地影響合同關係的質量與穩定性，尤其是對專一型的服務更是如此。物流服務中單一性外包的缺點是無法與其他供應商的價格進行比較，因此，它們需要經常確認是否得到了與所付出的價格相對等的服務。越來越多的合同物流供應商通過提供詳細的成本單，把管理費用單獨列出與客戶協商，並採用公開式會計及成本加管理費的定價方式，以打消客戶的疑慮。因為公開式會計可以把服務於單個客戶的成本區別開來，所以僅在專一的物流服務項目中適用。不過，即使在專一服務的情況下，合同雙方的衝突也是難以避免的。

第三節　國際物流

國際貿易和國際物流是國際經濟發展不可或缺的兩個方面，國際貿易使商品所有權發生了交換，而國際物流則體現了商品在國際的實體轉移，兩者之間呈現出相互依賴、相互促進和相互制約的關係。國際物流是在國際貿易產生和發展的基礎上發展起來的，其高效運作又促進了國際貿易的發展。

一、國際物流的含義

國際物流是指貨物（包括原材料、半成品、製成品）及物品（包括郵品、展品、捐贈物資等）在不同國家和地區間的流動和轉移。由此可見，國際物流是相對國內物流而言的，是跨越國境的物流活動方式，是國內物流的延伸。

隨著全球經濟一體化的發展以及國際分工的日益細化，國與國之間的合作交往日趨頻繁，加劇了物資的國際交換，使國際貿易獲得空前的發展。在實現物權轉移的同時，還需有效地把商品按質、按量地送到國際用戶指定的地點，這就必須依賴於高效的國際物流系統。因此，國際貿易的發展對國際物流提出了新的更高的要求。

國際物流從廣義上理解包括了各種形態的物資的國際流動。這具體表現為進出口商品轉關、進境運輸貨物、加工裝配進口的料件設備、國際展品等暫時進口物資、捐贈、援助物資以及郵品等在不同國家和地區間所做的物理性移動。狹義而言，國際物流僅指為完成國際商品交易的最終目的而進行的物流活動，包括貨物包裝、倉儲運輸、分配撥送、裝卸搬運、流通加工以及報關、商檢、國際貨運保險和國際物流單證製作等。國際物流和國內物流的一個基本區別就在於生產與消費的異域性。只有當生產和消費分別在兩個或兩個以上國家或地區獨立進行時，為了消除生產者和消費者之間的時空距離，才產生了國際物流的一系列活動。

國際物流相對於國內物流來說，其涉及的環節更多。在國際物流系統中，參與運作的企業及部門更為廣泛，它們之間相互協作共同完成進出口貨物的各項業務工作，因此國際物流運作的環境更為複雜。

二、國際物流的發展

國際物流是伴隨著國際貿易的發展而發展起來的，是國際貿易得以實現的具體途徑。國際貿易的發展離不開國際物流。國際物流系統的高效運作，不僅能夠使合同規定的貨物準確無誤地及時運抵國際市場，提高產品在國際市場上的競爭能力，擴大產品出口，促進本國貿易的發展，而且還能滿足本國經濟、文教事業發展的需要，從而滿足本國消費者的需要。因此，國際物流的發展對一國國民經濟的發展有著重要的作用。

第二次世界大戰之前，雖然已經存在國際經濟交往，但無論從概念上還是運作方式上都是較為簡單的。其表現形式為經濟發達的國家從殖民地和不發達國家廉價購入初級品，經加工后再將製成品高價返銷殖民地和不發達國家，雙方的貿易條件是極不平等的。

第二次世界大戰后，由於跨國投資的興起、跨國生產企業內部的國際貿易發展迅速，發展中國家的生產力水平提高以及發達國家和發達國家、發達國家和發展中國家的貿易總量不斷增加，使國際貿易的運作水平有了新的變化，為了適應這一變化，國際物流在數量、規模以及技術能力上有了空前的發展。這一發展主要經歷了以下階段：

第一階段：20世紀50年代，這是國際物流發展的準備階段。

第二階段：20世紀60年代，國際大規模物流階段。

第三階段：20世紀70年代，集裝箱及國際集裝箱船隊、集裝箱港口的快速發展階段。

　　第四階段：20世紀80年代，自動化搬運及裝卸技術、國際集裝箱多式聯運發展階段。

　　第五階段：20世紀90年代以來，國際物流信息化時代。

三、國際物流的特點

　　1. 國際物流和國內物流相比，其經營環境存在著更大的差異

　　國際物流的一個顯著特點就是各國的物流環境存在著較大的差異。除了生產力及科學技術發展水平、既定的物流基礎設施各不相同外，各國文化歷史及風俗人文的千差萬別以及政府管理物流的適用法律的不同等物流軟環境的差異尤其突出，使國際物流的複雜性遠遠高於一國的國內物流。例如語言的差別會增加物流的複雜性，從地理上看西歐的土地面積比美國小得多，但它包括的國家眾多，使用多種語言，如德語、英語、法語等，致使需要更多的存貨來開展市場行銷活動，因為貼有每一種語言標籤的貨物都需要有相應的存貨支持。

　　2. 國際物流系統廣泛，存在著較高的風險性

　　物流本身就是一個複雜的系統工程。而國際物流在此基礎上還增加了不同的國家要素，這不僅僅是地域和空間的簡單擴大，還涉及了更多的內外因素，因此增加了國際物流的風險。例如由於運輸距離的擴大延長了運輸時間並增加了貨物中途轉運裝卸的次數，使國際物流中貨物丟失和短缺的風險增大；企業資信及匯率的變化使國際物流經營者面臨更多的信用及金融風險。而不同國家之間政治經濟環境的差異，還可能會使企業跨國開展國際物流遭遇更多的國家風險。

　　3. 國際物流中的運輸方式具有複雜性

　　在國內物流中，由於運輸距離相對較短，運輸頻率較高，因此主要的運輸方式是鐵路運輸和公路運輸。但在國際物流中，由於貨物運送距離遠、環節多、氣候條件複雜，對貨物運輸途中的保管、存放要求高，因此，海洋運輸方式、航空運輸方式尤其是國際多式聯運是其主要運輸方式，具有一定的複雜性。國際多式聯運就是由一個多式聯運經營人使用一份多式聯運的合同將至少兩種不同的運輸方式連接起來進行貨物的國際轉移，期間需經過多種運輸方式的轉換和貨物的裝卸搬運，與單一的運輸方式相比具有更大的複雜性。

　　4. 國際物流必須依靠國際化信息系統的支持

　　國際物流的發展依賴於高效的國際化信息系統的支持，由於參與國際物流運作的物流服務企業及政府管理部門眾多，包括貨運代理企業、報關行、對外貿易公司、海關、商檢等機構，使國際物流的信息系統更為複雜。國際物流企業不僅要製作大量的單證而且要確保其在特定的渠道內準確無誤地傳遞，因此耗費的成本和時間是很多的。目前，在國際物流領域，EDI（電子數據交換）得到了較廣泛的應用，它大大提高了國際物流參與者之間的信息傳輸的速度和準確性。但是由於各國物流信息水平的不均衡以及技術系統的不統一，在一定程度上阻礙了國際信息系統的建立和發展。

5. 國際物流的標準化要求較高

國際物流除了國際化信息系統支持外，統一標準也是一個非常重要的手段，這有助於國際物流的暢通運行。國際物流是國際貿易的衍生物，它是伴隨著國際貿易的發展而產生和發展起來的，是國際貿易得以順利進行的必要條件。如果貿易密切的國家在物流基礎設施、信息自理系統乃至物流技術方面不能形成相對統一的標準，那麼就會造成國際物流資源的浪費和成本的增加，最終影響產品在國際市場上的競爭能力，而且國際物流水平也難以提高。目前，美國、歐洲基本實現了物流工具及設施標準的統一，如托盤採用1,000毫米×1,200毫米規格、集裝箱有若干種統一規格及標準的條碼技術等。

四、國際物流系統的組成

國際物流系統是由國際貨物的包裝、運輸、倉儲、裝卸搬運、流通加工及國際配送等子系統所組成。其中國際貨物運輸子系統和國際貨物倉儲子系統是國際物流的兩大支柱，通過運輸克服了商品生產和消費的空間距離，通過倉儲消除了其時間差異，滿足了國際貿易的基本需要。

1. 運輸子系統

國際物流運輸是國際物流系統的核心子系統，其作用是通過運輸使物品空間移動而實現其使用價值。國際物流系統依靠運輸作業克服商品生產地和需求地之間的空間距離，創造商品的空間效應，商品通過國際物流運輸系統由供給方轉移給需求方。國際貨物運輸具有路線長、環節多、涉及面廣、手續繁雜、風險性大、時間性強等特點。運輸費用在國際貿易商品價格中佔有很大比重。國際運輸主要包括運輸方式的選擇、運輸單據的處理以及投保等有關方面。

2. 倉儲子系統

商品儲存、保管使商品在其流通過程處於一種或長或短的相對停滯狀態，這種停滯是完全必要的。因為，商品流通是一個由分散到集中，再由集中到分散的源源不斷的流通過程。國際貿易和跨國經營中的商品從生產廠或供應部門被集中運送到裝運港口，有時須臨時存放一段時間，再裝運出口，是一個集中和分散的過程。它主要是在各國的保稅區和保稅倉庫進行的，在國際物流倉儲子系統中主要涉及各國保稅制度和保稅倉庫建設等方面的問題。

保稅制度是對特定的進口貨物，在進境後但尚未確定內銷或復出口的最終去向前，暫緩繳納進口稅，並由海關監管的一種制度。這是各國政府為了促進對外加工貿易和轉口貿易而採取的一項關稅措施。

保稅倉庫是經海關批准專門用於存放保稅貨物的倉庫。它必須具備專門儲存、堆放貨物的安全設施和健全的倉庫管理制度以及詳細的倉庫帳冊，並為倉儲提供既經濟又便利的條件。有時會出現對貨物不知最後做何處理的情況，就讓買主（或賣主）將貨物在保稅倉庫暫存一段時間。若貨物最終復出口，則無須繳納關稅或其他稅費；若貨物內銷，可將納稅時間推遲到實際內銷為止。

從現代物流理念的角度看，應盡量減少儲存時間、儲存數量，加速貨物和資金週

轉，實現國際物流的高效率運轉。

3. 商品檢驗子系統

國際貿易和跨國經營具有投資大、風險高、週期長等特點，使得商品檢驗成為國際物流系統中重要的子系統。通過商品檢驗，確定交貨品質、數量和包裝條件是否符合合同規定。如發現問題，可分清責任，向有關方面索賠。在買賣合同中，一般都訂有商品檢驗方法等。根據國際貿易慣例，商品檢驗時間與地點的規定可概括為以下三種做法。

一是在出口國檢驗。這又可分為兩種情況：在工廠檢驗，賣方只承擔貨物離廠前的責任，對運輸中品質、數量變化的風險概不負責；裝船前或裝船時檢驗，其品質和數量以當時的檢驗結果為準。

二是在進口國檢驗。這包括卸貨后在約定時間內檢驗和在買方營業場所或最后用戶所在地查驗兩種情況。其檢驗結果可作為貨物品質和數量的最后依據。

三是在出口國檢驗、進口國復驗。貨物在裝船前進行檢驗，以裝運港雙方約定的商檢機構出具的證明作為預付貨款的憑證，貨物到達目的港后，買方有復驗權。如果復驗結果與合同規定不符，買方有權向賣方提出索賠，但必須出具賣方同意的公證機構出具的檢驗證明。

4. 報關子系統

國際物流的一個重要特徵就是貨物要跨越關境。由於各國海關的規定並不完全相同，因此，對國際貨物的流通而言，各國的海關可能會成為國際物流的「瓶頸」。而要消除這一瓶頸，就要求國際物流經營人熟悉各國有關的通關制度，在適應各國通關制度的前提下，建立安全高效的快速通過系統，實現貨暢其流。國際物流報關子系統的存在也增加了國際物流的風險性和複雜性。

5. 商品包裝子系統

杜邦定律（美國杜邦化學公司提出）認為：63%的消費者是根據商品的包裝裝潢進行購買的，國際市場和消費者是通過商品來認識企業的，而商品的商標和包裝就是企業的面孔，它反應了一個國家的綜合科技文化水平。

現在中國出口商品存在的主要問題是：出口商品包裝材料主要靠進口；包裝產品加工技術水平低，質量上不去；外貿企業經營者對出口商品包裝缺乏現代意識，表現在缺乏現代包裝觀念、市場觀念、競爭觀念和包裝的信息觀念，仍存在著「重商品、輕包裝」「重商品出口、輕包裝改進」等思想。

為提高商品包裝系統的功能和效率，應提高國際物流經營人和外貿企業對出口商品包裝工作重要性的認識，樹立現代包裝意識和包裝觀念；盡快建立起一批出口商品包裝工業基地，以適應外貿發展的需要，滿足國際市場、國際物流系統對出口商品包裝的各種特殊要求；認真組織好各種包裝物料和包裝容器的供應工作，這些包裝物料、容器應具有品種多、規格齊全、批量小、變化快、交貨時間急、質量要求高等特點，以便擴大外貿出口和創匯能力。

6. 裝卸搬運子系統

國際物流運輸和儲存子系統離不開裝卸搬運，裝卸搬運子系統是國際物流系統的

又一重要的子系統。裝卸搬運是短距離的物品移動，是儲存和運輸子系統的橋樑和紐帶。能否高效率地完成物品的裝卸搬運作業是決定國際物流節點能否有效促進國際物流發展的關鍵因素。

7. 信息子系統

國際物流信息子系統的主要功能是採集、處理和傳遞國際物流和商流的信息情報。沒有功能完善的信息系統，國際貿易和跨國經營將寸步難行。國際物流信息的主要內容包括進出口單證的作業過程、支付方式信息、客戶資料信息、市場行情信息和供求信息等。

國際物流信息子系統的特點是信息量大、交換頻繁；傳遞量大、時間性強；環節多、點多、線長，所以要建立技術先進的國際物流信息系統。國際貿易中 EDI 的發展是一個重要趨勢，中國應該在國際物流中加強推廣 EDI 的應用，建設國際貿易和跨國經營的高速公路。上述國際物流子系統應該和配送子系統、流通加工系統等有機聯繫起來，統籌考慮、全面規劃，建立中國適應國際競爭要求的國際物流系統。

五、國際物流合理化措施

（1）合理選擇和佈局國內、國外物流網點，擴大國際貿易的範圍、規模，以達到費用省、服務好、信譽高、效益高、創匯好的物流總體目標。

（2）採用先進的運輸方式、運輸工具和運輸設施，加速進出口貨物的流轉。充分利用海運、多式聯運方式，不斷擴大集裝箱運輸和大陸橋運輸的規模，增加物流量，擴大進出口貿易量和貿易額。

（3）縮短進出口商品的在途積壓，包括進貨在途（如進貨、到貨的待驗和待進等）、銷售在途（如銷售待運、進出口口岸待運）、結算在途（如托收承付中的拖延等），以便節約時間，加速商品資金的週轉。

（4）改進運輸路線，減少相向、迂迴運輸。

（5）改進包裝，增加技術裝載量，多裝載貨物，減少損耗。

（6）改進港口裝卸作業，有條件的要擴建港口設施，合理利用泊位與船舶的停靠時間，盡力減少港口雜費，吸引更多的買賣雙方入港。

（7）改進海運配載，避免空倉或船貨不相適應的狀況。

（8）國內物流運輸段，在出口時，有條件的要盡量做到就地就近收購、就地加工、就地包裝、就地檢驗、直接出口，即「四就一直」的物流策略。

本章小結

現代物流涉及的內容十分龐大，我們可以從不同的角度對現代物流進行不同的分類，目的是瞭解和掌握不同物流形式的特點，以便更好地管理。第三方物流是一個新興的領域，已得到越來越多的關注。第三方物流供應商必須創造比客戶自身進行運作更高的價值。所以，發展第三方物流是現代物流發展的必然趨勢。國際物流是伴隨著國際貿易的發展而產生和發展起來的，是國際貿易得以實現的具體途徑。國際物流和國內物流相比，其經營環境存在很大的差異。因此，它具有自身的特點，管理者必須

遵循國際物流的特點，探索國際物流合理化的措施。

案例分析

河北第三方物流企業保定運輸集團如何向現代物流企業轉型

從世界範圍看，物流產業對經濟發展做出了巨大貢獻，這已被許多國家的實踐所證實。而運輸作為物流的重要環節，為實現低成本、高質量的服務，在整個物流過程中發揮著舉足輕重的作用。

1. 公路運輸業要從困境中走出來，必須融入現代物流

中國傳統公路運輸業要在發展現代物流業中扮演重要角色，成為物流業中的主力，就必須使公路運輸業滿足現代物流的要求。

首先，公路運輸業要打破運輸環節獨立於生產環節之外的界限，通過供應鏈的管理建立起對公路運輸業供、產、銷全過程的計劃和控制；其次，公路運輸業要突破運力是運輸服務的中心的觀點，強調客戶第一的運輸服務宗旨；最後，公路運輸業應著眼於運輸流程的管理和高科技與信息化。

目前，國外公路運輸業與電子商務日益緊密地結合，並通過企業之間的兼併與聯盟，加速向全球擴張發展。而國內公路運輸業在現代物流方面的現狀是體制落後，設備陳舊，物流服務意識落後，公路運輸支持系統特別是公路運輸所需的軟件和硬件開發技術薄弱，缺乏統一規劃和標準。

運輸是物流的重要環節，公路運輸更是以其機動靈活、可以實現「門到門」運輸，在現代物流中起著重要作用。而要使中國公路運輸業從目前的困境中走出來，必須融入現代物流，成為真正意義上的「第三方物流」。

2. 保定運輸集團的業務流程重組和應掌握的主要原則

針對保定運輸集團（以下簡稱保運集團）貨運業務組織狀況，建議設立貨運交易信息中心，提供信息溝通和仲介服務功能，及時向社會通報自己對車輛、貨物的需求，加快貨物運輸的效率。

針對保運集團目前計算機應用水平低，各部門互動性差的特點，建議加快實現計算機聯網，成立交易信息中心，使客戶不僅可以充分獲取信息，直接進行組貨或配載，同時還可以獲得運管部門簽發路單、代辦結算保險、處理運輸糾紛等服務。

針對過去業務組織方面的缺陷，建議對其進行業務流程重組。

（1）成立信息核算中心，將涉及各種信息核算的業務機構和崗位統一納入該系統，統攬企業所涉及的各種信息。

（2）成立運輸經營中心，負責指揮公司的運輸生產。

（3）成立質量監督中心，負責處理貨物運輸業務過程中各種貨物損失所產生的事務。

就整車貨運的業務流程重組來看，承運業務和調車同時發生，驗貨業務和派車同時發生，驗貨同時所需車輛可以到位，這樣原來的直鏈式業務就變成了兩條並行的業務形式，可以使貨物在貨場停留埋單減少2天。而信息處理中心成為貨運各部門的聯絡中心，它使以前相對獨立的各部門計算形成一個網路，加快各部門的信息交流，使

信息中心及時掌握公司的運行現狀，從而保證貨物的按時裝載和發送。貨車運行時間表，可以採用 GPS 智能定位系統，能夠及時監控，使得公路運輸的準確到達率和返回時間得以控制。

運輸業務除了要有服務意識外，還要有服務技術手段的支持。要提高服務意識，同服務對象結成戰略夥伴協作關係，在面對客戶需求而自身資源有限時，能夠積極地在市場上尋找合作夥伴，延伸供應鏈，整合市場資源為客戶服務，主動地去瞭解供應商和客戶的活動過程和運作要求，以便在物流服務的渠道結構發生變化的時候，為客戶設計新的物流解決方案，建立新的市場競爭共同體。

公路運輸業應主要掌握以下幾個原則：「不熟不做」原則、「集中一點」即專業化服務原則、「客戶是上帝」原則、「重點客戶，重點服務」原則、「延伸服務」即服務品種創新原則、「精益求精」即服務技術創新原則。

3. 從企業經營形式和經營規模方面進行調整

針對保運集團的狀況，應該從企業經營形式和經營規模方面進行調整，在經營形式上，要根據公路運輸的特點進行調整。

（1）突出特色服務，重點發展專業化運輸、零擔運輸、快件運輸、冷藏運輸、大件運輸、危險品運輸和液體運輸等業務，成為用戶供應鏈中具有獨特核心能力的專業運輸企業，以自己的運輸服務優勢為依託，逐步發展物流服務。

（2）向客戶提供以運輸為主的多元服務，從運輸本業出發，爭取能夠提供部分或全部的物流服務。要與用戶建立起長期合作關係，參與供應鏈管理。要建立即時信息系統、GPS 系統、存貨管理、電子數據交換等，為用戶提供物流信息反饋。

（3）實施技術創新，利用高新技術提高企業競爭力，調整發展戰略。從保運集團目前的情況看，無論是物流服務的硬件還是軟件，與提供高效率低成本的物流服務要求還有較大的差距，信息的收集、加工、處理、運用能力，物流業的專門知識，物流的統籌策劃和精細化組織、管理等能力都顯不足。

4. 保運集團物流信息化建設應採取的措施

保運集團現在急需的是現代化管理和信息技術的應用，為汽車運輸業的現代化提供保證。

在物流信息化方面，建議保運集團建立公路運輸貨物計算機輔助管理系統，包括決策支持、車輛調度、人事管理、財務管理、內部結算等系統，從而大大減少管理人員，提高管理精度和效率。

開發應用 GPS 車輛跟蹤定位系統、GIS 車輛運行線路安排系統，促進運輸生產自動化。積極引進技術，建立 GPS 衛星定位系統，可精確地給車輛定位與導航，提高汽車的回程率；用地理信息系統技術、衛星定位技術、電子數據交換技術來優化車輛運行調度，提高車輛運輸效率。

針對保運集團在管理方面存在的問題，建議對其進行現代企業制度的改革。在汽車運輸企業建立現代企業制度，從根本上說是要轉變管理機制和經營機制，依法組織運輸，依法進行管理。

要實行政企分開，政府徹底從企業經營中退出；投資主體多元化，讓民營資本進

入公路運輸業，這樣才有利於建立現代企業制度。

提高公路運輸業管理者的素質，提高高級管理人才對法律的認識程度，有利於企業的法制化管理，這樣才能使中國的公路運輸法制體系得以迅速建立。

案例思考

1. 保定運輸集團應該怎樣進行業務流程重組？
2. 保定運輸集團應如何加強物流信息化建設？
3. 保定運輸集團應如何進行經營形式的調整？

第四章　現代物流採購與供應商管理

學習目標

（1）掌握採購的定義及其內涵；
（2）掌握供應商選擇和管理的基本方法；
（3）重點掌握供應商開發、考核和評價以及激勵控制的方法。

開篇案例

國美電器採購管理案例分析

1. 內容提要

（1）主要問題

國美電器作為中國的最大一家連鎖型家電銷售企業，在全國 280 多個城市擁有直營門店 1,200 多家。但隨著公司的急遽擴張發展，其採購系統也越來越複雜，採購品種五花八門，採購主體分散，重複採購普遍；供應商數量過多，分佈不均勻。再加上旗下擁有國美、永樂、大中、黑天鵝等全國性和區域性家電零售品牌，採購沒有統一的目標。國美供應鏈系統必須根據家電行業的發展特性進行重新整合、優化和提高，以堅持其「薄利多銷、服務爭先」的經營策略，才能確保品牌形象和較高的顧客忠誠度。

（2）主要改進方案

針對存在的問題，國美應實施集中採購、統一採購，創建自己的供銷模式，實現 ERP 管理，建立物流信息系統，並在此基礎上，重新梳理採購流程，建立規範化、標準化的業務流程，以此為依據開發電子採購管理系統，進行電子採購。

（3）實施改進方案的預期效益

預期的效益主要體現在：通過集中採購和統一採購的批量優勢，降低採購成本；通過規範採購業務流程、縮短採購工作環節，提高採購工作效率；通過高效的採購管理，降低人力資源成本和管理費用；通過實施 ERP 系統管理、加強與供應商的合作，為企業提升長期競爭優勢；建立物流信息系統，從而降低採購中的物流成本，提升採購速度和反應速度，降低庫存和保持低價優勢；創建自己的供銷模式，擺脫中間商環節，直接與生產商開展貿易，把市場行銷主動權控制在自己手中，把廠家的價格優惠轉化為自身銷售的優勢，以較低價格占領市場。

（4）本方案體現的物流學原理

本方案體現了採購學中的規模效應原理、物流管理標準化原理、物流信息化原理、

戰略聯盟與合作關係原理和供應鏈管理原理。

2. 案例分析

(1) 現狀簡介

①國美剛成立時，採購方式很簡單，就是賣多少貨便進多少貨，致使斷貨現象時常發生，店裡經常用擺著的空包裝箱充當產品。採購也全是靠著人力進行：員工填單，領導審批。繁瑣的環節、不確定的流程、員工出錯率高、速度和質量無法保證，採購議價能力低，成本高。

②收購永樂后，供應商的數量過多而供應實力參差不齊，採購重複，物流路線交叉過多；供應商管理不完善，與大供應商沒有建立長期戰略合作關係。

③如何設計營業員收款？驗貨以什麼樣的規範操作能更方便顧客和有利於商品的流通？在制定進貨政策上，進什麼樣的貨、怎麼進、進多少？供貨商的價格、促銷、服務、售後政策如何？在庫存商品的管理上，安全存量是多少？商品為什麼滯銷？如何脫離滯銷？根據銷售商品的流向和趨勢，物流部門如何協調廣宣部、企劃部、業務部等不同的部門進行運作？這些問題都亟待解決。

④為了保持低價的經營理念和較高的顧客滿意度，國美電器必須降低門店的營運成本和產品價格，這要求國美不斷降低採購成本但又不至於影響與供應商的關係。

(2) 問題綜述

國美的快速發展帶來了以下問題：

①收購永樂等區域零售商后，對外缺少統一形象；

②傳統的採購成本過高；

③重複採購現象普遍；

④由於地區的局限，採購人員不一定找得到最優的供應商；

⑤缺乏統一的採購流程和採購不規範；

⑥供應商的數量多，實力參差不齊，難以管理；

⑦缺乏與供應商有效的信息共享；

⑧零售商的競爭日益白熱化，供銷模式的改革大勢所趨；

⑨隨著公司的急遽擴張發展，其採購系統也越來越複雜。

(3) 可供選擇的改進方案

對案例可採用以下方案：

①集中採購；

②統一採購；

③電子採購；

④實施 ERP 系統；

⑤創建自己的供銷模式。

(4) 本案例採用方案

經過考慮，國美決定綜合運用集中採購、統一採購和電子採購等採購方式，實施 ERP 系統，建立物流信息系統和創建自己的供銷模式以降低採購成本。

(5) 案例介紹及分析

在深入分析了採購問題后，國美隨即開始變革行動。國美從供應商優化、實施 ERP 系統、創建自己的供銷模式、建立物流信息系統等幾個方面著手實現採購成本壓縮。

①供應商優化

國美經過這麼多年的發展，供應商的數量日益增加，再加上收購永樂、大中等地區性零售商，供應商的數量過多而複雜，並且供應能力參差不齊，加大了國美對供應商的管理難度。國美專門設置了供應商考核小組，對供應商進行考核，淘汰了一部分實力不足的供應商，而與實力較強的供應商建立長期合作，確保了供應產品的質量和速度。同時國美將供應商分為大、中、小三個等級，每個等級實行不同的管理和採購系統。

②實施 ERP 系統

ERP 系統是企業資源計劃的簡稱，目的是為企業決策層及員工提供決策運行手段的管理平臺，實現供應鏈管理。國美在快速發展後，對供應商供貨的反應速度和庫存的控制要求進一步加強，尤其是物流成本的控制，在實現 ERP 系統對接之後，供應商和國美都有機會降低交易成本，而供應商將更為依賴國美系統所提供的各種數據資料，這可能形成一種更為「緊密」的零供關係。實施 ERP 管理的直接效果是，國美和其合作供應商可以使用電子訂單來下單、確認銷售以及發貨計劃等，整個過程全部由系統完成，不需要人工干預，從而提高效率。而對接的理想狀態，是國美和供應商不僅能利用系統處理訂單，而且還可以互相瞭解對方的庫存情況，以及通過系統進行財務結算。

③創建自己的供銷模式

向生產商訂的貨越多，拿到的價格就越便宜；向消費者推出的售價越低，來買貨的消費者就越多，需要向生產商訂的貨就越多。中間商層層加價轉給下一層零銷商，是司空見慣的商業現象。國美企業要想發展，必須建立自己的供銷模式，擺脫中間商環節，直接與生產商開展貿易，把市場行銷主動權控制在自己手中。為此，國美經過慎重思考和精心論證，決定以承諾銷量取代代銷形式。它與多家生產廠家達成協議：廠家給國美優惠政策和優惠價格，國美則承擔經銷的責任而且保證生產廠家產品相當大的銷售量。承諾銷量風險極高，但國美變壓力為動力，將廠家的價格優惠轉化為自身銷售的優勢，以較低價格占領了市場。銷路暢通了，與生產商的合作關係更為密切了，採購的產品成本比其他零售商低很多，為銷售鋪平了道路。

④建立物流信息系統

採購活動離不開物流活動，以前以批發商為主的銷售商，以大批量、少批次為主，而現在的零售商要求多樣化，一般是小批量、多批次為主，這對國美物流服務的要求也越來越高。

國美自主開發的信息系統實現即時採購管理，每銷售一件商品，所有相關方面的庫存就會自動消滅，在門店可以即時瞭解到每項貨品的庫存量，根據庫存銷售，即時進行採購補充庫存，避免缺貨造成損失和過多擠壓產品使庫存成本過高。物流信息系統中的車輛管理和過程管理使每輛車輛的配送裝貨效率能達到最優，降低了採購物流

成本。

（6）實施新採購方案的成本效益分析

在本案例中，採用新的採購方案帶來的改進效果表現為以下幾個方面：

①採購成本明顯降低

當「集中採購和統一採購」系統在國美實施后，其採購成本大大降低。首先集中大批量採購，議價能力大大提升，供應商唯恐失去國美這個大客戶，所以國美拿到的價格低於其他零售商的價格。統一採購使國美和旗下的永樂等區域零售商綁定在一起，採購統一性使國美和永樂的採購成本都降低，同時避免了重複採購，又可以優化採購的物流路線，降低了整個採購鏈的成本。

②採購的物流成本明顯降低

當建立物流信息系統后，採購過程中的物流成本明顯降低，這得益於物流信息系統對採購路線的優化和對庫存的管理，減少了無效的採購次數和保持穩定的庫存成本，從而降低了整個採購鏈的成本。

③採購效率大大提高

在優化供應商的基礎上，基於電子採購的實施，國美公司降低了採購的複雜程度，採購訂單的處理時間已經降低到1天，合同的平均長度減少了5頁，內部的員工滿意度提升了50%，「獨立採購」也減少到8%。電子採購在國美電器內部產生了效率的飛躍。

④供應商的滿意度提高

採用了ERP系統后，供應商最大的感受之一是更容易與國美做生意了。統一的流程，標準的單據意味著更公平的競爭。集中化的採購方式更便於發展戰略性的、作為合作夥伴的商業關係，這一點對採購尤為重要。從電子採購系統推廣角度而言，供應商更歡迎通過簡便快捷的網路方式與國美進行商業往來，與國美一起分享電子商務的優越性，從而達到共同降低成本、共同增強競爭力的雙贏戰略效果。

⑤供應商逐漸從中間商過渡到生產商

國美建立自己的供銷模式，擺脫中間商環節，直接與生產商合作，從根本上降低了採購成本。同時，國美以承諾銷量取代代銷形式，與多家生產廠家達成協議取得更多的優惠政策和優惠價格，並且將廠家的價格優惠轉化為自身銷售的優勢，以較低價格占領了市場。銷路暢通，與生產商的合作關係更為密切，採購的產品成本比其他零售商低很多，為銷售鋪平了道路。

第一節　採購概述

一、採購的概念

原始社會，人們要滿足生活的需求，基本上依靠自己生產，是「自給自足」的時代。為了生存，人類自己打野獸，肉可以吃，皮毛可以做衣物。隨著人類社會的不斷

發展和進步，生產出現了剩餘，人們滿足自己需求的方式不再是簡單地依賴自己生產，而是開始出現了購買的方式。開始是物物交換，貨幣出現以後，就用貨幣來交換物品，也就是我們現在最廣泛採用的購買方式。

但是，「購買」和「採購」，在概念上不一樣。例如我們已經站到了食堂的櫃臺旁，如果對打飯的師傅說要「採購」四兩飯，那肯定會引起哄堂大笑。這時只能說要「購買」四兩飯。又如，你在路上碰到一個採購員，你問他到哪兒去，去幹什麼。如果他說「我到江南去『採購』一批藥材」和說「我到江南去『購買』一批藥材」，你就會理解成不同的意思：說「採購」的話，你可能理解為他要到江南各地到處跑跑，選購許多不同品種的藥材；說「購買」的話，你可能會理解為他要到江南某地某個藥店去購買一批藥材。這二者的意思實際上差別很大。

那麼，我們來分析一下，「採購」和「購買」有什麼區別。採購應當包含兩個基本意思：一是「採」，二是「購」。「採」，採集、採摘也，是從眾多的對象中選擇若干個之意；「購」，購買也，是通過商品交易手段把所選定的對象從對方手中轉移到自己手中之意。所以所謂採購，一般是指從多個對象中選擇購買自己所需要的物品的意思。這裡所謂對象，既可以是市場、廠家、商店，也可以是物品。因此，說「我到江南去採購一批藥材」，一般是說，我要到江南各地各個藥店去選購一批藥材的意思。

從學術上看，採購一般包含以下一些基本的含義：

所有採購，都是從資源市場獲取資源的過程；

採購，既是一個商流過程，也是一個物流過程；

採購，是一種經濟活動。

採購的類型：

按採購主體分類，分為個人採購、家庭採購、企業採購、政府採購、事業單位採購以及集團採購（如事業單位採購、軍隊採購等）。如圖4-1：

物資採購（按採購主體分）
- 個人採購
- 家庭採購
- 企業採購
  - 流通企業採購
  - 生產企業採購
- 政府採購
- 其他採購
  - 事業單位採購
  - 軍隊採購

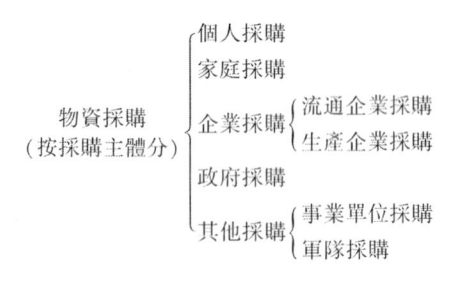

圖4-1　採購按主體分類圖

1. 個人採購

個人採購，是指個人生活用品的採購。一般是單一品種、單次、單一決策、隨機發生的，帶有很大的主觀性和隨意性。即使採購失誤，也只影響個人，造成的損失不致太大。

2. 家庭採購

在家庭生活中，家庭成員為了家庭的生活需要，幾乎每天都要發生採購活動。

3. 企業採購

企業採購是市場經濟下一種最重要、最主流的採購。企業是大批量商品生產的主體。為了實現大批量的商品生產，也就需要大批量商品的採購。

4. 政府採購

政府採購是政府機構所需的各種物資的採購。這些物資包括辦公物資，例如計算機、複印機、打印機等辦公設備及紙張、筆墨等辦公材料，也包括基建物資、生活物資等各種原材料、設備、能源、工具等。

5. 其他採購

其他事業單位（如學校、醫院、文體單位）、軍隊等的採購活動，基本部分與政府採購差不多，也是一種集團採購，以公款購物為主。

按採購方法分類，可分為傳統採購和科學採購兩大類，后者又可分為訂貨點採購、MRP 採購、準時化採購、供應鏈採購和電子商務採購，如圖 4-2：

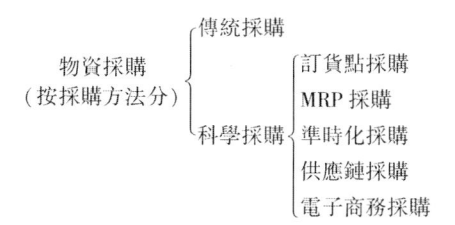

$$
\text{物資採購（按採購方法分）}\begin{cases} \text{傳統採購} \\ \text{科學採購}\begin{cases} \text{訂貨點採購} \\ \text{MRP 採購} \\ \text{準時化採購} \\ \text{供應鏈採購} \\ \text{電子商務採購} \end{cases} \end{cases}
$$

圖 4-2 採購按方法分類圖

這一般是企業採購的分類，也是我們討論的重點，現分類介紹如下。

二、傳統採購

企業傳統採購的一般模式是：每個月的月末，企業各個單位報下個月的採購申請單、需要採購物資的品種數量，然后由採購科把這些表匯總，制訂出統一的採購計劃，並於下個月實施。採購回來的物資存放於企業的倉庫中，以滿足下個月對各個單位的物資供應。

三、科學採購

1. 訂貨點採購

這種採購方法有兩種：一種是根據庫存量的多少來制定採購策略，叫作定量訂貨點法；另一種是根據時間的長短來確定採購策略，叫作定期訂貨點法。

定量訂貨點法的原理是：隨時監視庫存量的變化，當庫存量下降到某一數值時，開始發出訂貨。

定期訂貨點法的原理是：每隔固定的時間就發出訂貨，需要控制的是每次訂貨量的多少。

2. MRP 採購

這種採購主要應用於生產企業。方法的原理是：企業預期將來的主產品數量，然

后根據主產品和各個零部件的數量關係確定零部件的需求量，再根據目前庫存量的多少確定需要採購的零部件的數量。

3. 準時化（JIT）採購

準時化採購也稱 JIT 採購，是一種完全以滿足需求為依據的採購方法。這種方法，就是要供應商恰好在用戶需要的時候，將合適的品種、合適的數量送到用戶需要的地點。基本思想是零庫存，杜絕浪費。

4. 供應鏈採購

準確地說，這是一種供應鏈機制下的採購模式。在供應鏈機制下，庫存將由供應商進行管理和控制，本企業不再對庫存進行管理。

5. 電子商務採購

這也就是網上採購，是在電子商務環境下的採購模式。它的基本特點是：在網上尋找供應商、尋找品種、網上洽談貿易、網上訂貨甚至在網上支付貨款，在網下送貨進貨。

一般採購過程如下：

第一步，接受採購任務，制定採購單。

第二步，制訂採購計劃。

第三步，根據既定的計劃聯繫供應商。

第四步，與供應商洽談、簽訂訂貨合同，最后成交。

第五步，運輸進貨及進貨控制。

第六步，到貨驗收、入庫。

第七步，支付貨款。

第八步，善后處理，即對本次採購活動進行評價，找出優點和缺點，為下一次採購奠定基礎。

四、採購要求

首先，要求所訂貨物符合質量要求，而且要長期穩定。這樣，可以保證能夠用供應商提供的產品生產出自己合格的產品。

其次，要求準時按定量送貨。因為生產企業是連續生產，生產過程中，不允許缺貨，缺貨就會影響生產；也不允許超量進貨，因為這會增加倉儲、增加費用。所以生產企業要求供應商適時適量供貨，也就是準時按量供貨。

第二節　採購管理

一、採購管理的概念

（一）採購管理

所謂採購管理，就是指為保障企業物資供應而對企業採購進貨活動所進行的管理

活動，是對整個企業採購活動進行的計劃、組織、指揮、協調和控制活動。

(二) 採購管理活動的內容

這包括制訂採購計劃，對採購活動的管理、採購人員的管理、採購資金的管理、運儲的管理，採購評價和採購監控，也包括建立採購管理組織、採購管理機制以及進行採購基礎建設等。

(三) 採購與採購管理的區別

採購是一種作業活動，是為完成指定的採購任務而進行的具體操作，一般由採購員承擔。

採購管理是管理活動，是面向整個企業的，不但面向企業全體採購員，而且也面向企業組織其他人員（進行有關採購的協調配合工作的），一般由企業的採購科（部、處）長或供應科（部、處）長或企業副總來承擔。

兩者的主要區別見表4-1：

表4-1　　　　　　　　　　採購與採購管理的主要區別

	活動	對象	執行者
採購	採購	採購任務	採購員
採購管理	管理	整個企業	採購科（長）

二、採購管理的職能

(一) 保障供應

採購管理的首要職能，就是要實現對整個企業的物資供應，保障企業生產和生活的正常進行。企業生產需要原材料、零配件、機器設備和工具，生產線一開動，這些東西就必須樣樣到位，缺少任何一樣，生產線都開動不起來。

(二) 供應鏈管理

基於傳統的採購管理的觀念，一般把保障供應看成是採購管理唯一的職能。但是隨著社會的發展，特別是20世紀90年代供應鏈的思想出現以後，人們對採購管理的職能有了進一步的認識，即認為採購管理應當還有第二個重要職能，那就是供應鏈管理，特別是上游供應鏈的管理。

(三) 資源市場信息管理

採購管理的第三個職能，就是資源市場的信息管理。在企業中，只有採購管理部門天天和資源市場打交道，除了是企業和資源市場的物資輸入窗口之外，同時也是企業和資源市場的信息接口。所以採購管理除了保障物資供應、建立起友好的供應商關係之外，還要隨時掌握資源市場信息，並反饋到企業管理層，為企業的經營決策提供及時有力的支持。

三、採購管理的目標

(一) 保障供應

1. 保證不缺貨

採購管理要根據企業的總體經營目標，安排好各項採購活動，保證把所需的物資按時採購進來，及時供應到生產、生活的需求者手中，保證不缺貨、保障生產和生活的順利進行。這是採購管理的基本目標。

2. 保證質量

保證質量，就是要保證採購的貨物要能夠達到企業生產所需的質量標準，保證企業用之生產出來的產品個個都是合格的產品。

(二) 費用最省

採購過程決定著產品成本的主體部分，涉及許多費用。一輛汽車如果生產成本為5萬元，則其生成過程的生產費用大約只有1萬元（占20%左右），其餘80%（約4萬元）都是由採購過程造成的，包括原材料成本、採購費用、進貨費用、庫存費用、資金占用費用等。因此採購管理的好壞，一個重要的指標，就是看它是否把產品成本降到最低的程度。即採購管理的一個重要目標就是降低成本。這就需要：

(1) 樹立系統觀念，追求總費用最省；

(2) 樹立庫存控制觀念，進行適時適量採購，追求庫存最小化。

(三) 管理好供應鏈

(1) 建立起一個有效率的供應鏈；

(2) 供應鏈的有效操作、運行和控制。

(四) 管理好信息

能夠及時掌握資源市場信息，並反饋給企業管理層，發揮信息的決策支持作用。建立起供應鏈信息管理系統，實現信息共享，為供應鏈的順利運行提供信息支持。

四、採購管理的內容與過程

(一) 採購管理組織

採購管理組織，是採購管理最基本的組成部分，為了搞好企業複雜繁多的採購管理工作，需要有一個合理的管理機制和一個精幹的管理組織機構，要有一些能幹的管理人員和操作人員。

(二) 需求分析

需求分析，就是要弄清楚企業什麼時候需要什麼品種、需要多少等問題。企業的物資採購供應部門，應當掌握全企業的物資需求情況，制訂物料需求計劃，從而為制訂出科學合理的採購訂貨計劃做好準備。

(三) 資源市場分析

資源市場分析，就是根據企業所需的物資品種，分析資源市場的情況，包括資源分佈情況、供應商情況、品種質量、價格情況、交通運輸情況等。資源市場分析的重點是供應商分析和品種分析。分析的目的，是為制訂採購訂貨計劃做好準備。

(四) 制訂採購訂貨計劃

制訂採購訂貨計劃，是根據需求品種情況和供應商的情況，制訂出切實可行的採購訂貨計劃，包括選定供應商、供應品種、具體的訂貨策略、運輸進貨策略以及具體的實施進度計劃等。即解決什麼時候訂貨、訂購什麼、訂多少、向誰訂、怎樣訂、怎樣進貨、怎樣支付等這樣一些具體的問題，為整個採購訂貨規劃一個藍圖。

(五) 採購計劃實施

採購計劃實施，就是把上面制訂的採購訂貨計劃分配落實到人，根據既定的進度予以實施。這具體包括聯繫指定的供應商、進行貿易談判、簽訂訂貨合同、運輸進貨、到貨驗收入庫、支付貨款以及善後處理等。通過這樣的具體活動，最后完成一次完整的採購活動。

(六) 採購評估與分析

採購評估，就是在一次採購完成以後對這次採購的評估，或月末、季末、年末對一定時期內的採購活動的總結評估。主要在於評估採購活動的效果、總結經驗教訓、找出問題、提出改進方法等。通過總結評估，可以肯定成績、發現問題、制定措施、改進工作，不斷提高採購管理水平。

(七) 採購監控

採購監控，是指對採購活動進行的監控活動，包括對採購有關人員、採購資金、採購事物活動的監控。

(八) 採購基礎工作

採購基礎工作，是指為建立科學、有效的採購系統，需要進行的一些基礎建設工作，包括管理基礎工作、軟件基礎工作和硬件基礎工作。

以上採購管理流程見圖4－3。

五、採購管理的重要性

企業的基本職能是為社會提供產品和服務。這個基本職能可以分解成物資銷售、物資生產和物資採購三個子職能。在這三個職能中，按重要性排序，物資銷售最重要。在市場經濟中，沒有銷售，就沒有市場，沒有市場則一切都免談。只有有了市場需要，再根據市場需要來設計產品或服務，才能進行物資生產。物資生產確定以後，才能根據物資生產的需要來設計策劃物資採購。

物資採購的重要性雖然排在最後，但並不意味著它不重要。其重要性表現在以下幾個方面：

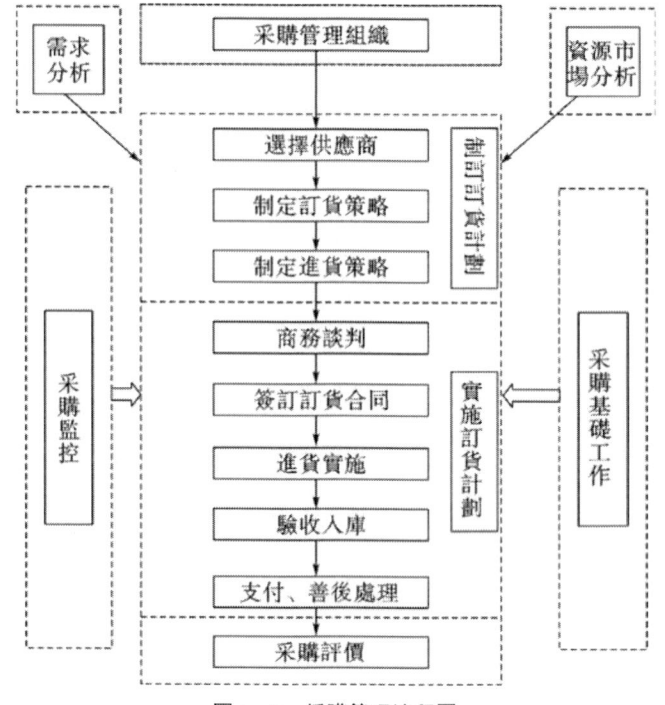

```
                    ┌──────────────┐
    ┌─────┐         │  采購管理組織  │         ┌─────┐
    │需求 │         └──────┬───────┘         │資源市│
    │分析 │                │                 │場分析│
    └──┬──┘                ▼                 └──┬──┘
       │            ┌──────────────┐            │
       │            │  選擇供應商    │  制        │
       │            ├──────────────┤  訂        │
       │            │  制定訂貨策略  │  訂        │
       │            ├──────────────┤  貨        │
       │            │  制定進貨策略  │  計        │
       │            └──────┬───────┘  劃        │
    ┌─────┐                │                 ┌─────┐
    │采購 │                ▼                 │采購 │
    │監控 │         ┌──────────────┐         │基礎 │
    │     │ ⇨       │   商務談判    │  實     │工作 │
    │     │         ├──────────────┤  施  ⇦  │     │
    │     │         │  簽訂訂貨合同  │  訂     │     │
    │     │         ├──────────────┤  貨     │     │
    │     │         │   進貨實施    │  計     │     │
    │     │         ├──────────────┤  劃     │     │
    │     │         │   驗收入庫    │        │     │
    │     │         ├──────────────┤        │     │
    │     │         │ 支付、善後處理 │        │     │
    └─────┘         └──────┬───────┘        └─────┘
                           ▼
                    ┌──────────────┐
                    │   采購評價    │
                    └──────────────┘
```

圖 4-3　採購管理流程圖

第一，物資採購為企業保障供應、維持正常生產、降低缺貨風險創造條件。很顯然，物資供應是物資生產的前提條件，生產所需的原材料、設備和工具都要由物資採購來提供。沒有採購就沒有生產條件，沒有物資供應就不可能進行生產。

第二，物資採購供應的物資的質量好壞直接決定了本企業生產的產品質量的好壞。能不能生產出合格的產品，取決於物資採購所提供的原材料以及設備工具的質量的好壞。

第三，物資採購的成本構成了物資生產成本的主體部分，其中包括採購費用、進貨費用、倉儲費用、流動資金占用費用以及管理費用等。物資採購的成本太高，將會大大降低企業生產的經濟效益，甚至虧損，致使物資生產成為沒有意義的事情。

第四，物資採購是企業和資源市場的關係接口，是企業外部供應鏈的操作點。只有通過物資採購部門人員與供應商的接觸和業務交流，才能把企業與供應商聯結起來，形成一種相互支持、相互配合的關係。在條件成熟以後，可以組織成一種供應鏈關係，這樣才會使企業在管理方面、效益方面都登上一個嶄新的臺階。

第五，物資採購是企業與市場的信息接口。物資採購人員直接和資源市場打交道。資源市場和銷售市場是交融混雜在一起的，都處在大市場之中。所以，物資採購人員比較容易獲得市場信息，是企業的市場信息接口，可以為企業及時提供各種各樣的市場信息，供企業進行管理決策。

第六，物資採購是企業科學管理的開端。企業物資供應是直接和生產相聯繫的。

物資供應模式往往會在很大程度上影響生產模式。例如,實行準時採購制度,則企業的生產方式就會改成看板方式,企業的生產流程、搬運方式也都要做很大的變革;如果要實行供應鏈採購,則需要實行供應商掌握庫存、多頻次小批量補充貨物的方式,這也將大大改變企業的生產方式和搬運方式。所以,物資採購部門每提出一種科學的物資採購供應模式,必然會要求生產方式、物料搬運方式都要做相應的變動,共同構成一種科學管理模式。可見,這種科學管理模式是以物資採購供應作為開端而運作起來的。

第三節　供應商管理概述

案例1:某超市因為急需要一批產品用於銷售,所以對一家與自己長久合作的供應商的產品未進行質量檢查就直接放進賣場,結果出了質量問題,造成了經濟損失。

大家說一說,這家超市有哪些工作沒有做好,導致了損失的產生,怎樣做才能避免這樣的損失。

參考答案如下:

(1) 商場進貨時,先挑選幾家供應商;

(2) 到供應商生產場地現場進行考察,主要考察衛生、品質、交貨期、生產流程等方面有沒有一個完整的管理系統來保證產品是合格的;

(3) 要求廠方出示衛生部門有效的經營許可證;

(4) 以上都符合要求后,要求供應商送樣品確認;

(5) 樣品確認合格后,需要建立供應商檔案表(包括企業模式、發展方向、註冊資金、研發人數、管理人數、員工數、企業組織結構圖、營業執照、稅務登記證、產品質量證書等);

(6) 正式供貨前雙方須簽訂一份供貨質量協議書,當發生質量問題時才有處理依據,同時也可以監督供應商。

如果這家超市事先做好了這些工作,就不至於出現質量問題。

由這個案例可以看出,供應商的好壞,直接影響著一個企業的正常運行,因此,供應商管理顯得十分重要。

一、供應商管理的含義

供應商,是指可以為企業生產提供原材料、設備、工具及其他資源的企業。供應商,可以是生產企業,也可以是流通企業。

採購管理和供應商管理的關係是:企業要維持正常生產,就必須有一批可靠的供應商為其提供各種各樣的物資,因此供應商對企業的物資供應起著非常重要的作用。採購就是直接和供應商打交道而從供應商處採購獲得各種物資。因此採購管理的一項重要工作,就是要搞好供應商管理。

所謂供應商管理,就是對供應商的瞭解、選擇、開發、使用和控制等綜合性的管

理工作的總稱。其中，瞭解是基礎，選擇、開發、控制是手段，使用是目的。

二、供應商管理的目的

供應商管理的目的，就是要建立起一個穩定可靠的供應商隊伍，為企業生產提供可靠的物資供應。

供應商是一個獨立於購買者的利益主體，而且是個以追求利益最大化為目的的利益主體。按傳統的觀念，供應商和購買者是利益互相對立的矛盾對立體，供應商希望從購買者手中多得一點，購買者希望向供應商少付一點，為此常常討價還價、斤斤計較。某些供應商常常在物資商品的質量、數量上做文章，以劣充優、降低質量標準、減少數量，甚至製造假冒偽劣產品坑害購買者。購買者為了防止偽劣產品入庫，需要花費很多人力物力加強物資檢驗，大大增加了物資採購檢驗的成本。因此供應商和購買者之間，既互相依賴、又互相對立，彼此總是處於一種提心吊膽、相互設防的緊張關係。這種緊張關係，對雙方都不利。對購買者來說，物資供應沒有可靠的保證、產品質量沒有保障、採購成本太高，這些都直接影響企業生產和成本效益。

相反，如果能找到一個好的供應商，它的產品質量好、價格低，而且服務態度好、保證供應、按時交貨，這樣，採購時就可以非常放心；如果供應商不但物資供應穩定可靠、質優價廉、準時供貨，而且雙方關係融洽、互相支持、共同協調，那麼對企業的採購管理、生產和成本效益都會有很多好處。

更重要的是，好的供應商可以提升企業的競爭力——不但質量好，而且價格低廉，並且可以及時滿足客戶需求，所以可以和其他企業抗衡。

為了製造出這樣一種供應商關係局面，克服傳統的供應商關係觀念，有必要注重供應商的管理工作，通過多個方面持續努力，去瞭解、選擇、開發供應商，合理使用和控制供應商，建立起一支可靠的供應商隊伍，為企業生產提供穩定可靠的物資供應保障。

三、供應商管理的幾個基本環節

1. 供應商調查

供應商調查的目的，就是要瞭解企業有哪些可能的供應商，各個供應商的基本情況如何，為企業瞭解資源市場以及選擇正式供應商做準備。

2. 資源市場調查

資源市場調查的目的，就是在供應商調查的基礎上，進一步瞭解掌握整個資源市場的基本情況和基本性質——是買方市場還是賣方市場？是競爭市場還是壟斷市場？是成長的市場還是沒落的市場？此外，還需瞭解資源生產能力、技術水平、管理水平以及價格水平等，為制定採購決策和選擇供應商做準備。

3. 供應商開發

在供應商調查和資源市場調查的基礎上，可能會發現比較好的供應商，但是還不一定能馬上得到一個完全合乎企業要求的供應商，還需要在現有的基礎上進一步加以開發，才能得到一個基本合乎企業需要的供應商。將一個現有的原型供應商轉化成一個基本符合企業需要的供應商的過程，就是一個開發過程，具體包括供應商深入調查、

供應商輔導、供應商改進、供應商考核等活動。

4. 供應商考核

供應商考核是一個很重要的工作。它分佈在各個階段：在供應商開發過程中需要考核、在供應商選擇階段需要考核、在供應商使用階段也需要考核。不過每個階段考核的內容和形式並不完全相同。

5. 供應商選擇

在供應商考核的基礎上，選定合適的供應商。

6. 供應商使用

與選定的供應商開展正常的業務活動。

7. 供應商激勵與控制

這是指在使用供應商過程中的激勵和控制。

第四節　供應商調查

供應商管理的首要工作，就是要瞭解供應商、瞭解資源市場。要瞭解供應商的情況，就需要進行供應商調查。

供應商調查，在不同的階段有不同的要求。供應商調查可以分成三種：第一種是資源市場調查；第二種是初步供應商調查；第三種是深入供應商調查。

一、資源市場調查

1. 資源市場分析

資源市場調查的目的，就是要進行資源市場分析。資源市場分析，對於企業制定採購策略、產品策略以及生產策略等都有很重要的指導意義。

（1）要確定資源市場是緊缺型的市場還是多余型市場，是壟斷性市場還是競爭性市場。對於壟斷性市場，企業應當採用壟斷性採購策略；對於競爭性市場，企業應當採用競爭性採購策略。例如採用招標投標制、一商多角制等。

（2）要確定資源市場是成長型的市場還是沒落型市場。如果是沒落型市場，則要趁早準備替換產品，不要等到產品被淘汰了再去開發新產品。

（3）要確定資源市場總的水平，並根據整個市場水平來選擇合適的供應商。通常要選擇在資源市場中處於先進水平的供應商、選擇產品質量優而價格低的供應商。

2. 資源市場調查的內容

（1）調查資源市場的規模、容量、性質。例如資源市場究竟有多大範圍？有多少資源量？多少需求量？是賣方市場還是買方市場？是完全競爭市場、壟斷競爭市場還是壟斷市場？是一個新興的成長的市場還是一個陳舊的沒落的市場？

（2）資源市場的環境如何？例如市場的管理制度、法制建設、市場的規範化程度、市場的經濟環境、政治環境等外部條件如何？市場的發展前景如何？

（3）資源市場中各個供應商的情況如何？也就是指前面進行的初步供應商調查所

得到的情況如何。把眾多的供應商的調查資料進行分析，就可以得出資源市場自身的基本情況。例如資源市場的生產能力、技術水平、管理水平、可供資源量、質量水平、價格水平、需求狀況以及競爭性質等。

二、初步供應商調查

1. 初步調查的目的與方法

所謂初步供應商調查，是指對供應商基本情況的調查。主要是瞭解供應商的名稱、地址、生產能力、能提供什麼產品、能提供多少、價格如何、質量如何、市場份額有多大、運輸進貨條件如何。

初步供應商調查是瞭解供應商的一般情況。其目的一是為選擇最佳供應商做準備；二是為了瞭解掌握整個資源市場的情況。

因為資源市場是由每一個供應商共同形成的，所以許多供應商基本情況的匯總就是整個資源市場的基本情況。

對於初步供應商調查的基本方法，一般可以採用訪問調查法，通過訪問有關人員而獲得信息。例如，可以訪問供應商的市場部有關人士，或者訪問有關用戶、有關市場主管人員，或者訪問其他的知情人士。通過訪問製作好供應商卡片。

在開展計算機信息管理的企業中，供應商管理應當納入計算機管理之中。把供應商卡片的內容輸入到計算機中去，利用數據庫進行操作、補充和利用。計算機管理有很多優越性，它不但可以很方便地儲存、增添、修改、查詢和刪除信息，而且可以很方便地統計匯總和分析，可以實現不同子系統之間的數據共享。計算機有處理速度快、計算量大、儲存量大、數據傳遞快等優點。

案例2：如何尋找潛在供應商？

企業應利用多種渠道去尋找潛在供應商。這些渠道主要有：

（一）出版物

國際國內有大量的出版物隨時隨地為採購方提供信息。比較典型的有：綜合工商目錄、國別工商目錄、產品工商目錄以及商業刊物。

（二）行業協會

行業協會也是收集潛在供應商的重要信息渠道。一個國家的大多數工商企業都是行業協會的會員，採購方可以通過這些組織（物流與採購聯合會、中國物流協會）取得大量實用的有關供應商的資料。

（三）專業化商業服務機構

一些非常著名的商業信息服務機構專門從事商業調查，並保存那些知名的製造商的資料。採購方可以通過有償形式從這些機構取得關於供應商的技術、管理、財務或其他方面的年度報告（諮詢、策劃）。

案例3：如何對潛在供應商進行資格審核？

（一）營業執照

營業執照是企業生產、經營的許可證。營業執照中核定的經營範圍是審核的重點，

主營業務歸屬於哪類，獲准進入採購市場的企業就應定位在哪類。

（二）稅務登記證

任何一家正規註冊的公司都要到相關部門辦理稅務登記，因此一個合法的企業法人應當擁有稅務登記證。

（三）企業法人代碼證

儘管企業法人代碼證的作用當前並不十分顯著，但隨著社會網路化的推進，政府、企業、市場管理機關、行業主管部門以及社會公眾通過條形碼對企業的性質、經營範圍、資信程度、是否有不良記錄等相關情況的瞭解的要求將大大增強，法人代碼證上的企業相關信息共享和交流將成為必需。

（四）企業簡介

企業簡介是企業基本情況的介紹和宣傳，包括企業生產經營內容、企業員工構成、企業業績等。

（五）行業資質

行業許可資歷是指中國目前在許多行業推行的准入制度，不同行業有不同行業的要求。

（六）社會仲介機構出具的註資或審計報告

採購部門對企業的資信、財務狀況等情況不可能全面、廣泛地瞭解和掌握，無論從人力上還是從時間上，既做不到也不經濟。因此，採購部門應借助社會仲介機構的力量對潛在供應商的企業會計報表進行獨立審查，客觀全面地反應企業最新年度的經營狀況。

2. 初步供應商分析

在初步供應商調查的基礎上，要利用供應商初步調查的資料進行供應商初步分析。初步供應商分析的主要目的，是比較各個供應商的優勢和劣勢，初步選擇可能適合於企業需要的供應商。

初步供應商分析的主要內容包括：

（1）產品的品種、規格和質量水平是否符合企業需要？價格水平如何？只有產品的品種、規格、質量適合於本企業，才算得上企業的可能供應商，才有必要進行下面的分析。

（2）企業的實力、規模如何？產品的生產能力如何？技術水平如何？管理水平如何？企業的信用度如何？

對信用度的調查，在初步調查階段，可以採用訪問制，從中得出一個大概的、定性的結論。分析供應商的信用程度，還可以得到定量的結果。

（3）產品是競爭性商品還是壟斷性商品？如果是競爭性商品，則供應商的競爭態勢如何？產品的銷售情況如何？市場份額如何？產品的價格水平是否合適？

（4）供應商相對於本企業的地理交通情況如何？要進行運輸方式、運輸時間、運輸費用分析，看運輸成本是否合適。

在進行以上分析的基礎上，為選定供應商提供決策支持。

三、深入供應商調查

深入供應商調查，是指對經過初步調查后準備發展為自己的供應商的企業進行的更加深入仔細的考察活動。這種考察，是深入到供應商企業的生產線、各個生產工藝、質量檢驗環節甚至管理部門，對現有的工藝設備、生產技術、管理技術等進行考察，看看能不能滿足本企業所採購的產品應當具備的生產工藝條件、質量保證體系和管理規範要求。有的甚至要根據生產對所採購產品的要求，進行資源重組和樣品試製，試製成功以後，才算考察合格。只有通過深入的供應商調查，才能發現可靠的供應商，建立起比較穩定的物資採購供需關係。

進行深入的供應商調查，需要花費較多的時間、精力和調查成本，並不是對所有的供應商都是需要的，只是在以下情況才需要深入調查。

第一，準備發展成緊密關係的供應商。例如在進行準時化（JIT）採購時，供應商的產品將準時、免檢、直接送上生產線進行裝配。這時，供應商已經與企業結成了如同企業的一個生產車間一樣的緊密關係。如果要選擇這樣緊密關係的供應商，就必須進行深入的供應商調查。

第二，尋找關鍵零部件產品的供應商。如果企業所採購的是一種關鍵零部件，特別是精密度高、加工難度大、質量要求高、在企業的產品中起核心功能作用的零部件產品，在選擇供應商時，就需要特別小心，要進行反覆、認真、深入的考察審核。只有經過深入調查證明確實能夠達到要求時，才確定發展它為企業的供應商。

對於最高級的深入調查，在具體實施深入調查時，可以分成三個階段：

第一階段：通知供應商生產樣品，最好生產一批樣品，從其中隨機抽樣進行檢驗。如果抽檢不合格，允許其改進一下再生產一批，再檢驗一次，如果還是不合格，這個供應商就落選，不再進入下面的第二階段。只有抽檢合格的才能進入第二階段。

第二階段：對於生產樣品合格的供應商，還要對其生產過程、管理過程進行全面詳細的考察，檢查其生產能力、技術水平、質量保障體系、裝卸搬運體系、管理制度等，看看有沒有達不到要求的地方。如果基本上符合要求，則深入調查可以到此結束。供應商符合要求，可以中選；如果檢查結果不符合要求，則進入下面第三個階段。

第三階段：對於生產工藝、質量保障體系、規章制度等不符合要求的供應商，要協商提出改進措施，限期改進。供應商願意改進並且限期改進合格者，可以中選；如果供應商不願意改進，或者願意改進但限期改進不合格者則落選。深入調查也到此結束。

牢記要點：
對供應商調查的步驟有：
⇨資源市場調查
⇨初步的供應商調查
⇨深入的供應商調查

實踐練習

一、請你將屬於初步調查和深入調查的內容分別歸入 A 桶和 B 桶中：
1. 供應商所占的市場份額
2. 企業的生產工藝、生產技術
3. 供應商所提供商品的品種、質量
4. 企業的信用度
5. 企業的管理水平
6. 企業的質量檢驗環節
7. 企業的實力、規模
8. 供應商所提供商品的價格
9. 資源重組、樣品試製

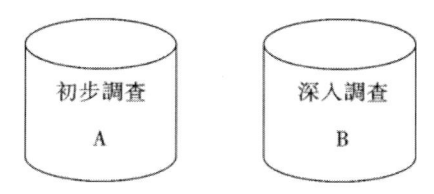

參考答案：A：1、3、4、5、7、8；B：2、6、9。

二、請您根據自己的理解判斷下列說法的正誤，正確的打「✓」，錯誤的打「×」：
1. 企業經濟性質、註冊資金大小是審核的重點。（　）
2. 行業資質在不同行業有不同的要求。（　）
3. 明確提出或強行要求列出大宗業務對新企業或小企業不利。（　）
4. 名目繁多的資質證明是政府對市場不易解決或關乎國家和公眾生計的資源配置進行調控的手段。（　）
5. 獲準進入採購市場的企業定位與主營業務沒有關係。（　）

參考答案：1. ×；2. ✓；3. ✓；4. ✓；5. ×。

第五節　供應商開發

一、概述

所謂供應商開發就是要從無到有地尋找新的供應商，建立起適合於企業需要的供應商隊伍。

軍隊打仗需要糧草，企業生產需要物資，供應商就相當於企業的后勤隊伍。供應商開發和管理實際上就是企業的后勤隊伍的建設。

二、供應商開發的步驟

1. 需求分析、產品 ABC 分類

首先將採購物料分類，確定關鍵的重要的零部件、原材料及其資源市場。

（1）先將主要生產物料和輔助生產物料等按採購金額比重分為 ABC 三類，得出關鍵物資、重點物資，給予重點關注。根據物資重要程度決定供應商關係的緊密程度：對於關鍵物資、重點物資，要建立起比較緊密的供應商關係；對於非重點物資，可以建立一般供應商關係，甚至不必建立固定的供應商關係。

（2）按材料成分或性能分類，如塑膠類、五金類、電子類、化工類、包裝類等，確定資源市場的類型性質。

2. 供應商調查

收集廠商資料，根據材料的分類，收集生產各類物料的廠家，每類產品 5～10 家，填寫在供應商調查表上；也可以編製供應商調查表，用傳真或其他方式交供應商企業自己填寫並寄回。

3. 資源市場調查

要走訪供應商、客戶、政府主管部門或經濟統計部門，瞭解資源市場的基本情況，包括供應量、需求量、可供能力、政策、管理規章制度、發展趨勢等。

4. 分析評估

（1）成立供應商評估小組，由副總經理任組長，與部門經理、主管、工程師組成評估小組。

（2）供應商分析。對反饋的供應商調查表進行整理核實，如實填寫供應商資料卡。將合格廠商分類按順序統計記錄，然后由評估小組進行資料分析比較和綜合評估，按 ABC 物料採購金額的大小，根據供應商規模、生產能力等基本指標進行分類，對每個關鍵物資、重點物資初步確定 1～3 家供應商，準備進行深入調查。

（3）資源市場分析。在供應商分析的基礎上，結合資源市場調查的有關資料，分析資源市場的基本情況，包括資源能力情況、供需平衡情況、競爭情況、管理水平、規範化程度、發展趨勢等，並根據資源市場的性質，確定相應的採購策略、產品策略和供應商關係策略。例如對於壟斷性市場，採用合作和據理談判策略；對於競爭性市場，採用招標競爭策略等。

5. 深入調查供應商

對初步調查分析合格、被選定的 1～3 家供應商進行深入調查。深入調查可分成三個階段，詳見本章第四節供應商調查。

6. 價格談判

進行價格談判的指導思想，就是要合理、「雙贏」，自己不要吃虧，也不要讓供應商吃虧，要考慮長遠合作。大家都不吃虧，才能得到共同發展，才會有共同的長遠合作和長遠利益。要實事求是地進行計算，求出一個合理的價格。

價格談判成功以後，就可以簽訂試運作協議，進入物資採購供應試運作階段，基

本上以一種供需合作關係運行。試運行階段根據情況可以是三個月至一年不等。

7. 供應商輔導

價格談好以後的試運行供應商，將與企業建立起一種緊密關係參與試運作。這時企業要積極參與、輔導、合作。企業應當根據生產的需要及供應商的可能，共同規範相互之間的作業協調關係，制定一定的作業手冊和規章制度。為使供應商適應企業的需要，要在管理、技術、質量保障等方面進行輔導和協助。

8. 追蹤考核

在試運作階段，要對供應商的物資供應業務進行追蹤考核。這種考核主要從以下幾個方面進行：

（1）檢查產品質量是否合格。可以採用全檢或抽檢的方式，求出質量合格率。質量合格率用質量合格的次數占總檢查次數的比率描述。

（2）檢查交貨是否準時。檢查供應商交貨是否準時，求出誤時率，用誤時的交貨次數占總交貨次數的比率來描述。

（3）檢查交貨數量是否滿足。用物資供應滿足程度或缺貨程度來描述。

（4）信用度的考核。主要考察在試運作期間，供應商是否認真履行自己承諾的義務，是否對合作事項高度認真負責，在往來帳目中，是否不欠帳、不拖帳。信用度一般可以用失信次數與總次數的比率來描述。失信可以包含多種含義，例如沒有履行事先的承諾，沒有按約定按時交款或還款等，都是失信。

9. 供應商選擇

以上指標每個月考核一次，一個季度或半年綜合考核評分一次，各個指標加權評分綜合，按評分等級分成優秀、良好、一般、較差幾個等級。優秀者可以通過試運作，結束考核期，簽訂正式供需關係合同，成為企業正式的供應商，建立一個比較穩定的供需關係。其他的則不能通過試運作，應當結束考核、終止供需關係。

10. 供應商使用

當供應商選定之後，應當終止試運作期，簽訂正式的供應商關係合同，開始正常的物資供應業務運作，建立起比較穩定的物資供需關係。在業務運作的開始階段，要加強指導與配合，要對供應商的操作提出明確的要求，有些大的工作原則、守則、規章制度、作業要求等應當以書麵條文的形式規定下來，有些甚至可以寫到合作協議中去。起初還要加強評價與考核，不斷改進工作和配合關係，直到比較成熟為止。在比較成熟以後，還要不定期地檢查和協商，保持業務運行的健康、有序。

11. 供應商的激勵和控制

在供應商的整個使用過程中，要加強激勵和控制。既要充分鼓勵供應商主動積極地搞好物資供應，又要採用各種措施，防範供應商的不當行為給企業造成損失。要保證與供應商的合作關係和物資供應業務的健康正常進行，確保企業利益不受影響。

第六節　供應商考核

一、供應商考核指標體系

這裡講的供應商考核，主要是指同供應商簽訂正式合同以後的正式運作期間，對供應商整個運作活動的全面考核。這種考核應當比試運作期間更全面。主要從產品質量、交貨期、交貨量、工作質量、價格、進貨費用水平、信用度、配合度等方面進行考核。

二、考核指標的具體內容

1. 產品質量

產品質量是考核最重要的指標，在開始運作的一段時間內，都要加強對產品質量的檢查。檢查可以分為兩種：一種是全檢，一種是抽檢。全檢工作量太大，一般用抽檢的方法。質量的好壞可以用質量合格率來描述。

2. 交貨期

交貨期也是一個很重要的考核指標參數。考核交貨期主要是考察供應商的準時交貨率。準時交貨率可以用準時交貨的次數與總交貨次數之比來衡量。

3. 交貨量

考核交貨量主要是考核按時交貨量，按時交貨量可以用按時交貨量率來評價。按時交貨量率是指給定交貨期內的實際交貨量與期內應當完成交貨量的比率。

4. 工作質量

考核工作質量，可以用交貨差錯率和交貨破損率來描述。

5. 價格

考核供應商的價格水平，可以和市場同檔次產品的平均價和最低價進行比較，分別用市場平均價格比率和市場最低價格比率來表示。

6. 進貨費用水平

考核供應商的進貨費用水平，可以用進貨費用節約率來考核。

7. 信用度

信用度主要用以考核供應商履行自己的承諾、以誠待人、不故意拖帳、欠帳等的程度。

8. 配合度

配合度主要用以考核供應商的協調精神。在和供應商相處過程中，常常因為環境的變化或具體情況的變化，需要把工作任務進行調整變更，這種變更可能導致供應商的工作方式的變更，甚至導致供應商要作出一點犧牲。這時可以考察供應商在這些方面積極配合的程度。另外，如工作出現了困難，或者發生了問題，可能有時也需要供應商配合才能解決。在這個時候，也可以看出供應商的配合程度。

考核供應商的配合度，靠人們的主觀評分來考核。主要找與供應商相處的有關人員，讓他們根據這個方面的體驗為供應商評分。特別典型的，可能會有上報或投訴的情況。這時可以把上報或投訴的情況也作為評分依據。

可以看出，前七項都是客觀評價，第八項是主觀評價。客觀評價都是客觀存在的，而且可以精確計量的，而主觀評價主要靠人的主觀感覺來評價。

第七節　供應商選擇

一、供應商選擇概述

供應商選擇是供應商管理的目的，是供應商管理中最重要的工作。選擇一批好的供應商，不但對於企業的正常生產起著決定作用，而且對企業的發展也非常重要。

實際上，供應商選擇融合在供應商開發的全部過程中。供應商開發的過程包括了幾次供應商的選擇過程：在眾多的供應商中，每個品種要選擇 5~10 個供應商進入初步調查；初步調查以後，要選擇 1~3 個供應商，進入深入調查；深入調查之後還要做一次選擇，確定 1~2 個供應商進入試運行，經考核和選擇，確定最後的供應商。

好的供應商的標準，一是產品好，二是服務好。所謂產品好，就是要求產品質量好，產品價格合適，產品先進、技術含量高、發展前景好，產品貨源穩定、供應有保障；所謂服務好，就是要求供應商在供貨、送貨方面能夠及時，有很好的技術支持和售後服務，守信用、願意協調配合客戶企業。因此一個好的供應商需要具備以下一些條件：

第一，企業生產能力強。表現在：產量高、規模大、生產歷史長、經驗豐富、生產設備好。

第二，企業技術水平高。表現在：生產技術先進、設計能力和開發能力強、生產設備先進、產品的技術含量高、達到國內先進水平。

第三，企業管理水平高。表現在：有一個強有力的領導班子，尤其要有一個有魄力、有能力、有管理水平的一把手；有一個高水平的生產管理系統；還要有一個有力的、運行良好的質量管理保障體系，能在全企業形成一種嚴肅認真、一絲不苟的工作作風。

第四，企業服務水平高。表現在：能對顧客高度負責、主動熱誠、認真服務；售後服務制度完備、服務能力強；願意協調配合客戶企業。

二、企業供應商分類

一個企業的供應商數量可能很多，如果不加區分，就很難實施科學的管理。企業要對不同的供應商實施不同的關係策略，就必須對供應商進行細分。

（一）按供應商的重要程度分類——模塊法

1. 夥伴型供應商
2. 重點型供應商

3. 優先型供應商

4. 商業型供應商

(二) 按採購物品價值的大小分類——80/20 規則

供應商 80/20 規則分類法的基礎是物品採購的 80/20 規則，其基本思想是針對不同的採購物品採取不同的策略，同時採購工作精力也各有側重，相應地對於不同物品的供應商也採取不同的策略。

通常，數量 80% 的採購物品（普通採購物品）佔有（全部）採購金額的 20%，而其余數量 20% 的採購物品（重點採購物品），則佔有採購金額的 80%。相應地，可以將供應商依據 80/20 規則進行分類，劃分為重點供應商和普通供應商，即占 80% 採購金額的 20% 的供應商為重點供應商，而其餘只占 20% 採購金額的 80% 的供應商為普通供應商。對於重點供應商應投入 80% 的時間和精力進行管理和改進。這些供應商提供的物品為企業的戰略物品或需集中採購的物品，如汽車廠需要採購的發動機和變速器；電視機廠需要採購的彩色顯像管以及一些價值高但供應不力的物品。而對於普通供應商則只需要投入 20% 的時間和精力與其交易。因為這類供應商所提供的物品的運作對企業的成本質量和生產的影響較小，例如辦公用品、維修備件、標準件等物品。

(三) 按供應商的規模和經營品種分類

按供應商的規模和經營品種進行供應商分類，常以供應商的規模作為縱坐標，經營品種數量作為橫坐標進行矩陣分析。

(四) 按與供應商的關係目標分類

1. 短期目標型

這種類型的最主要特徵是雙方之間的關係為交易關係。它們希望彼此能保持較長時期的買賣關係，獲得穩定的供應，但是雙方所做的努力只停留在短期的交易合同上，各自關注的是如何談判，如何提高自己的談判技巧，不使自己吃虧，而不是如何改善自己的工作，使雙方都獲利。供應一方能夠提供標準化的產品或服務，保證每一筆交易的信譽。當買賣完成時，雙方關係也就終止了。對於雙方而言，只與業務人員和採購人員有關係，其他部門人員一般不參與雙方之間的業務活動。

2. 長期目標型

與供應商保持長期的關係是有好處的，雙方有可能為了共同利益而對改進各自的工作感興趣，並在此基礎上建立起超越買賣關係的合作。長期目標型的特徵是從長遠利益出發，相互配合，不斷改進產品質量與服務水平，共同降低成本，提高供應鏈的競爭力。同時，合作的範圍遍及公司內的多個部門。

由於是長期合作，可以對供應商提出新的技術要求，而如果供應商目前還沒有這種能力，採購方可以對供應商提供技術、資金等方面的支持。供應商的技術創新和發展也會促進本企業產品的改進，這樣做有利於企業的長遠利益。比如飛機製造廠商可以對發動機生產廠商提供技術和資金以生產出技術含量更高的發動機，而發動機廠商的技術革新也會促進飛機製造廠商生產出新型飛機。

3. 滲透型

這種關係形式是在長期目標型基礎上發展起來的。其管理思想是把對方公司看成自己公司的延伸，是自己的一部分，因此，對對方的關心程度又大大提高了。為了能夠參與對方的業務活動，有時會在產權關係上採取適當的措施，如互相投資、參股等，以保證雙方利益的一致性。在組織上也採取相應的措施，保證雙方派員加入對方的有關業務活動。這樣做的優點是可以更好地瞭解對方的情況，供應商可以瞭解自己的產品在對方是怎樣起作用的，也就容易發現改進的方向；而採購方也可以知道供應商是如何製造的，需要時可以提出相應的改進要求。

4. 聯盟型

聯盟型是從供應鏈角度提出的。它的特點是從更長的縱向鏈條上改善管理成員之間的關係，難度相應提高了。在難度提高的前提下，要求也相應提高。另外，由於成員增加，往往需要一個處於供應鏈上核心地位的企業出面協調成員之間的關係，它常常被稱為「盟主企業」。

5. 縱向集成型

這種形式被認為是最複雜的關係類型，即把供應鏈上的成員整合起來，像一個企業一樣，但各成員是完全獨立的企業，決策權屬於自己。在這種關係中，要求每個企業在充分瞭解供應鏈的目標、要求，充分掌握信息的條件下，自覺作出有利於供應鏈整體利益的決策。

三、供應商選擇方法

(一) 考核選擇

所謂考核選擇，就是在對供應商充分調查瞭解的基礎上，再進行認真考核、分析比較來選擇供應商。

根據本章第四節所講，對供應商進行三階段深入調查後，就初步確定了企業的供應商。

對初步確定的供應商還要進入試運作階段進行考察考核，試運作階段的考察考核更實際、更全面、更嚴格。因為這時直接面對實際的生產運作。在運作過程中，要進行所有各個評價指標的考核評估，包括產品質量合格率、按時交貨率、按時交貨量率、交貨差錯率、交貨破損率、價格水平、進貨費用水平、信用度、配合度等的考核和評估。在單項考核評估的基礎上，還要進行綜合評估。綜合評估就是把以上各個指標進行加權平均計算而得的一個綜合成績。可以用下式計算：

$$S = \frac{\sum W_i P_i}{\sum W_i} \times 100\%$$

通過試運作階段，得出各個供應商的綜合評估成績，就可以基本上確定哪些供應商可以入選、哪些供應商被淘汰了。一般試運作階段達到優秀級的應該入選，達到一般或較差級的供應商，應予以淘汰。

現在一些企業為了製造供應商之間的競爭機制，創造了一些做法，就是故意選兩

個或三個供應商，稱作 AB 角或 ABC 角，A 角作為主供應商，分配較大的供應量；B 角（或再加上 C 角）作為副供應商，分配較小的供應量。綜合成績為優的供應商擔任 A 角，候補供應商擔任 B 角。在運作一段時間以後，如果 A 角的表現有所退步而 B 角的表現有所進步，則可以把 B 角提升為 A 角，而把原來的 A 角降為 B 角。這樣無形中就造成了 A 角和 B 角之間的競爭，促使它們競相改進產品和服務，使得採購企業獲得更大的好處。

從以上可以看出，考核選擇供應商是一個較長時間的深入細緻的工作，這個工作需要採購管理部門牽頭負責、全廠各個部門的人共同協調才能完成。當供應商選定之後，應當終止試運作期，簽訂正式的供應商關係合同，進入正式運作期，開始比較穩定的正常的物資供需關係運作。

(二) 招標選擇

選擇供應商也可以通過招標的方式。招標選擇是採購企業採用招標的方式，吸引多個有實力的供應商來投標競爭，然后經過評標小組分析評比而選擇最優供應商的方法。

招標選擇的主要工作如下：
一是準備一份合適的招標書，包括目標任務、完成任務的要求。
二是建立一個合適的評標小組和評標規則。
三是組織好整個招標投標活動。
在招標活動中，投標供應商的主要工作如下：
一是起草自己的投標書參與投標競爭；
二是參加招標會，進行自己的投標說明和辯論。
最后評標小組根據各個供應商的標書以及投標陳述，進行質詢、分析和評比，得出中標的供應商。這樣就最后選定了供應商。

第八節　供應商的使用、激勵與控制

一、供應商使用

供應商經過考核成為企業的正式供應商之後，就要開始進入日常的物資供應運作程序。

進入供應商使用的第一個工作，就是要簽訂一份與供應商的正式合同。這份合同既宣告雙方合作關係的開始，也是一份雙方承擔責任與義務的責任狀和將來雙方合作關係的規範書。所以雙方應當認真把合同書的合同條款協商好。協議生效后，它就成為直接約束雙方的法律性文件，雙方都必須遵守。

在供應商使用的初期，採購企業的採購部門，應當和供應商協調，建立起供應商運作的機制，相互在業務銜接、作業規範等方面建立起一個合作框架。在這個框架的基礎上，各自按時按質按量完成自己應當承擔的工作。

在日后採購企業在供應商使用管理上，應當擯棄「唯我」主義，建立「共贏」思想。供應商也是一個企業，也要生存與發展，因此也要適當盈利。採購企業不能只顧自己降低成本、獲取利潤而把供應商企業「耗」得太慘。因為害慘了供應商，會導致企業自身物資供應的困難，不符合企業長遠的利益。因此合作的宗旨，應當盡量使雙方都能獲得好處、共存共榮。要從這個宗旨出發，處理好合作期間的各種事務，建立起一種相互信任、相互支持、友好合作的關係。

二、供應商激勵與控制

供應商激勵和控制的目的，一是要充分發揮供應商的積極性和主動性，使供應商努力搞好物資供應工作，保證本企業的生產生活正常進行；二是要防止供應商的不軌行為，預防一切對企業、對社會的不確定性損失。

1. 逐漸建立起一種穩定可靠的關係

企業應當和供應商簽訂一個較長時間的業務合同，一般 1～3 年。時間不宜太短，太短了讓供應商不完全放心，從而總是要留一手，不會全心全意為搞好物資供應工作而傾註全力；只有合同時期長，供應商才會感到放心、才會傾註全力與企業合作，搞好物資供應工作。特別是當業務量大時，供應商會把本企業看作它生存發展的依靠和希望，會更加激勵它努力與企業合作，企業發展它也得到發展，企業倒閉它也跟著倒閉，形成一種休戚與共的關係。但是合同時間也不能太長，一方面是因為情況可能發生變化，例如市場變化導致產量變化、產品變化、組織機構變化等；另一方面，也是為了防止供應商產生一勞永逸、鐵飯碗的思想而放鬆對業務的競爭進取精神。為了促使供應商加強競爭進取，就要使供應商有危機感。所以合同時間一般以一年比較合適，並說明如果第二年繼續合作，可以續簽；第二年不願合作了，則合同終止。這樣簽合同，就是既要讓供應商感到放心，可以有一段較長時間的穩定合作；又要讓供應商感到有危機感，不要放鬆競爭進取精神，才能保住下一年的合作。

2. 有意識地引入競爭機制

有意識地在供應商之間引入競爭機制，促使供應商之間在產品質量、服務質量和價格水平方面不斷優化。例如，在幾個供應量比較大的品種中，每個品種可以實行 AB 角制或 ABC 角制。所謂 AB 角制，就是一個品種設兩個供應商，一個 A 角，作為主供應商，承擔 50%～80% 的供應量；一個 B 角，為副供應商，承擔 20%～50% 的供應量。在運行過程中，對供應商的運作過程進行考核評分，一個季度或半年一次評比。如果主供應商的季平均分數比副供應商的季平均分數低 10% 以上，就可以把主供應商降級成副供應商，同時把副供應商升級成主供應商。與上面說的是同樣的原因，我們主張變換的時間間隔不要太短，最少一個季度，太短了不利於穩定，也不利於偶然出錯的供應商有機會糾正錯誤。ABC 角制則實行三個角色的制度，原理與 AB 角制一樣，同樣也是一種激勵和控制的方式。

3. 與供應商建立相互信任的關係

疑人不用，用人不疑。當供應商經考核轉為正式供應商之後，一個重要的措施，就是應當將驗貨收貨逐漸轉變為免檢收貨。免檢，這是給供應商的最高榮譽，也可以

顯示出企業對供應商的高度信任。免檢，當然不能不負責任地隨意確定，應當穩妥地進行。既要積極地推進免檢考核的進程，又要確保產品質量。一般免檢考核時間要經歷三個月左右，在免檢考核期間，起初要進行嚴格的全檢或抽檢。如果全檢或抽檢的不合格品率很小，則可以降低抽檢的頻次，直到不合格率幾乎降到零為止。這時，要組織供應商有關方面的人員，穩定生產工藝和管理條件，保持住零不合格率。如果真能保持住零不合格率一段時間，就可以實行免檢了。當然，免檢期間，也還要不時地隨機抽檢一下，以防供應商的質量滑坡，影響本企業的產品質量。抽檢的結果如果滿意，就繼續免檢。一旦發現問題，就要增大抽檢頻次，進一步加大抽檢的強度，甚至取消免檢。通過這種方式，也可以激勵和控制供應商。

此外，建立信任關係，還包括很多方面。例如不定期地開一些企業負責人的碰頭會，交換意見，研究問題，協調工作，甚至開展一些互助合作。特別對涉及與企業之間的一些共同的業務、利益等有關的問題，一定要開誠布公，把問題談透、談清楚。要搞好這些方面的工作，需要樹立起一個指導思想，就是「雙贏」。一定要盡可能讓供應商有利可圖，不要只顧自己，不顧供應商的利益，只有這樣，雙方才能真正建立起比較協調可靠的信任關係。這種關係實際上就是一種供應鏈關係。

4. 建立相應的監督控制措施

在建立起信任關係的基礎上，也要建立比較得力的、相應的監督控制措施。特別是一旦供應商出現了一些問題或者一些可能發生問題的苗頭之後，一定要建立起相應的監督控制措施。根據情況的不同，可以分別採用以下一些措施：

第一，對一些非常重要的供應商派常駐代表，或是當問題比較嚴重時，向供應商單位派常駐代表。常駐代表的作用，就是溝通信息，進行技術指導、監督檢查等。常駐代表應當深入到生產線各個工序、各個管理環節，幫助發現問題，提出改進措施，切實保證把有關問題徹底解決。對於那些不太重要的供應商或者問題不那麼嚴重的單位，則視情況分別採用定期或不定期到工廠進行監督檢查，設監督點對關鍵工序或特殊工序進行監督檢查，要求供應商自己報告生產條件情況、提供工序管制上的檢驗記錄，一起採取分析評議等辦法實行監督控制。

第二，加強成品檢驗和進貨檢驗，做好檢驗記錄，退還不合格品，甚至要求賠款或處以罰款，督促供應商改進。

第三，組織本企業管理技術人員對供應商進行輔導，提出產品技術規範要求，使其提高產品質量水平或企業服務水平。

本章小結

企業採購環節，是物流的重要環節。企業生產和銷售都離不開採購。人們發現，採購環節存在著很大的利潤源泉，如果採用科學採購方法，則採購環節中購買費用的降低、訂貨費用的降低、進貨費用的降低等有著很大的潛力，存在著很大的利潤空間，可以大大降低企業的生產成本，給企業帶來很大的經濟效益。

第五章　現代物流運輸、裝卸搬運

學習目標

（1）掌握運輸和裝卸搬運的概念；
（2）掌握運輸和裝卸搬運的作用及其分類；
（3）瞭解基本運輸方式及特點；
（4）瞭解裝卸搬運機械及其選擇。

開篇案例

蒙牛的運輸

牛奶，曾幾何時，僅僅與中國人的孩提時代有過親密接觸。中國人傳統的飲食結構中，並不包括這一有些西化的營養食品。奶粉在計劃經濟時代，也是憑票供應的緊俏商品。隨著市場經濟的來臨，人們生活水平提高，必然伴隨著飲食質量的提升，牛奶產品逐漸走進尋常百姓的生活。

眾所周知，物流運輸是乳品的重大挑戰之一，在運輸過程中要注意控制溫度和堆碼層數，並盡量縮短運輸距離和時間，防止溫度上升導致牛奶變質，保證牛奶包裝不被壓破。牛奶出現損壞、變質等問題很多是運輸環節中保存不當所致。

乳品保存有期限，要做到保鮮和食品安全，對於如此多的工廠、如此高的產量、如此大的市場，必須保證產品順暢、快速、安全地運到銷售終端。

1. 蒙牛物流運輸

當蒙牛的創業神話還在為人們所津津樂道的時候，它的觸角已經伸向全國各個角落，其產品遠銷香港、澳門甚至還出口東南亞。目前，蒙牛的生產規模不斷擴大，開發的產品有液態奶、冰淇淋、奶粉等系列100多個品種，郭滿倉就是蒙牛乳業集團常溫液態奶物流運輸部的部長。

據郭滿倉介紹，目前，蒙牛集團總部設在乳都核心區呼和浩特和林格爾，總部由6個生產廠組成，日產量4,000噸左右。蒙牛集團在全國各地有21個事業部，分別在內蒙古的包頭、巴盟、通遼、烏蘭浩特，河北的唐山、灤南、察北、保定、塞北，山西的太原、山陰、雁門，河南的焦作，山東的泰安，湖北的武漢，安徽的馬鞍山，東北的瀋陽、尚志、大慶，陝西的寶雞以及北京的通州。根據2007年的最新數字統計，蒙牛集團常溫牛奶全國的總日產量為12,000噸左右；2008年總日產量數字繼續增加，達到15,000噸左右。

面對如此巨大的生產量，及時、合理的運輸配送成為蒙牛物流成功的關鍵。蒙牛

的物流運輸體現出的特色可以概括為「順」「快」「準」三個字。

2. 順：因地制宜、借勢而起

蒙牛運輸的「順」體現在集團的本部及21個事業部，雖然在佈局上看似集中，但是卻按照不同的地區特點分擔了發送方向，足以覆蓋全國市場。比如，和林總部主要供貨華東、華南及周邊地區；包頭事業部主要供貨華東、西南及周邊地區；巴盟事業部主要供貨西南、西北及周邊地區；東北的幾個事業部，在主要滿足東北蒙東地區的同時，優先發往西南地區；而唐山、灤南的事業部則依託渤海灣的海運優勢滿足周邊地區及華南地區。此外，常溫物流系統還設有杭州、廣州、廈門、西昌、南京、成都、長沙、昆明、貴州、重慶、湖北11個分倉庫，用來滿足周邊地區的客戶小批量要貨的及時供給。「我們基本上是按照當地的地理位置和實際特點來安排發運方向的。比如唐山毗鄰天津，沈陽周邊有大連，這兩個城市都有很大的港口。天津港—廣州的線路是中海集裝箱運輸公司的精品船線，我們就因地制宜地利用這些地方適合海運的優勢。」

目前，蒙牛的運輸方式主要以公路運輸和鐵路運輸為主，海運為輔，其中公路運輸占60%，鐵路運輸占30%，海運只占10%。

蒙牛的鐵路運輸以班列運輸為主，以整車運輸為輔。班列運輸主要通過上海班列輻射大部分華東地區，廣州班列輻射大部分華南地區，成都班列輻射西南地區，華中地區主要通過整車發運。對於班列的好處，郭部長感觸頗深，他說，班列運輸是中國目前最先進的鐵路運輸方式，也是牛奶等保鮮食品等最理想的運輸方式。鐵道部自2003年起從內蒙古自治區開行牛奶集裝箱班列，截至2008年年底，共計開行930列，發送液態奶186萬噸，發送集裝箱4.65萬車。目前牛奶集裝箱班列已成為鐵道部的品牌班列。2007年，蒙牛需要鐵路外運的奶產品超過90萬噸。蒙牛集團所開啟的班列為呼和浩特站到上海站、呼和浩特站到廣州站、包頭站到上海站和瞪口站到成都站。2007年2月3日，中鐵集裝箱公司與蒙牛簽訂戰略合作協議，此次戰略合作夥伴關係確立后，中鐵集團公司將為蒙牛提供量身定做的專業服務，為其拓展市場，實現草原牛奶銷往全國提供有力的運力保證。

除了公路運輸借勢第三方物流企業、鐵路運輸借勢快速準確的班列以外，在海運方面，蒙牛也與中海集裝箱運輸有限公司和中外集裝箱運輸有限公司建立了戰略合作關係，使物流的終端覆蓋了所有的沿海港口城市。

3. 快：一切為了新鮮

公路運輸是幾種運輸方式中發運量最大的一種形式。據郭部長介紹，和林總部及全國各生產廠的日發運總量為7,000噸左右，其中和林總部的日公路發運已經達到了2,000噸，「主要是從我們的成品管理倉庫送到客戶倉庫這一段的運輸。」

「雖然相比鐵路和海運，公路運輸的成本較為高昂，但是為了保證產品能夠快速地送達消費者手中，保證產品的質量，我們還是以這種運輸方式為主，比如，北京銷往廣州等地的低溫產品，全部走汽運，雖然成本較鐵運高出很多，但是時間上能有保證。」郭滿倉說。

郭部長告訴記者，隨著班列運輸自身形式的進步和合作關係的進一步穩固，蒙牛與中鐵集裝箱運輸公司開創了牛奶集裝箱的「五定」班列這一鐵路運輸的新模式。「五

定」即「定點、定線、定時、定價格、定編組」。「五定」班列定時、定點、一站直達，有效地保證了牛奶運輸的及時、準確和安全。現在，通過「五定」列車，上海消費者在 5 天內就能喝上草原鮮奶。

4. 準：科技運輸的標準

蒙牛常溫液體奶事業部所有的物流操作已經全部實現了 ERP 系統管理，從客戶要貨、銷售調度根據庫存生成訂單、物流運輸調度生成派車單、倉庫裝車整個流程全部由計算機和機械完成，唯一由人來完成的就是產品上車后的碼垛裝車。

為了保障產品的新鮮度，同時滿足市場的要貨需求，蒙牛根據運輸工具的不同制定了要貨週期；其中從銷售調度在 ERP 系統審核訂單時間算起，所有訂單在 24 小時內必須發出；而公路運輸按照每天 600 千米的時速行駛，計算到貨時限；鐵路運輸的班列運輸為 10 天到貨，整車運輸的時限為 18 天；海運運輸的到貨時限是 20 天。

據介紹，為了更好地瞭解汽車運行的狀況，在 2007 年的夏天，蒙牛常溫液奶物流運輸部還為一部分運輸車安裝了衛星定位系統——GPS 系統可以跟蹤瞭解車輛的一切在途情況，比如是否正常行駛、所處位置、車速、車廂內溫度等。蒙牛管理人員在網站上可以查看所有安裝此系統的車輛信息。GPS 的安裝，給物流以及相關人員包括客戶帶來了方便，避免了有些司機在途中長時間停車而影響貨物及時送達或者產品途中變質等情況的發生。

郭部長表示，蒙牛在到貨交付階段及貨損理賠方面的經驗也值得借鑒。首先，客戶可以隨時在 ERP 系統查詢訂單處理情況直到產品裝車，並可以看到司機的相關信息；其次，物流公司設有專職追蹤人員負責產品在途及到貨后的問題處理，出現貨損採取物流公司先行賠付制度並全部由我們與保險公司簽訂統一的保險合同，針對運輸過程中濕、凍、丟、爛、翻等損失進行理賠；最后，到貨交付后，由客戶在 ERP 系統中確認到貨，物流運輸部門設有專職客服人員統計未按時到貨報表及客戶的其他反饋，並由責任人在 24 小時內給予處理。

經郭部長的介紹，記者發現，蒙牛運輸每個環節的設計都是合理且有效的，針對不同問題有不同的解決方案，這就是蒙牛的物流特色。

案例思考

1. 蒙牛物流運輸的主要特色有哪些？
2. 結合案例談談運輸在物流中的重要性。

第一節　物流運輸基礎知識

一、運輸的概念與作用

(一) 運輸的概念

在現代物流觀念誕生之前，甚至就在今天，仍有不少人將運輸等同於物流，其原

因是物流的很大一部分功能是由運輸完成的。運輸是物流中最重要的功能要素之一，因而加強現代物流運輸活動的研究，對加強物流系統整體功能的發揮及提高企業自身的競爭力都有著極為重要的意義

物流是指為滿足用戶需要而進行的原材料、中間庫存、最終產品及相關信息從起點到終點的有效流動，以及實現這一流動而進行的計劃、管理、控制過程。物流過程包括包裝、裝卸、運輸、儲存、流通加工、配送和信息處理等內容。而運輸在流通過程中承擔了改變空間狀態的主要任務，因此運輸只是物流過程中的一個組成部分。

運輸是指物品借助運力在空間上所發生的位置移動，本書專指「物」的載運及輸送。它是在不同地域間（如兩個城市、兩個工廠之間，或一個大企業內相距較遠的兩車間之間），以改變「物」的空間位置為目的的活動。和搬運的區別在於，運輸是較大範圍的活動，而搬運是在同一地域之內的活動。

(二) 運輸的作用

（1）運輸是物流的主要功能要素之一。按物流的概念，物流是「物」的物理性運動，這種運動不但改變了物的時間狀態，也改變了物的空間狀態。而運輸承擔了改變空間狀態的主要任務，運輸是改變空間狀態的主要手段，運輸再配以搬運、配送等活動，就能圓滿完成改變空間狀態的全部任務。

（2）運輸是社會再生產過程中的重要環節。伴隨現代化大生產，尤其是全球化經濟的發展，社會分工越來越細，產品種類越來越多，無論是原材料的需求，還是產品的輸出量，都大幅度上升，不同地域之間的物資交換也越來越頻繁，促進了運輸業的發展和運輸能力的提高。近年來，隨著中國國內生產總值的穩步增長，全國貨運總量和貨物週轉量也節節攀升。運輸不僅是生產過程的前提，還是生產過程的繼續，這一活動聯結生產與再生產、生產與消費的環節，聯結國民經濟各部門、各企業，聯結著城鄉，聯結著不同國家和地區。

（3）運輸可創造「場所效用」。場所效用的含義是：同種「物」由於空間場所不同，其使用價值的實現程度則不同，其效益的實現也不同。由於改變場所而最大限度地發揮使用價值，最大限度地提高了產出投入比，這就稱為「場所效用」。通過運輸，將「物」運到場所效用最高的地方，就能發揮「物」的潛力，實現資源的優化配置。從這個意義來講，也相當於通過運輸提高了物的使用價值。

（4）運輸是「第三個利潤源」的主要源泉。運輸是物流中的活動，它和靜止的保管不同，要靠大量的動力消耗才能實現這一活動；而運輸又承擔大跨度空間轉移之任務，所以活動的時間長、距離長、消耗也大。消耗的絕對數量大，其節約的潛力也就大。從運費來看，運費在全部物流費中占最高的比例，一般綜合分析計算社會物流費用時，運輸費在其中占接近50%的比例，有些產品的運費甚至高於產品的生產費，所以節約的潛力最大；由於運輸總里程大，運輸總量巨大，通過體制改革和運輸合理化可大大縮短運輸噸千米數，從而獲得比較大的節約。

二、運輸的功能及原理

(一) 運輸的功能

所謂運輸的功能，就是指通過運輸，克服產品在生產與需求之間存在的空間和時間上的差異；或者通過運輸，對產品進行臨時儲存。即運輸提供兩大功能：產品轉移和產品儲存。

1. 產品轉移

運輸的主要功能就是克服產品在生產與需求之間存在的空間和時間上的差異。

運輸首先實現了產品在空間上移動的職能，即產品的位移。無論產品處於哪種形式，即無論是材料、零部件、配件、在製品或產品，還是流通中的商品，運輸都是必不可少的。運輸的主要功能是將產品從原產地轉移到指定地點，運輸的主要目的就是要以最少的時間和費用完成物品的運輸任務。同時，產品轉移所採用的方式必須能滿足顧客的要求，必須降低產品遺失和損壞的概率。通過位置移動，運輸給產品帶來了增值，這是空間效用。產品最終流入顧客手中，運輸成本構成其價格的一部分。運輸的成本要占到物流成本的35%～50%，對許多商品來說，運輸成本要占商品價格的4%～10%，也就是說，運輸成本占總成本的比重比其他物流活動都大。運輸成本的降低可以達到以較低的成本提供優質服務的效果。

2. 產品儲存

運輸的另一大功能就是對物品在運輸期間進行臨時儲存，也就是說將運輸工具（車輛、船舶、飛機、管道等）作為臨時的儲存設施。如果轉移中的物品需要儲存，而在短時間內又將重新轉移的話，卸貨和裝貨的成本也許會超過儲存在運輸工具中的費用，於是在倉庫空間有限的情況下，可以採用迂迴路徑或間接路徑運往目的地。儘管使用運輸工具儲存產品是昂貴的，但如果從總成本完成任務的角度來看，考慮裝卸成本、儲存能力的限制等，使用運輸工具儲存貨物有時往往是合理的，甚至是必要的。

(二) 運輸的原理

所謂運輸的原理就是指導運輸管理和營運的基本原理，分別是規模經濟（Economy of Scale）和距離經濟（Economy of Distance）。

1. 規模經濟

規模經濟的特點是隨裝運規模的增長使每單位重量或體積的運輸成本降低，例如，整車運輸（即車輛滿載裝運）的每單位成本低於零擔運輸（即利用部分車輛能力進行裝運）。就是說諸如鐵路和水路之類的運輸能力較大的運輸工具，運輸每單位物資的費用要低於汽車和飛機等運輸能力較小的運輸工具。運輸規模經濟的存在是因為轉移一票貨物有關的固定費用（運輸訂單的行政管理費用、運輸工具投資以及裝卸費用、管理以及設備費用等）可以按整票貨物量分攤。另外，通過規模運輸還可以獲得運價折扣，也使單位貨物的運輸成本下降。規模經濟使得貨物的批量運輸顯得合理。

2. 距離經濟

距離經濟是每單位距離的運輸成本隨距離的增加而減少。距離經濟的合理性類似

於規模經濟，尤其體現在運輸裝卸費用上的分攤。如 800 千米的一次裝運成本要低於 400 千米二次裝運。運輸的距離經濟也指遞減原理，因為費率或費用隨距離的增加而減少。運輸工具裝卸所發生的固定費用必須分攤到每單位距離的變動費用中，距離越長，平均每千米支付的總費用越低。

在評估各種運輸決策方案或營運業務時，這些原理是重點考慮的因素。其目的是要使裝運的規模和距離最大化，同時滿足客戶的服務期望。

案例

「沃爾瑪」降低運輸成本的學問

沃爾瑪公司是世界上最大的商業零售企業，在物流營運過程中，盡可能地降低成本是其經營的哲學。

沃爾瑪有時採用空運，有時採用船運，還有一些貨物採用卡車公路運輸。在中國，沃爾瑪 100% 地採用公路運輸，所以如何降低卡車運輸成本，是沃爾瑪物流管理面臨的一個重要問題，為此公司主要採取了以下措施：

（1）沃爾瑪使用一種盡可能大的卡車，大約 16 米加長的貨櫃，比集裝箱運輸卡車更長或更高。沃爾瑪把卡車裝得非常滿，產品從車廂的底部一直裝到頂部，這樣非常有助於節約成本。

（2）沃爾瑪的車輛都是自有的，司機也是它的員工。沃爾瑪的車隊大約有 5,000 名非司機員工，還有 3,700 多名司機，車隊每一次運輸可以達到 7,000~8,000 千米。

沃爾瑪知道，卡車運輸是比較危險的，有可能會出交通事故，因此，對於運輸車隊來說，保證安全是節約成本最重要的環節。沃爾瑪的口號是「安全第一、禮貌第一」，而不是「速度第一」。在運輸過程中，卡車司機們都非常遵守交通規則。沃爾瑪定期在公路上對運輸車隊進行調查，卡車上面都帶有公司的號碼，如果看到司機違章駕駛，調查人員就可以根據車上的號碼報告，以便進行處理。沃爾瑪認為，卡車不出事故，就是節省公司的費用，就是最大限度地降低物流成本。由於狠抓了安全駕駛，運輸車隊已經創造了 300 萬千米無事故的紀錄。

（3）沃爾瑪採用全球定位系統對車輛進行定位，因此在任何時候，調度中心都可以知道這些車輛在什麼地方，離商店有多遠，還需要多少時間才能運到商店，這種估算可以精確到小時。沃爾瑪知道卡車在哪裡，產品就在哪裡。這樣，就可以提高整個物流系統的效率，有助於降低成本。

（4）沃爾瑪連鎖商場的物流部門 24 小時進行工作，無論白天還是晚上，都能為卡車及時卸貨。另外，沃爾瑪連鎖商場的運輸車隊利用夜間進行從出發地到目的地的運輸，從而做到了當日下午進行集貨，夜間進行異地運輸，翌日上午即可送貨上門，保證在 15~18 個小時內完成整個運輸過程，這是沃爾瑪在速度上取得優勢的重要措施。

（5）沃爾瑪的卡車把產品運到商場後，商場可以把它整個地卸下來，而不用對每個產品逐個檢查，這樣就可以節省很多時間和精力，加快了沃爾瑪的物流速度並能夠確保商場所得到的產品是與發貨單完全一致的產品。

（6）沃爾瑪的運輸成本比供貨廠商自己運輸產品要低，所以供貨廠商也使用沃爾

瑪的卡車來運輸貨物，從而做到了把產品從工廠直接運送到商場，大大節省了產品流通過程中的倉儲成本和轉運成本。

沃爾瑪的集中配送中心把上述措施有機地組合在一起，做出了一個最經濟合理的安排，從而使沃爾瑪的運輸車隊能以最低的成本高效率地運行。當然，這些措施的背後也包含了許多艱辛和汗水，相信中國的本土企業也能從中得到啟發，創造出沃爾瑪式的奇跡來。

第二節　運輸方式及特點

不同運輸方式的服務質量、技術性能、方便程度、管理水平等都會影響不同層次物流系統對運輸方式的選擇。各種運輸服務都是圍繞著五種基本運輸方式展開的，即鐵路運輸、公路運輸、水路運輸、航空運輸和管理運輸。

對國外各種運輸方式發展的一般情況進行分析，可以得出各種運輸方式的技術經濟性能排序，如表 5－1 所示。由於中國技術裝備水平還比較落后，各種運輸方式發展不平衡，它們的技術經濟性能對比情況和其他國家會略有不同。

表 5－1

運輸方式	鐵路	公路	水路		航空	管道
			內河	海運		
線路基建投資	6	4	3	1	2	5
運輸工具基建投資	2	5	4	3	6	1
運輸能力	3	5	2	1	6	4
最高速度	2	3	5	4	1	—
通用性	2	1	3	3	4	5
機動性	3	1	4	5	2	6
運輸成本	4	5	2	1	6	3
固定資產效率	4	5	2	1	6	3
勞動生產率	4	5	2	1	6	3
安全性	3	6	4	5	2	1

註：表中數字從小到大表示從優到劣

從表 5－1 中可見，現代交通運輸的五種運輸方式產生的歷史不同，其技術經濟性能指標各異，運輸生產過程也各有其不同的特點，形成了各自的適用範圍。下面我們分別加以闡述。

一、公路運輸

公路運輸是中國貨物運輸的主要形式之一，在中國貨運中所占的比重最大。由於

汽車已成為公路運輸的主要運載工具，因此，現代公路運輸主要指汽車運輸。汽車運輸或卡車業，擁有價值1,210億元（52%）的私人車隊、660億元（29%）的雇傭卡車、230億元（10%）的包裹及快遞和200億元（9%）的零擔貨運額。汽車可運載超過75%的農產品，如鮮肉、凍肉、奶製品、麵包、糖果、飲料和菸草。許多製造產品主要由汽車運輸，包括文娛用品、體育和比賽用品、玩具、鐘表、農用機械、無線電和電視、地毯、藥品、公共設施和家具以及大多數消費品。汽車運輸之所以發展如此迅速，這是由於與其他運輸方式相比有它特別之處。

（一）公路運輸的特點

1. 機動靈活，適應性強

由於公路運輸網一般比鐵路、水路網的密度要大十幾倍，分佈面也廣，因此公路運輸車輛可以「無處不到、無時不有」。公路運輸在時間方面的機動性也比較大，車輛可隨時調度、裝運，各環節之間的銜接時間較短。尤其是公路運輸對客、貨運量的多少具有很強的適應性，汽車的載重噸位有小（0.25～1噸）有大（200～300噸），既可以單輛獨立運輸，也可以由若干車輛組成車隊同時運輸，這一點對搶險、救災工作和軍事運輸具有特別重要的意義。

2. 可以實現「門到門」直達運輸

由於汽車體積較小，中途一般也不需要換裝，除了可沿分佈較廣的路網運行外，還可離開路網深入到工廠企業、農村田間、城市居民住宅等地，即可以把旅客和貨物從始發地門口直接運送到目的地門口，實現「門到門」直達運輸。這是其他運輸方式無法與之相比的特點之一。

3. 在中、短途運輸中，運送速度較快

在中、短途運輸中，由於公路運輸可以實現「門到門」直達運輸，中途不需要倒運、轉乘就可以直接將客、貨運達目的地，因此，與其他運輸方式相比，其客、貨在途時間較短，運送速度較快。

4. 原始投資少，資金週轉快

公路運輸與鐵路、水路、航空運輸方式相比，所需固定設施簡單，車輛購置費用一般也比較低，因此，投資興辦容易，投資回收期短。有關資料表明，在正常經營情況下，公路運輸的投資每年可週轉1～3次，而鐵路運輸則需要3～4年才能週轉一次。

5. 掌握車輛駕駛技術較易

與火車司機或飛機駕駛員的培訓要求相比，汽車駕駛技術比較容易掌握，對駕駛員的各方面素質要求相對也比較低。

6. 運量較小，運輸成本較高

目前，世界上最大的汽車是美國的通用汽車公司生產的礦用自卸車，長20多米，自重61噸，載重350噸左右，但仍比火車、輪船少得多。由於汽車載重量小，行駛阻力比火車大9～14倍，所消耗的燃料又是價格較高的液體汽油或柴油，因此，除了航空運輸，就是汽車運輸成本最高了。

7. 運行持續性較差

有關統計資料表明，在各種現代運輸方式中，公路的平均運距是最短的，運行持續性較差。如中國1998年公路平均運距客運為55千米，貨運為57千米，鐵路客運為395千米，貨運為764千米。

8. 安全性較低，污染環境較大

據歷史記載，自汽車誕生以來，已經吞噬掉3,000多萬人的生命，特別是20世紀90年代開始，死於汽車交通事故的人數急遽增加，平均每年達50多萬人。這個數字超過了愛滋病、戰爭和結核病每年的死亡人數。汽車所排出的尾氣和引起的噪聲也嚴重地威脅著人類的健康，是大城市環境污染的最大污染源之一。

(二) 公路運輸的功能

基於上述主要特點，公路運輸的主要功能為：

1. 擔負中、短途運輸

公路運輸通常可擔負50千米以內及50～200千米的中、短途運輸任務。

2. 銜接其他運輸方式

可用於為鐵路、水路、航空等其他運輸方式接運或集散客貨。

3. 獨立擔負長途運輸

對於其他運輸方式尚未充分發展的地區，公路運輸也可獨立擔負長途運輸任務，特別是在搶險救災、開闢新的地區及戰時等是比較有效的運輸方式。

在國內，汽車運輸與空運在小的貨運量上競爭，與鐵路在大的貨運量上競爭。高效的汽車運輸能實現裝卸、揀貨和運送的更高效運作，在里程小於1,000千米時可以在任何貨運量下與空運進行點到點服務 (Point-to-Point Service) 的競爭。在1,000千米以上，汽車運輸在整車運輸方面可與鐵路直接競爭。然而，當貨運量超過45噸時鐵路是主要的運輸模式，汽車只在小的貨運量上占主導地位。

汽車運輸的貨運量這些年來一直在穩定增長。汽車運輸已成為大部分公司物流網的一個重要組成部分，因為汽車運輸的專業特性比其他運輸模式更能迎合客戶的需求。只要能提供快捷、高效的服務，收費介於鐵路與空運之間，汽車運輸業就會繼續繁榮。

(三) 公路貨物運輸方式

1. 整車運輸

整車運輸指托運一批次貨物至少使用一輛運貨汽車進行的公路運輸方式。

整車運輸有兩種形式：一是整車直達，按貨車載重標準噸數和運輸里程向托運單位收費；二是整車分卸，即起運站和運輸方向相同，到達站不同的貨物拼湊成整車，依次在不同到達站分別卸貨。運輸部門按貨車載重標準噸數和到達站最遠里程數向托運單位收費。

2. 零擔運輸

零擔貨物運輸是與整車貨物運輸相對而言。凡托運人一次托運計費重量不足3噸的貨物，稱為零擔貨物。對上述貨物的運輸稱為零擔貨物運輸。零擔貨運是汽車運輸企業為適應社會零星貨物運輸的需要，採用一車多票，集零為整，分線運送的一種

貨物運輸的營運方式。其特點是：

（1）貨源不確定

零擔貨物運輸的貨流量、貨物數量、貨物流向具有一定的不確定性，並且多為隨機發生，難以通過運輸合同方式將其納入計劃管理範圍。

（2）組織工作複雜

零擔貨物運輸環節多，作業工藝細緻，對貨物配載和裝卸要求也相對較高。因此，作為零擔貨物運輸作業的主要執行部——貨運站，要完成零擔貨物質量的確認、貨物的合理配載等大量的業務組織工作。

（3）單位運輸成本較高

為了適應零擔貨物運輸的要求，貨運站要配備一定的倉庫、貨棚、站臺，以及相應的裝卸、搬運、堆置的機具和專用廂式車輛；此外，相對於整車貨物運輸而言，零擔貨物週轉環節多，更易於出現貨損、貨差，賠償費用相對較高，因此，零擔貨物運輸成本較高。

3. 集裝箱運輸

公路集裝箱運輸是由於其貨物的包裝形態發生了質的變化，因此貨物的裝卸、運輸過程（即流程）也將發生變化。就貨物運輸的流轉程序來說，出口集裝箱貨物必須是先將分散的小批量貨物預先匯集在內陸地區有限的幾個倉庫或貨運站內，然後組成大批量貨物以集裝箱形式運到碼頭堆場，或者由工廠、倉庫將貨物整箱拖運到碼頭堆場。進口集裝箱貨物如果是整箱運輸的，將直接送往工廠或倉庫掏箱；如果是拼箱運輸的，將箱子送到堆場或貨運站拆箱後再分送。

4. 包車運輸

包車運輸又稱行程租車運輸，是指車輛出租人向承租人提供車輛，載運約定的貨物，在約定的貨運地點完成某一次或某幾次行程的貨物運輸，由承租人支付運輸費用的一種運輸方式。

二、水路運輸

（一）水路運輸概述及經濟技術特點

1. 水路運輸概述

水路運輸是利用船舶、排筏或其他浮運工具，在江、河、湖泊、人工水道以及海洋上運送旅客和貨物的一種運輸方式。它是中國綜合運輸體系中的重要組成部分，並且正日益顯示出它的巨大作用。

水路運輸按其航行的區域，大體上可劃分為遠洋運輸、沿海運輸和內河運輸三種形式。遠洋運輸通常是指除沿海運輸以外所有的海上運輸。沿海運輸是指利用船舶在中國沿海區域各地之間的運輸。內河運輸是指利用船舶、排筏或其他浮運工具，在江、河、湖泊、水庫及人工水道上從事的運輸。

2. 水路運輸的經濟技術特點

（1）運輸能力大。在五種運輸方式中，水路運輸能力最大。在長江干線，一支拖

駁或頂推駁船隊的載運能力已超過萬噸；國外最大的頂推駁船隊的載運能力達 3～4 萬噸；世界上最大的油船已超過 50 萬噸。

（2）運輸成本低、投資省。水路運輸只需要利用江河湖海等自然水利資源，除必須投資購、造船舶，建設港口之外，沿海航道幾乎不需要投資，整治航道也僅僅只是鐵路建設費用的 1/5～1/3；中國沿海運輸成本只有鐵路運輸的 40％，美國沿海運輸成本只有鐵路運輸的 1/8，長江干線運輸成本只有鐵路運輸的 84％，而美國密西西比河干線的運輸成本只有鐵路運輸的 1/4～1/3。

（3）航速較低。航速以「節」表示。船舶的航速依船型不同而不同，其中干散貨船和油輪的航速較慢，一般為 13～17 節；集裝箱船的航速較快，目前最快的集裝箱船航速可達 21.5 節；客船的航速也較快。

（4）勞動生產率高。沿海運輸勞動生產率是鐵路運輸的 6.4 倍，長江干線運輸勞動生產率是鐵路運輸的 1.26 倍。

水路運輸的特點是載重量大、能耗小、航道投資少、不占用耕地面積，並且能夠以最低的單位運輸成本提供最大的貨運量；尤其在運輸大宗貨物或散裝貨物時，採取專用的船舶運輸，可以取得更好的技術經濟效益。但水路運輸也有其不利的一面，如運輸速度較慢、裝卸搬運費用高、航行和裝卸搬運作業受天氣的制約等。

案例

水路運輸發展

水路運輸是最早形成的運輸方式之一，到 11 世紀左右，出現了可以跨洋運輸的商船。中國古代科學家發明的指南針被用於航海，使航海技術得到了飛速發展。18 世紀，在帆船上使用了機械動力，使造船技術實現了重要突破。

在 19 世紀中期又製造出以燒煤為動力，以螺旋推進器為主要機械裝置的輪船。內燃機用於輪船提高了其經濟性和機動性。當代水路運輸發展的總趨勢是貨物運輸船舶的大型化、專業化、高速性、自動化、導航定位化、避碰自動化、海圖電子化、航海資料數字化、航行記錄自動化等。

（二）水路運輸方式

1. 江河運輸

江河運輸是一種古老的運輸方式，是水路運輸的重要組成部分。中國分佈有長江、珠江、黃河、淮河、遼河、黑龍江及海河七大主要水系，還有貫通海河、淮河、長江、錢塘江等水系的南北大運河，近年開通的瀾滄江、湄公河水系已成為中國西南邊境的主要運輸干線。

（1）長江水系是中國江河運輸的主體。

（2）在貨運量方面，珠江僅次於長江居第二位。

（3）黃河是中國第二大河流。由於黃河上游多峽谷、水勢湍急，下游水淺灘多，水位漲落不定，所以只能分段通航。

（4）黑龍江是中國第三大河流，可通輪船，但封凍期較長。

2. 海上運輸

海上運輸包括沿海運輸、近海運輸和遠洋運輸,簡稱海運。

海上貨物運輸是國際運輸的主要方式,國際貿易中約有90%的貨物是以海上運輸方式承運。國際海上貨物運輸是指使用船舶通過海上航道在不同的國家和地區的港口之間運送貨物的一種運輸方式。

沿海運輸,利用船舶在國內海港之間運送貨物的運輸方式。

近海運輸,利用船舶在近海的國際港口之間運送貨物的運輸方式。

遠洋運輸,利用船舶在國際港口之間運送貨物的運輸方式。遠洋運輸是海洋運輸的一種,也是整個運輸業的組成部分。若從地理概念理解,遠洋運輸是指以船舶為工具,從事跨越海洋運送貨物和旅客的運輸。然而,從運輸業務的關係來理解,遠洋運輸則是指以船舶為工具,從事本國港口與外國港口之間或者完全從事外國港口之間的貨物和旅客的運輸,即國與國之間的海洋運輸,或者稱為國際航運（International Shipping）。遠洋運輸主要有集裝箱運輸和散貨運輸。

3. 航線營運方式

航線營運方式也稱航線形式,即在固定的港口之間,為完成一定的運輸任務,配備一定數量的船舶並按一定的程序組織船舶運行活動。

4. 航次營運方式

航次營運方式是指船舶的運行沒有固定的出發港和目的港,船舶僅為完成某一特定的運輸任務按照預先安排的航次計劃運行。

5. 多式聯運

多式聯運是指以集裝箱為媒介,把鐵路、水路、公路和航空等單一的運輸方式有機地結合起來,組成一個連貫的運輸系統的運輸方式。

三、鐵路運輸

(一) 鐵路運輸概述及其特點

鐵路運輸（Rail Transportation）是使用鐵路列車運送貨物、旅客的一種運輸方式。

由於鐵路能快速、大批量、長距離運輸貨物,因而極大地改變了陸地運輸貨物的面貌,為貨運業的發展提供了新的、強有力的交通運輸方式。

鐵路運輸主要承擔長距離、大數量的貨物運輸,在沒有水運條件的地區,幾乎所有大批量貨物都依靠鐵路來運送,鐵路運輸是干線運輸中起主力運輸作用的運輸形式。

1. 鐵路運輸的優點

(1) 受天氣、季節和晝夜等自然條件影響小,連續性好。

(2) 運輸速度快,能較好地滿足貨物運輸的時限要求（參見表 5－2）。

(3) 運費適中,鐵路運輸的單位費用要低於公路運輸、航空運輸和管道運輸,但一般高於水路運輸。

(4) 由於列車在固定軌道線路上行駛,可以自成系統。不受其他運輸條件的影響,能夠按時刻表運輸,運輸準時,使用方便。

（5）與其他陸上運輸相比，還具有占地少、能耗低、事故少、污染小等優勢。

表 5－2　　　　　2000 年部分國家鐵路干線貨運列車的速度　　（單位：千米/小時）

國別	特快	快車
俄羅斯		120
法國	140～160	100～120
德國	120	100
英國		90
美國	140	100～120
中國	90	75

資料來源：周全申．現代物流技術與裝備實務［M］．北京：中國物資出版社，2002．

2. 鐵路運輸的不足之處

雖然鐵路運輸具有如上優點，但它也存在不足之處，主要表現為：

（1）鋪設鐵路的初始投資很大，建設週期長，大多需要國家進行投資。

（2）機動性差，裝卸費用較高。由於列車必須在專用鐵路線上行駛，而且車站之間距離比較遠，因此，缺乏機動性，往往需要汽車進行轉運，增加了裝卸次數，也可能增加貨物的損耗。

（3）貨物滯留時間長，不適宜緊急運輸。

（4）短途運輸成本高。鐵路運輸的經濟里程一般在 2,000 千米以上。

（5）車站固定，不能夠隨時隨處停車；不能實現「門到門」運輸。

(二) 鐵路運輸的技術經濟特性

鐵路運輸的技術經濟特性，可以用一定的技術經濟指標即營運技術指標、實物指標和價值指標來反應。

營運技術指標有：運輸的經常性（不間斷性、均衡性和節奏性的程度），通過能力和輸送能力，貨物送達和旅客運送的時間和速度，運輸貨物的完好程度和旅客的舒適度，運輸的安全和可靠性程度以及機動性。

實物指標有：勞動生產率和勞動力需要量，燃料和電力（能量）、金屬和其他材料的單位需要量。

按照營運技術指標和實物指標的評價標準，各種運輸方式的差別通常都會在經濟價值指標上反應出來。列入經濟價值指標的有：營運支出和運輸成本，基建投資需要量以及運輸生產基金需要量，在途貨物所需的國民經濟流動資金以及運送時貨物的滅失、腐爛、損壞和非生產性支出。

根據鐵路運輸的技術經濟指標，可以總結出鐵路運輸的技術經濟特性：

1. 運行速度

火車運行速度高，客車最高速度每小時可達 200 千米，貨車可達 100 千米。

2. 運輸動力

鐵路運輸能力大，一列火車可裝 2,000～3,500 噸貨物，重載貨車可裝 2 萬多噸貨物。

3. 運輸經常性和靈活性

由於鐵路受自然條件影響很小，所以鐵路運輸經常性在所有運輸方式中最強；但由於受車站位置的限制，不能實現「門到門」運輸，使鐵路運輸的靈活性小於公路運輸。

4. 貨物送達速度

鐵路的技術速度很高，但鐵路運輸在貨物運送過程中，需要進行列車會車讓行及解編等技術作業，因而鐵路運輸的運行速度低於技術速度。

5. 能源

鐵路運輸可以採用電力牽引，在節約能源方面佔有優勢。

6. 運輸成本

鐵路運輸成本比較低，根據有關人員的計算，鐵路運輸成本是汽車運輸成本的 1/17～1/10，是民航運輸成本的 1/267～1/97。

7. 環境保護

鐵路運輸對環境的污染很小，排放廢氣對環境的污染是汽車運輸的 1/30。

8. 運距

適於長途運輸，運距比汽車運輸高 10 倍左右，但低於水運和民航。

9. 勞動生產率

除水路運輸外，鐵路運輸的勞動生產率是最高的。

10. 投資成本

鐵路由於其技術設備（線路、機車車輛、車站等）需要投入大量人力、物力，因此投資額大、工期長。

這些特點使鐵路運輸在交通運輸中佔有重要地位，發揮著不可替代的作用。

(三) 鐵路貨運種類和業務流程

1. 種類

鐵路貨物運輸的種類分為三種：整車運輸、零擔運輸和集裝箱運輸。其中包括快運、整列行包快運，但目前開展的範圍不大。

（1）整車運輸

托運人向鐵路托運一批貨物的重量、體積或形狀需要以一節及其以上火車運輸的貨物，應按整車運輸的方式向鐵路（承運人）辦理托運手續。即一批貨物至少需要一節貨車的運輸均按整車托運。

中國現有的貨車以棚車、敞車、平車和罐車為主。標記載重量（簡稱為標重）大多為 50 噸和 60 噸，棚車容積在 100 立方米以上，達到這個重量或容積條件的貨物，即應按整車運輸。

整車運輸載裝量大、運輸費用低、運輸速度快、能承擔的運量也較大，是鐵路的

主要運輸形式。

一般下列貨物應選擇整車運輸方式：需要冷藏、保溫或加溫運輸的貨物，規定按整車辦理的危險貨物，易污染其他貨物的污穢物（如未經消毒處理或未使用不漏包裝的牲骨、濕毛皮、糞便、炭黑等），不易計算件數的貨物，密封、未裝容器的活動物（鐵路局定有管內按零擔運輸辦法者除外）；一批重量超過 2 噸、體積超過 3 立方米或長度超過 9 米的貨物（經發站確認不至於影響中轉站和到站裝卸車作業的貨物除外）。

(2) 零擔運輸

托運人向鐵路托運一批貨物的重量、體積或形狀不需要以一節及其以上火車運輸的貨物，即托運貨物可與其他托運貨物共放一節車廂的可按零擔貨物托運。凡不夠整車運輸條件的貨物，即重量、體積和形狀都不需要單獨使用一節貨車運輸的一批貨物，除可使用集裝箱運輸外，應按零擔貨物托運。零擔貨物一件體積最小不得小於 0.02 立方米（一件重量在 10 公斤以上的除外），每批件數不能超過 300 件。

(3) 集裝箱運輸

利用集裝箱運輸貨物的方式，是一種既方便又靈活的運輸措施，它是鐵路運輸的三大種類之一。（凡貨物超過 3 立方米，或總重量達 2.5～5 噸，或體積為 1～3 立方米且總重量未超過 2.5 噸的貨物應採用集裝箱托運。）

鐵路貨物運輸的種類是根據托運人托運貨物的數量、性質、狀態等特點加以選擇的，在簽訂貨物運輸合同時，托運人與承運人要按《鐵路貨物運輸規章》的規定和所運貨物的特點確定運輸種類。

2. 業務流程

站在鐵路運輸管理者的角度，鐵路貨運的業務流程為：貨物列車編組計劃和車站作業計劃→車站作業過程。這兩個過程不斷循環，同步進行。而站在被管理者的角度，其貨運業務流程要與之配合，按章行事。

(1) 貨物列車編組計劃和車站作業計劃

車流組織是指規定車流由發貨地向目的地運送的制度。將車流變成列車流就是車流組織要解決的問題。車流組織通過貨物列車編組計劃體現。貨物列車編組計劃同意安排全路各站解編組作業任務，具體規定所有重、空車流在哪些車站編組列車、編組有哪些種類、到站的列車以及編掛方法等。

貨物列車編組計劃任務是：在裝車地最大限度地組織直達運輸或成組裝車，以減少技術站的改編作業量，加速物資送達和貨車週轉；根據車流特點，規定車站和技術站編組列車的辦法，合理分配技術站的編組調車任務；在具有平行路徑的方向時，按照運輸里程及區段通過能力使用情況，規定合理的車流路徑，以減少主要鐵路方向的負擔。

為了使車站能快速、有節奏地進行日常運輸生產，在技術站和貨運站均設有調度機構，通過制訂車站作業計劃來組織指揮日常工作。車站作業計劃包括班列計劃、階段計劃和調車計劃。班列計劃是車站最基本的計劃，規定了車站在一個班的具體安排，是完成班列計劃的保證，3～4 個小時為一個階段；調車作業計劃是實現階段計劃、組織列車編組和車輛取送作業的實際行動計劃。

(2) 車站作業過程

按貨物運輸過程的階段劃分，車站貨運作業可分為發送、運輸途中以及到站作業，發送作業為受理、進貨、承運和裝車；途中作業包括中交接、貨物的中交接、換裝和整理以及貨物運輸變更；到達作業為貨物到達卸車、交付和出貨。

四、航空運輸

(一) 航空運輸的概念

航空運輸又稱飛機運輸，它是在具有航空路線和航空港（飛機場）的條件下，利用飛機運載工具進行貨物運輸的一種運輸方式。航空運輸在中國運輸業中，其貨運量占全國貨運量的比重還不是很大，目前，主要承擔長距離的客運任務。

航空運輸的最大特點是速度快，適合於運輸費用負擔能力強，貨運量小的中、長距離運輸；由於飛機運輸對貨物產生的振動和衝擊較小，因此貨物只需要簡單打包即可運輸，散包事故少。但由於飛機運費高，低價值物品和大批量貨物的運輸不適宜採用航空運輸；另外，由於飛機運輸需要航空港設施，因此，在沒有飛機場的情況下也無法採用該種運輸方式。

(二) 國際航空貨運的方式

1. 班機運輸

班機運輸是指在固定航線上定期航行的航班。班機運輸一般有固定的始發站、到達站和經停站。按照業務對象不同，班機運輸可分為客運航班和貨運航班。顧名思義，後者，只承攬貨物運輸，大多使用全貨機。

由於班機運輸特點是固定航線、固定停靠港和定期飛行，因此國際貨物流通多使用班機運輸方式。班機能安全迅速地到達世界上各通航地點，發貨人可確切掌握貨物起運和到達的時間，這對市場上急需的商品、鮮活易腐貨物以及貴重商品的運送是非常有利的。但班機運輸一般是客貨混載，因此，艙位有限，不能使大批量的貨物及時出運，往往需要分期分批運輸。

2. 包機運輸

由於班機運輸形式下貨物艙位有限，因此當貨物批量較大時，包機運輸就成為重要方式。包機運輸可分為整包機和部分包機兩類。

包機運輸的優點：

(1) 可解決班機艙位不足的矛盾。

(2) 貨物全部由包機運出，節省時間和多次發貨的手續。

(3) 彌補沒有直達航班的不足，且不用中轉。

(4) 減少貨損、貨差或丟失的現象。

(5) 在空運旺季可緩解航班緊張狀況。

(6) 可解決海鮮、活動物的運輸問題。

與班機運輸相比，包機運輸可以由承租飛機的雙方議定航程的起止點和中途停靠的空港，因此更具靈活性。但由於各國政府為了保護本國航空公司利益常對從事包機

業務的外國航空公司實行各種限制，如包機的活動範圍比較狹窄，降落地點受到限制。需降落非指定地點外的其他地點時，一定要向當地政府有關部門申請，同意后才能降落（如申請入境、通過領空和降落地點）。這些複雜繁瑣的審批手續大大增加了包機運輸的固定營運成本，因此目前使用包機業務的並不多。

3. 集中托運

集中托運是指將若干票單獨發運的、發往同一方向的貨物集中起來作為一票貨，填寫一份總運單發運到同一到站的運輸方式。它是航空貨物運輸中應用最為廣泛的一種運輸方式，是航空貨運代理的主要業務之一。

集中托運的優點如下：

（1）節省運費。航空貨運公司的集中托運運價一般都低於航空協會的運價，從而節省費用。

（2）提供方便。將貨物集中托運，可使貨物到達航空公司可到達地點以外的地方，延伸了航空公司的服務，方便了貨主。

（3）提早結匯。發貨人將貨物交與航空貨運代理后，即可取得貨物分運單，可持分運單到銀行盡早辦理結匯。

集中托運方式已在世界範圍內普遍開展，形成了較完善、有效的服務系統，為促進國際貿易發展和國際科技文化交流起到了良好的作用。集中托運成為中國進出口貨物的主要運輸方式之一。

4. 聯運方式

陸空聯運是火車、飛機和卡車的聯合運輸方式，簡稱 TAT（Train - Air - Truck），或火車、飛機的聯合運輸方式，簡稱 TA（Train - Air）。

5. 航空快遞

航空快遞是指具有獨立法人資格的企業將進出境的貨物或物品從發件人所在地通過自身或代理的網路運達收件人的一種快速運輸方式。

五、管道運輸

（一）管道運輸的概念

管道運輸是利用管道輸送氣體、液體和粉狀固體的一種運輸方式。其運輸形式是靠物體在管道內順著壓力表方向循序移動實現的，和其他運輸方式的主要區別在於，管道設備是靜止不動的。

（二）管道運輸的優點

1. 運量大

一條輸油管線可以源源不斷地完成輸送任務。根據其管徑的大小不同，其每年的運輸量可達數百萬噸到幾千萬噸，甚至超過億噸。

2. 占地少

運輸管道通常埋於地下，其占用的土地很少。運輸系統的建設實踐證明，運輸管道埋藏於地下的部分占管道總長度的 95% 以上，因而對於土地的永久性占用很少，分

別僅為公路的 3%、鐵路的 10% 左右，在交通運輸規劃系統中，優先考慮管道運輸方案，對於節約土地資源，意義重大。

3. 管道運輸建設週期短、費用低

國內外交通運輸系統建設的大量實踐證明，管道運輸系統的建設週期與相同運量的鐵路建設週期相比，一般來說要短 1/3 以上。歷史上，中國建設大慶至秦皇島全長 1,152 千米的輸油管道，僅用了 23 個月的時間，而若要建設一條同樣運輸量的鐵路，至少需要 3 年時間。新疆至上海市全長 4,200 千米的天然氣運輸管道，預期建設週期不會超過 2 年，但是如果新建同樣動量的鐵路專線，建設週期將在 3 年以上。特別是地質地貌條件和氣候條件相對較差，大規模修建鐵路難度將更大，週期將更長。統計資料表明，管道建設費用比鐵路低 60% 左右。

4. 管道運輸安全可靠、連續性強

由於石油天然氣易燃、易爆、易揮發、易泄漏，採用管道運輸方式既安全，又可以大大減少揮發損耗，同時泄漏導致的對空氣、水和土壤的污染也可大大減少。也就是說，管道運輸能較好地滿足運輸工程的綠色化要求。此外，由於管道基本埋藏於地下，其運輸過程受惡劣多變的氣候條件影響小，可以確保運輸系統長期穩定地運行。

5. 管道運輸耗能少、成本低、效益好

發達國家採用管道運輸石油，每噸千米的能耗不足鐵路的 1/7，在大量運輸時的運輸成本與水運接近，因此在無水條件下，採用管道運輸是一種最節能的運輸方式。管道運輸是一種連續工程，運輸系統不存在空載行程，因而系統的運輸效率高。理論分析和實踐經驗已證明，管道口徑越大，運輸距離越遠，運輸量越大，運輸成本就越低，以運輸石油為例，管道運輸、水路運輸、鐵路運輸的運輸成本之比為：1：1：1.7。

(三) 管道運輸的缺點

(1) 較長距離的管道運輸主要適用於液體和氣體的輸送，一般固體物資不適宜採用管道運輸。

(2) 管道運輸只用於連續性運輸的物資，對於運輸量較小或者不連續需求的物料 (包括液體和氣體物資)，也不適合用管道運輸，而常採用容器包裝運輸。

(3) 管道運輸路線一般是固定的，管道設施的一次性投資也較大。

管道運輸的以上特點，使得管道運輸主要擔負單向、定點、量大的流體狀貨物 (如石油、油氣、煤漿、某些化學製品原料等) 的運輸。

(4) 靈活性差。管道運輸不如其他運輸方式 (如汽車運輸) 靈活，除承運的貨物比較單一外，它也不容隨便擴展管線。要實現「門到門」的運輸服務，對一般用戶來說，管道運輸常常要與鐵路運輸或汽車運輸、水路運輸配合才能完成全程輸送。此外由於運輸量明顯不足時，運輸成本會顯著地增大。

另外，在管道中利用容器包裝運送固態貨物 (如糧食、砂石、郵件等)，也具有良好的發展前景。

第三節　裝卸搬運

一、裝卸搬運概述

裝卸搬運是指同一地域範圍內進行的以改變物品的存放狀態和空間位置為主要內容和目的的活動。這裡的「運」與運輸的「運」，有範圍上的不同。由於物品的存放狀態與空間位置密切相關，因此，人們常常用「裝卸」或「搬運」來代替裝卸搬運的完整意義。如在生產領域被稱為「物料搬運」，在流通領域被稱為「貨物裝卸」。

裝卸搬運活動在整個物流中佔有很重要的地位。一方面，物流過程中各個環節之間的銜接以及同一環節不同活動的銜接，是通過裝卸搬運把它們有機結合起來的，從而使物品在各環節、各種活動之間處於連續運動或稱流動狀態。另一方面，各種運輸方式之所以能聯合運輸，也是由於裝卸搬運作業才得以完成。在生產領域中，裝卸搬運作業已成為生產過程中不可缺少的組成部分，成為直接生產的保障系統，從而形成裝卸搬運系統。

裝卸搬運的內容構成，基本有三項：需要搬運的物品、移動的目的和方法體系。

二、裝卸搬運在物流中的地位與作用

1. 裝卸搬運在物流中的地位

裝卸搬運是物流的基本功能之一，是整個物流環節不可或缺的一環。在物流過程中，運輸能產生「空間效用」，保管能產生「時間效用」，裝卸搬運雖然不能創造出新的效用，但卻是物流各項活動中出現頻率最高的一項作業活動。無論是商品的運輸、儲存和保管，還是商品的配送、包裝和流通加工，都離不開裝卸搬運。

2. 裝卸搬運的作用

裝卸搬運是伴隨生產過程和流通過程各環節所發生的活動，又是銜接生產各階段和流通各環節之間相互轉換的橋樑。因此，裝卸搬運的合理化，對縮短生產期、降低生產過程中的物流費用，加快物流速度等，都起著重要作用。

裝卸搬運是保障生產和流通其他各環節得以順利進行的條件。其工作的好壞往往會對生產和流通其他各環節產生很大的影響，工作質量差可能會使生產過程不能正常進行，或者使流通過程不暢。所以，裝卸搬運對物流過程中其他各環節所提供的服務具有勞務性質，提供「保障」和「服務」的功能。

裝卸搬運是物流過程中的一個重要環節，它制約著物流過程的其他各項活動，是提高物流速度的關鍵。

由於裝卸搬運是伴隨著物流過程其他環節的一項活動，因而往往不能引起人們的足夠重視。可是，一旦忽視了裝卸搬運，生產和流通領域輕則發生混亂，重則造成停頓。由此可見，改善裝卸搬運作業，對提高裝卸業合理化程度、提高物流服務質量、發揮物流系統整體功能等都具有重要的意義和十分明顯的作用。

3. 裝卸搬運的目的

裝卸搬運活動的主要目的如表 5-3 所示：

表 5-3　　　　　　　　　　裝卸搬運活動的主要目的

目的	內容
提高生產力	順暢的裝卸搬運系統，能夠消除瓶頸以維持和確保生產正常，使人力有效利用，減少設備閒置
降低裝卸搬運成本	減少單位貨品的搬運成本，並減少延遲、損壞和浪費
提高庫存週轉率，以降低存貨成本	有效的裝卸搬運可以加速貨品移動及縮短搬運距離，進而減少總作業時間，使得存貨成本及其他相關成本得以降低
改善工作環境，增加人員、貨品搬運的安全性	良好的裝卸搬運系統，能使工作環境大為改善，不但能保證物品的搬運安全，減少保險費率，而且能使員工保持良好的工作情緒
提高產品品質	良好的裝卸搬運可以減少產品的毀損，使產品品質提升，減少客戶抱怨、投訴事件的發生
促進配銷成效	良好的裝卸搬運可增進系統作業效率，縮短產品總配銷時間，提高客戶服務水平，還能提高空間利用率，從而提高公司營運水平

三、裝卸搬運的特點

1. 均衡性與波動性

均衡性是針對生產領域而言。生產過程中的裝卸搬運活動必須與生產過程的節拍保持一致。因此，生產中的裝卸搬運基本上是均衡的、連續的和平穩的，具有節奏性。而流通領域中的裝卸搬運是隨車輛的到發和貨物的出入庫而發生的，其作業是突擊的、波動的、間歇的。裝卸搬運的波動程度可用波動系數進行定量描述。對波動作業的適應能力是裝卸搬運的特點之一。

2. 穩定性和多變性

裝卸搬運的穩定性主要是指生產領域的裝卸搬運，它與生產過程的相對穩定相聯繫。在流通領域，由於物質產品本身的品種、形狀、尺寸、重量、包裝、性質等各不相同，運輸工具性能各異，加上流通過程的隨機性等，決定了裝卸搬運作業的多變性。在流通領域，裝卸搬運具有適應多變作業的能力，是其又一特點。

3. 局部性和社會性

生產領域中的裝卸搬運一般限於企業內部。在流通領域，涉及的面則是整個社會。因為任何一個物流聚點的裝貨都有可能到任一個物流聚點去卸貨，任何一個發貨主都有可能向任何一個收貨人發貨，任何一個發貨點都可能成為收貨點等。所以，流通領域中的所有裝卸搬運作業點的裝備、設施、工藝、管理方式、作業標準，都必須互相協調，以實現發貨裝卸搬運活動的整體效益。

4. 單純性與複雜性

生產領域中的裝卸搬運是生產過程中的一項活動，其作業較為單純、簡單。而流通過程中的裝卸搬運則與運輸、存儲緊密銜接，為了安全和運輸的經濟性，需要同時

進行堆碼、裝載、加固、計量、取樣、檢驗、分揀等作業，較為複雜。因此，裝卸搬運作業必須具有適應這種複雜性的能力，才能加快物流的速度。

四、裝卸搬運的分類

裝卸作業的分類方法有多種，可按作業場所、操作特點、作業方式、作業對象等進行分類。

1. 按作業場所分類

按作業場所分類，基本上可以分為以下三類：①鐵路裝卸，指鐵路車站進行的裝卸搬運活動。除裝、卸火車車廂貨物以外，還包括汽車的裝卸、堆碼、拆取、分揀、配貨、中轉等作業。②港口裝卸，指在港口進行的各種裝卸活動。如裝船、卸船作業，搬運作業等。③場庫裝卸，指在倉庫、堆場、物流中心等處的裝卸搬運活動。另外，如空運機場、企業內部及人不能進入的場所，均屬此類。

2. 按操作特點分類

按操作特點分類，可以分為以下三類：①堆碼拆取作業，包括在車廂內、船艙內、倉庫內的碼垛和拆垛作業。②分揀配貨作業，指按品類、到站、去向、貨主等的不同進行分揀貨物的作業。③挪動移位作業，即單純改變貨物支承狀態的作業，如從汽車上將貨物卸到站臺上等，以及顯著（距離稍遠）改變空間位置的作業。

3. 按作業方式分類

按作業方式分類，可以分為以下兩類：①吊裝吊卸法（垂直裝卸法），主要是以使用各種起重機械來改變貨物鉛垂方向的位置為主要特徵的一種作業方法，這種方法歷史最悠久、應用最廣。②滾裝滾卸法（水平裝卸法），主要是以改變貨物水平方向的位置為主要特徵的一種作業方法。如各種輪式、履帶式車輛通過站臺、渡板開上開下裝、卸貨物，用叉車、平移機裝、卸集裝箱、托盤等。

4. 按作業對象分類

按作業對象分類，可以分為以下三類：①單件作業法，是人力作業階段的主導方法。目前對長、大、笨重的貨物或集裝會增加危險的貨物等，仍採取這種傳統的單件作業法。②集裝作業法，是先將貨物集零為整，再進行裝卸搬運的一種方法。有集裝箱作業法、托盤作業法、貨捆作業法、滑板作業法、網裝作業法及掛車作業法等。③散裝作業法，指對煤炭、礦石、糧食、化肥等塊、粒、粉狀物資，採用重力法（通過筒倉、溜槽、隧洞等方法）、傾翻法（鐵路的翻車機）、機械法（抓、舀等）、氣力輸送（用風機在管道內形成氣流，運用動能、壓差來輸送）等方法進行裝卸的一類作業方法。

另外，按裝卸設備作業原理分類，有間歇作業（如起重機等）法、連續作業（如連續輸送機等）法；按裝卸手段和組織水平可分為人工作業法、機械作業法及綜合機械化作業法。

五、裝卸搬運機械的合理選擇

不同的貨物，不同的運輸場所，需要的裝卸搬運機械不盡相同。合理選擇裝卸搬

運機械，無論是在降低裝卸搬運費用上，還是在提高裝卸搬運效率上，都具有十分重要的意義。

選擇裝卸搬運機械，應考慮的基本因素有以下幾項：

1. 裝卸搬運機械的選擇要與物流量相吻合

應力求做到機械作業能力與現場作業量之間形成最佳的配合狀態。機械作業能力大於現場作業量，會造成生產能力過剩的經濟損失；而機械作業能力小於現場作業量，會使物流受阻。

影響物流現場裝卸作業量的因素很多，主要有吞吐量、堆碼、搬運作業量、裝卸搬運作業的高峰量等。

2. 裝卸搬運機械的選擇要考慮其配套性

裝卸機械的合理配套，是提高裝卸效率、降低裝卸費用的重要因素。這裡要考慮的是裝卸機械在生產作業區的銜接，即各種裝卸機械在作業區的配套、裝卸機械在噸位上的配套以及裝卸機械在作業時間上的銜接。可用線性規劃方法設計裝卸作業的機械配套方案。

3. 裝卸搬運機械的選擇要考慮其購置費用和營運費用

應根據不同類物品的裝卸搬運要求，合理選擇具有相應技術特徵的裝卸搬運設備。各種貨物的單件規格、物理化學性能、包裝情況、裝卸搬運難易程度等，都是影響裝卸搬運機械選擇的因素。

還應根據物流過程輸送和儲存作業的特點，合理選擇裝卸搬運機械設備。不同的運輸方式具有不同的作業特點，選擇裝卸搬運機械時要與之相適應；不同的儲存方式，也需要不同的裝卸搬運機械與之相配合。

不同的運輸方式，對裝卸搬運機械的選擇具有特殊要求。例如，鐵路、船、車、飛機的貨物裝卸搬運多數是在特定的設施內，使用特殊的機械進行或採用集裝方式進行，以求得高效率。對散裝物、流體貨物、鋼材等特殊貨物進行大量、連續裝卸時，應分別採用各專用裝卸搬運機械進行作業。卡車的裝卸作業有多種情況，如在物流設施內外、卡車終端站、配送中心等，所以，裝卸搬運機械的選擇不盡相同。

選擇好裝卸搬運機械設備以後，還要對裝卸搬運機械的運行進行合理組織。要採取相應措施提高設備的生產率，以發揮裝卸搬運機械設備的效率。

本章小結

提到物流，人們自然會想到運輸。通過本章的學習，我們應該掌握物流和運輸的不同點，學會分析運輸功能的完成需要利用哪些運輸方式。

裝卸搬運是庫存物流作業中最頻繁出現的作業活動，是存貨在不同作業環節之間進行流動和轉換的平臺和橋樑。做好裝卸搬運可以保證貨物完好快速流動，防止和消除無效作業對物流環節有著重要的作用。

第六章　現代物流倉儲管理

學習目標

（1）掌握庫存的定義和分類；
（2）掌握庫存管理的作用；
（3）瞭解傳統的庫存管理技術——ABC 分類法和 EOQ 法。

開篇案例

寶潔公司全球存貨控制

寶潔專心致志地堅持優化存貨管理，在不斷提高服務質量的同時，持續降低存貨水平。

總部位於美國俄亥俄州辛辛那提市的美國寶潔公司（P&G）是世界最大的日用消費品公司之一，全球雇傭員工10萬人，在全球80多個國家設有工廠及分公司，所經營的300多個品牌的產品暢銷160個國家和地區，其中有洗髮、護髮、護膚用品，嬰兒護理產品，婦女衛生用品，醫藥，食品，飲料，織物，家居護理及個人清潔用品。在中國，寶潔的飄柔、海飛絲、潘婷、舒膚佳、玉蘭油、護舒寶、碧浪、汰漬和佳潔士等已經成為家喻戶曉的品牌。寶潔公司儘管已經成了家化產品的帝國，仍然居安思危、兢兢業業，在其日常經營活動中堅持以降低存貨水平作為其降低供應鏈成本的主要手段。

1. 快速分銷、快速回應

美國寶潔公司生產的一支牌子為「天生殺手」的口紅，出現在中國上海淮海路某家商店櫥窗內供消費者選購，其本身似乎非常平常，但是要把那支口紅從美國寶潔公司總部分銷到上海，卻不是輕而易舉的事情。

寶潔公司供應鏈研究和發展部總經理泰爾頓（Tarlton）表示，想方設法把寶潔公司的產品不斷補充到世界各地零售商貨架上，其本身與一場持久戰沒有什麼兩樣，尤其是要把寶潔公司生產的「封面女郎」（Cover Girl）牌美容霜等熱銷產品，在規定時間內送到規定地點的零售商店貨架上，更像是一場激烈的戰鬥。

泰爾頓面臨的嚴峻挑戰是，世界各地消費者對美容產品的需求常常變化多端，零售需求量瞬息萬變，市場季節需求波動大，同樣是美容產品，今天熱銷，明天可能被冷落到無人問津。產品研製、供貨和存貨水平必須高度靈敏，緊跟著市場需求走，堅持以市場為導向，不斷突出寶潔公司的品牌優勢。因此寶潔公司從美國延伸到世界各地的供應鏈必須擁有反應快、效率高和持續革新的特點。於是泰爾頓領導其團隊首先

把重點放在持續優化供應鏈全程存貨水平方面：一是降低世界各地存貨水平的3%～7%，二是確保世界各地供應鏈滿足度保持在99%以上。泰爾頓表示，寶潔公司今天的輝煌，在很大程度上取決於供應鏈的經營管理，尤其是其存貨水平的優化控制。泰爾頓在存貨水平優化控制方面有著非常豐富的經驗。

2. 最大優化存貨

美國寶潔公司發現，在供應鏈中隨時削減貌不驚人的多餘存貨必將為企業帶來巨大的意外利潤，這如同發現金礦一樣。這絕對不是偶然，而是經過一番調查研究後才發現的。多年來，與其他企業一樣，集製造商、供貨商和批發零售商於一身的美國寶潔公司在經營管理方面堅持創新，其中包括積極推行準時貨物遞交、售賣管理存貨活動、增加精確市場預報、市場行銷積極應對、制定銷售經營規劃及合作原則等。儘管這些措施卓有成效，甚至促成產品市場行銷成績非凡，卻無法從根本上保證存貨水平與產品市場供銷業績保持同步，常常發生產品供過於求或者供不應求的情況，出現企業家最不喜歡看到的產品在市場內積壓或者脫銷等極端情況。

問題出在傳統存貨管理的具體操作規範十分教條，總是落後於時代發展步伐，尤其是寶潔公司那樣的跨國跨洲的全球性企業，供應鏈幾乎每週、每月都在向世界各地延伸和擴大，承包和外包製造商、供應商、批發零售商與日俱增，產品的有效期和多重配送渠道各有不同，因此寶潔公司必須以不斷創新的精神，著力重新評估其存貨管理程序和操作技術。也就是說，按照市場規律堅持創新改革存貨管理系統，根據需要加大投資，引進物流供應鏈專業人才和存貨管理科學技術設備，其重中之重就是運用電子軟件等科學手段最大優化存貨。寶潔公司大力削減其全球存貨水平不是做普通的算術式減法，而是進行本身結構錯綜複雜的存貨的最大優化，減法和最大化優化兩者有著天壤之別。例如你有總額為1億美元的存貨，使用減法還是最大優化經營管理這批存貨會給你帶來截然不同的兩種業績。

3. 趁熱打鐵

寶潔公司擅長強化供應鏈管理和持續優化存貨，其奧秘在於寶潔公司客戶服務必須始終保持在99%的滿意度，產品訂購準確率必須超過99%，寶潔公司經營管理成本、現金流和貨物交納時間必須99%達標。於是寶潔公司在這個基礎上，不斷趁熱打鐵，建立卓有成效的高科技信息系統並採用多種軟件工具預防供應鏈風險升級，實施製造商、行銷商、供應商和批發零售商一體化經營管理機制，不斷優化物資供應和產品配送系統，創新生產和行銷規劃，達到減少庫存的目的；寶潔公司與客戶合作，及時掌握市場信息，降低零售存貨，經濟效益顯著。2006—2007財政年度，寶潔公司全球美容品市場部純收入與上年同比增長13%，達到230億美元，尤其是在發展中國家，寶潔公司的美容產品特別受到當地消費者歡迎。於是寶潔公司面臨的供應鏈挑戰更加嚴峻，其中包括市場需求和交納週期各異甚至變幻莫測的口紅、人工眉毛等美容品和其他產品必須精準送達市場，因此必須提高產品製造、行銷、配送和批發零售一條龍精準服務，同時要嚴格控制各類產品的存貨水平，密切關注美容產品市場的發展動態。

4. 尋找合適夥伴

寶潔公司除了注重分佈在美國和世界各地的貿易夥伴外，還有富有才幹的市場分

析專家、規劃專家、開發投資商、律師和中間商等。注重尋找合適夥伴所產生的直接好處是寶潔公司的各位股東均得到實惠。這項措施看似平凡，它卻卓有成效地促使寶潔公司最大化降低了其整體供應鏈存貨，優化了供應鏈全程中的存貨戰略，促使其中占較大部分的成品存貨的水平精準度超過99%。加上不斷優化供應鏈網路，由此獲得的成果是持續降低供應鏈成本、強化市場信息預測和幫助合夥人提升市場態勢評估精準度和完善存貨經營管理應急安全機制。

5. 優化存貨為大家

寶潔公司把優化存貨作為企業發展和擴大企業成功業績的基礎工作，積極投資和持續擴大信息技術基礎設施功能，招聘優秀經營管理人才充實企業機構和各個層面，全面匯集、更新、充實和分析供應鏈存貨信息及市場動態，及時作出反應和正確解決有關存貨的各種問題。為此必須做到：

（1）突出重點。凡是企業內部和跨企業項目的經營管理均必須集中落實到供應鏈網路優化，而且重點突出，優化操作上不排除多層次和多級別。

（2）強調清晰。凡是需要解決的存貨問題必須首先搞清楚是什麼類型——是原材料、零部件、成品、半成品還是其他？或者各個參半？各個項目存貨水平的準確數據是什麼？應該保持的存貨水平是什麼？正在處理的存貨是否屬於存貨戰略的一部分？存貨問題屬於個案性、戰略性、戰術性、結構性還是政策性問題等均必須搞清楚。

（3）確保深度，杜絕膚淺。凡是需要優化管理的企業，內部職工全部知道最優化存貨的重大意義，與企業關係密切的銷售人員也必須完全理解寶潔公司整體產業，做到不同層次經營，相互融會貫通，信息透明，持續更新，不斷完善和全方位共享，自覺成為企業團隊一分子。為促使成品配送最優化，使用不同規格的網路流通高科技管理，銷售人員堅持學習，持續提高存貨管理技術。

案例思考

1. 寶潔公司是如何優化存貨管理、降低存貨水平的？
2. 為保障寶潔削減全球存貨，其成功的必要條件和關鍵因素有哪些？

第一節　倉儲概念

一、儲存的作用

儲存對於調節生產、消費之間的矛盾，促進商品生產和物流發展有著十分重要的意義。總體來說，儲存具有以下作用：

（一）時間效用

儲存的目的是消除物品生產與消費在時間上的差異。生產與消費不但在距離上存在不一致性，而且在數量上、時間上存在不同步性，因此在流通過程中，產品（包括供應物流中的生產原材料）從生產領域進入消費領域之前，往往要在流通領域中停留

一段時間，形成商品儲存。同樣，在生產過程中，原材料、燃料和工具、設備等生產資料和在製品，在進入直接生產過程之前或在兩個工序之間，也有一小段停留時間，形成生產儲備。這種儲備保障了消費需求的及時性。而有了商品儲備必然要求相應的商品保管。

(二)「蓄水池」作用

倉庫是物流過程中的「蓄水池」。無論生產領域還是流通領域，都離不開儲存。有億萬噸的商品、物質財富，平時總是處在儲存狀態，保管在生產或流通各個環節的倉庫裡，成為大大小小的「蓄水池」，以保證生產和流通的正常運行。

(三) 降低物流成本

現代物流中的倉庫不僅是儲存和保管物品的場所，還是促使物品更快、更有效地流動的場所。現代物流要求縮短進貨與發貨週期，物品停留在倉庫的時間很短，甚至可以不停留，即「零庫存」。進入倉庫的貨物經過分貨、配貨或加工后隨即出庫。物品在倉庫中處於運動狀態。這樣通過倉儲的合理化，減少儲存時間，來降低儲存投入，加速資金週轉，降低成本。因此，倉儲是降低物流成本的重要途徑。

(四) 保持商品 (物品) 的使用價值和價值

由於進入科學保管和養護，使商品或產品的使用價值和價值得到完好地保存，也才有實現及時供貨的意義。庫存商品看上去好像是靜止不變的，但實際上受內因和外因兩方面的影響和作用，它每一瞬間都在運動著、變化著，但這種變化是從隱蔽到明顯、從量變到質變的，所以只有經過一段時間，發展到一定程度才能被發現。庫存商品的變化是有規律的。商品保管就是在認知和掌握庫存商品變化規律的基礎上，靈活有效地運用這些規律，採用相應的技術和組織措施，削弱和抑制外界因素的影響，最大限度地減緩庫存商品的變化，以保存商品的使用價值和價值。

二、倉儲的任務

(一) 庫存商品 (物品) 的變化及損耗

商品 (物品) 存儲在倉庫內，不可能不發生變化。庫存商品變化的形式主要有物理變化、化學變化和生物變化等。

所謂物理變化，是指只改變商品本身的外部形態而不改變其本質、不生成新的物質的變化。如揮發、溶化、熔化、干燥、變形等。庫存商品的化學變化不僅改變物質的外部形態，而且改變物質的性質，並生成新的物質。庫存商品常見的化學變化主要有化合、水化、分解、水解、氧化、聚合、老化、風化等。庫存商品的生物變化，是指庫存商品受到生物和微生物的作用所發生的變化。如蟲蛀、鼠咬、霉變、腐朽、腐敗等。

庫存商品的損耗包括有形損耗與無形損耗。有形損耗指庫存商品不使用而產生的損耗。按其損耗的原因又分為異常損耗和自然損耗。由於非正常原因，如對商品保管不善、裝卸搬運不當、管理制度不嚴所造成的銹蝕、變質、破損、丟失、燃燒等稱為有形損耗。而自然損耗，是指商品在儲存過程中，由於受自然因素的影響，本身發生

物理變化或化學變化所造成的不可避免的自然減量。其主要表現為：干燥、風化、揮發、黏結、散失、破碎等。

庫存商品的自然損耗是不可避免的，但其損耗量應控制在規定的標準之內，若超出規定的標準，則視為不合理的損耗。衡量商品的自然損耗是否合理的標準是自然損耗率。自然損耗率是指在一定時間內和一定條件下，某種商品的損耗量與該商品庫存量的百分比。不同商品在不同時間、不同條件下的自然損耗率是不同的。無形損耗指更新、更好、更廉價的同類產品進入市場，致使庫存商品貶值而產生的損耗。如機電產品、電子器件由於更新換代比較快，新的產品出現後，庫存中同種類原產品就會貶值甚至報廢，造成無形損耗。

庫存商品的無形損耗所造成的損失是巨大的，從某種意義上講，減少庫存商品的無形損耗比減少其有形損耗更為重要。

(二) 導致庫存商品 (物品) 發生變化的因素

導致庫存商品 (物品) 發生變化、損耗的原因，歸納起來有內因和外因兩個方面。

1. 內因

庫存商品 (物品) 發生變化、損耗的內因主要有物品的化學成分、結構形態、物理化學性質、機械即工藝性質等。物品的化學成分不同，或者相同成分但成分的含量不同，都會影響物品的基本性質及抵抗外因侵蝕的能力。如普通低碳素鋼中加入適量的銅和磷，就能提高其抗腐蝕性能。物品的結構是指原材料結構，通常分為晶體結構和非晶體結構；物品的形態主要分為固態、液態和氣態。不同結構形態的物品，產生的變化形式和程度都不相同。

物品的物理化學性質由其化學成分和結構決定，表現為物理性質如揮發性、吸引性、水溶性、導熱性等；表現為化學性質如結構穩定性、燃燒性、爆炸性、腐蝕性等。

物品的機械性質是指其強度、硬度、韌性、脆性、彈性等；物品的工藝性質是指其加工程度和加工精度。不同機械及工藝性質的物品，其變化程度不同。

2. 外因

庫存商品 (物品) 發生變化、損耗的外因很多，主要有溫度、濕度、日光、大氣、生物與微生物。適當的溫度是物品發生物理變化、化學變化和生物變化的必要條件。對於易燃品、自燃品，溫度過高容易引起燃燒；含有水分的物質，溫度過低則會凍結生凌等。大氣的濕度對物品的變化影響也很大。怕濕的物品會受潮，如金屬會生鏽、水泥會結塊硬化等；怕干的物品如果過於干燥會開裂、變形等。日光實際上是太陽輻射的電磁波，按其波長有紫外線、可見光和紅外線之分。紫外線能量最強，它可促使高分子材料老化，油脂酸敗、褪色等；可見光和紅外線能量較弱，能加速物品發生物理化學變化。大氣由干潔空氣、水汽、固體雜質所組成。空氣中的氧氣、二氧化碳、二氧化硫等，大氣中的水汽、固體雜質等，都對物品有很大的危害作用。致使物品發生生物變化的生物有白蟻、老鼠、鳥類等，微生物主要有霉菌、木腐菌、酵母菌、細菌等，它們使有機物質發霉、木材及木製品腐朽等。

內因是庫存商品發生變化的決定因素，但外因通過內因起作用。開展商品保管工

作，就是要採取技術措施，抑制外因，以減少、減緩庫存商品（物品）的變化與損耗。

(三) 商品（物品）保管的任務

商品保管的基本任務是：根據商品本身的特性及其變化規律，合理規劃並有效利用現有倉儲設備，採取各種行之有效的技術與組織措施，確保庫存商品的質量與安全。其具體任務包括以下幾方面：

1. 規劃與配備倉儲設施

倉儲設施主要包括倉儲建築物和有關保管設備。對倉儲設施要有全面規劃，包括庫區的平面佈局、倉庫建築物的結構特點和保管設備類型等的確定。

2. 制定商品儲存規劃

商品儲存規劃是根據現有倉儲設施和儲存任務，對各類、各種商品的儲存在空間和時間上作出全面安排。如分配保管場所，對保管場所進行布置，建立良好的保管秩序等。合理的儲存規劃是進行科學養護的前提。

3. 提供良好的保管條件

各種商品具有不同的物理化學性質，要求相應的、良好的保管條件和保管環境。因此要為商品保管創造一個溫度、濕度適宜，有利於防鏽、防腐、防霉、防蟲、防老化、防火、防爆的小氣候。

4. 進行科學的保養與維護

根據不同的庫存商品，採取一定的防治措施，抑制其變化，減少其損失。如金屬的塗油防鏽、有機物的防霉、倉庫害蟲的殺滅、機電設備的檢測與保養等。

5. 掌握庫存商品信息

商品保管，除了對商品實體的保管，還要對商品信息進行管理。信息流和物流是密不可分的，信息流是物流的前提。在商品保管中，實物和信息兩者必須一致。庫存商品信息管理，主要包括各種原始單據、憑證、報表、技術證件、帳卡、圖紙、資料的填製、整理、保存、傳遞、分析和運用。

6. 建立健全必要的規章制度

建立健全有關商品保管的規章制度是做好商品保管的一個重要方面，如崗位責任制、經濟責任制、盤點制、獎罰制等。

三、倉庫的分類

倉庫是以庫房、貨物及其他設施、裝置為勞動手段的，對商品、貨物、物資進行收進、整理、儲存、保管和分發的場所，在工業中則是指儲存各種生產需用的原材料、零部件、設備、機具和半成品、產品的場所。其主要有以下類型：

(1) 按使用對象及權限分為自備倉庫、營業倉庫、公共倉庫。

(2) 按所屬的職能分為生產倉庫、流通倉庫。

(3) 按結構和構造分為平房倉庫、樓房倉庫、高層貨架倉庫、罐式倉庫。

(4) 按技術處理方式及保管方式分為普通倉庫、冷藏倉庫、恒溫倉庫、露天倉庫、水上倉庫、危險品倉庫、散裝倉庫、地下倉庫。

(5) 特種倉庫。如移動倉庫、保稅倉庫。

第二節　倉儲管理

倉儲管理包括兩個概念：一是儲存，指物品在離開生產過程但尚未進入消費過程的間隔時間內在倉庫（本書泛指包括堆場、料庫等儲存場所，下同）中儲存、保養、維護管理；二是庫存控制與管理，以備及時供應。

倉儲是物流的主要功能要素之一，是社會物資生產的必要條件之一，可以創造「時間效用」。倉儲在物流系統中起著緩衝、調節和平衡的作用，它與運輸形成了物流過程的兩大支柱，是物流的中心環節之一。實行物品的合理儲存，提高保管質量，對加快物流速度、降低物流費用、發揮物流系統整體功能都起著重要的作用。

一、倉儲的概念

倉儲是對貨物的存儲，是指通過倉庫對暫時不用的物品進行收存、保管、交付使用的活動過程，是倉庫儲藏和保管的簡稱。倉儲一般是指從接受儲存物品開始，經過儲存保管作業，直接把物品完好地發放出去的全部活動過程。倉儲的各項作業活動可以分為兩大類：一類是基本生產活動，另一類是輔助生產活動。基本生產活動是指勞動者直接作用於儲存物品的活動，如裝卸搬運、驗收、保管等；輔助生產活動是指為保證基本生產活動正常進行所必需的各種活動，如保管設施、工具的維修、儲存設施的維護、物品維護所用技術的研究等。

二、倉庫管理的任務和原則

（一）倉儲管理的任務

倉儲管理簡單來說就是對庫存及庫存內的貨物進行的管理，是倉儲機構為了充分利用所具有倉儲資源提供高效的倉儲服務而進行的計劃、組織、控制和協調過程。具體來說，倉儲管理主要包括倉儲資源的獲得、倉儲商務、出入庫作業、貨物的保管養護、庫存控制及安全管理等一系列管理工作。宏觀方面倉儲管理的任務是進行資源的合理配置及儲存。微觀方面倉儲管理的任務是提高企業的倉儲效率、降低儲運成本、減少倉儲損耗，具體有以下幾項：

(1) 合理組織發送，保證收發作業準確、迅速及時，使供貨單位及用戶滿意。

(2) 採取科學的保管養護方法，創造適宜的保管環境，提供良好的保管條件，確保在庫物品數量準確、質量完好。

(3) 合理規劃並有效利用各種倉庫設施，搞好革新、改造，不斷擴大儲存能力，提高作業效率。

(4) 積極採取有效措施，保證倉儲設施、庫存物品和庫存職工的安全。

(5) 搞好經營管理，開源節流，提高經濟效益。

(二) 倉儲管理的原則

倉儲管理的基本原則是：保證質量、注重效率、確保安全、追求經濟。

1. 保證質量

倉儲管理的一切活動，都必須以保證在庫物品的質量為中心。沒有質量的數量是無效的，甚至是有害的（如資金占用、產生管理費用、產生積壓和報廢物資）。為了完成倉儲管理的基本任務，倉儲活動中的各項必須有質量標準，並嚴格按標準進行作業。

2. 注重效率

倉儲管理要充分發揮倉儲設施和設備的作用，提高倉儲設施和設備的利用率；要充分調動倉庫生產人員的積極性，提高勞動生產率；要加速在庫物品的週轉，縮短物品在庫時間，提高庫存週轉率。

3. 確保安全

倉儲活動中不安全因素很多，有的來自庫存物，如有些物品具有毒性、腐蝕性、輻射性、易燃易爆等；有的來自裝卸搬運作業過程，如違反機械安全操作過程等。因此，特別要加強安全教育，提高認知，制定安全制度，貫徹執行「安全第一，預防為主」的安全生產方針。

4. 追求經濟

倉儲活動中所耗費的物化勞動和活勞動的補償是由社會必要勞動量決定的。為實現一定的經濟效益目標，必須力爭以最少的人、財、物消耗，及時準確地完成最多的儲存任務。

三、倉儲合理化

(一) 倉儲合理化的概念

倉儲合理化的含義是用最經濟的辦法實現儲存的功能。倉儲合理化的實質是，在保證儲存功能實現的前提下盡量減少投入，這也是一個投入產出的關鍵問題。

(二) 倉儲合理化的主要標誌

1. 質量標誌

保證被儲存物的質量，是完成儲存功能的基本要求，只有這樣，商品的使用價值才能通過物流得以最終實現。在儲存中增加了多少時間價值或是得到了多少利潤，都是以保證質量為前提的。所以，儲存合理化的主要標誌中，為首的應當是反應使用價值的質量。保證儲存商品的使用價值是商品儲存合理化的主要標誌。

2. 數量標誌

商品儲存合理化的另一個標誌是在保證功能實現前提下對儲存商品合理數量作出科學的決策。

3. 時間標誌

在保證功能實現的前提下，尋求一個合理的儲存時間，這是和數量有關的問題。儲存量大而消耗速度慢，則儲存的時間必然長，因此，在具體衡量時往往用週轉速度

指標來反應時間標誌，如週轉天數、週轉次數等。

4. 結構標誌

結構標誌是從被儲存物的不同品種、不同規格、不同花色與儲存數量的比例關係對儲存進行合理的判斷。尤其是相關性很強的各種物資之間的比例關係更能反應儲存合理與否。

5. 分佈標誌

分佈標誌指不同地區儲存的數量比例關係，以此判斷當地需求比，對需求的保障程度，也可以此判斷對整個物流的影響。

6. 費用標誌

倉租費、維護費、保管費、損失費、資金占用、利息支持等，都能從實際費用上判斷倉儲的合理與否。

(三) 實現商品儲存合理化的措施

為了實現商品儲存的合理化，可以採取以下十大實施要點：

1. 儲存物品的 ABC 分析

ABC 分析法是根據事物在技術或經濟方面的主要特徵進行分類、排列，分清重點和一般，從而有區別地實施管理的一種分析方法。ABC 分析是實施儲存合理化的基礎，在此基礎上可以進一步解決各類結構關係、儲存量、重點管理、技術措施等合理化問題。

2. 實施重點管理

在 ABC 分析的基礎上，分別決定實施各種物品的合理庫存儲備數量以及經濟儲備數量的辦法，乃至實施零庫存。

3. 適當集中儲存

在形成一定規模的前提下，追求規模經濟、適度集中儲存是合理化的重要內容。適度集中庫存是利用儲存規模優勢，以適度集中儲存代替分散的小規模儲存來實現合理化。

4. 加速總的週轉，提高單位產出

儲存週轉速度加快，會帶來一系列的合理化好處，如資金週轉快、資本效益高、貨損少、倉庫存吐能力增加、成本下降等。具體做法有採用單元集裝儲存，建立快速分揀系統等，這些都有利於實現快進快出、大進大出。

5. 採用有效的「先進先出」方式

「先進先出」是保證物品儲存期不至過長的合理化措施，也成為儲存管理的準則之一。有效的「先進先出」方式主要有：貫通式貨架系統、「雙倉法」儲存、計算機存取系統。

6. 增加儲存密度，提高倉容利用率

主要目的是減少儲存設施的投資，提高單位存儲面積的利用率，以降低成本、減少土地占用。

7. 採用有效的儲存定位系統

如果定位系統有效，就不但能大大減少尋找、存放、取出的時間，而且能防止差

錯，便於清點及實行訂貨點管理方法。儲存定位方法有「四號定位」和電子計算機定位等。

8. 採用有效的監測清點方式

對儲存物品數量和質量的監測，既是掌握基本情況所必需的，也是科學庫存控制所必需的。在實際工作中稍有差錯，就會使帳物不符，因而必須及時、準確地掌握實際儲存情況，經常與帳、卡、物進行核對，這在人工管理或計算機管理中，都是必不可少的。此外，經常監測也是掌握被儲存商品質量狀況的重要工作。倉儲管理中常用的監測清點方式有：「五五化」堆碼、光電識別系統和電子計算機監測系統。

9. 採用現代儲存保管技術

這是儲存合理化的重要方向，主要有氣幕隔潮、氣調儲塑料薄膜封閉。

10. 採用集裝箱、集裝袋、托盤等運儲裝備一體化方式

集裝箱等集裝設施的出現，給儲存帶來了新理念。採用集裝箱後，本身便能起到物品儲存的作用，在物流過程中，也就省去了入庫、驗收、清點、堆垛、保管、出庫等一系列儲存作業，因而對改變傳統儲存作業有很重要的意義，是儲存合理化的一種有效方式。

第三節　儲存作業管理

一、倉儲入庫作業

倉儲入庫作業也叫收貨業務，它是倉儲業務的開始。倉儲入庫管理是根據商品入庫憑證，在接受入庫商品時所進行的卸貨、查點、驗收、辦理入庫手續等各項業務活動的計劃和組織。

（一）入庫前準備

倉庫應根據倉儲合同或者入庫單、入庫計劃，及時進行庫存準備，以便貨物能按時入庫，保證入庫過程順利進行。倉庫的入庫準備需要由倉庫的業務部門、管理部門、設備作業部門分工合作，共同做好以下工作：①熟悉入庫貨物；②掌握倉庫庫場情況；③制訂存儲計劃；④妥善安排貨位；⑤做好貨位準備；⑥準備苫墊材料、作業工具；⑦驗收準備；⑧裝卸搬運工藝設定；⑨文件單證準備。

應注意的問題是：由於不同倉庫、不同貨物、業務性質不同，入庫準備工作存在差別，需要根據實際情況和倉庫制度做好充分準備。

（二）貨物接運

貨物的接運是入庫業務流程的第一道作業環節，也是倉庫直接與外部發生的經濟聯繫，它的主要任務是及時而準確地向交通運輸部門提取入庫貨物，要求手續清楚、責任分明，為倉庫驗收工作創造有利條件。因為接運工作是倉庫業務活動的開始，如果接收了損壞的或錯誤的貨物，那將直接導致貨物出庫裝運時出現差錯。貨物接運是

貨物入庫和保管的前提，接運工作完成的質量直接影響貨物的驗收和入庫后的保管養護。因此，在接運由交通運輸部門（包括鐵路）轉運的貨物時，必須認真檢查、分清責任，取得必要的證件，避免將一些在運輸過程中或運輸前就已經損壞的貨物帶入倉庫，造成驗收中責任難分和保管工作中的困難或損失。

（三）貨物入庫驗收

凡貨物進入倉庫儲存，必須經過檢查驗收，只有驗收后的貨物，方可入庫保管。貨物入庫驗收是「三關」（入庫、保管、出庫）的第一道，抓好貨物入庫質量關，能防止劣質貨物流入流通領域，劃清倉庫與生產部門、運輸部門以及供銷部門的責任界線，也為貨物在庫場中的保管提供第一手資料。

1. 商品驗收的基本要求

（1）及時。到庫商品必須在規定的期限內完成驗收入庫工作。

（2）準確。驗收應以商品入庫憑證為依據，做到貨、帳、卡相符。

（3）嚴格。倉庫的各方都要嚴肅認真地對待商品驗收工作。驗收工作的好壞直接關係到國家和企業的利益，也關係到以后各項倉儲業務能否順利開展。

（4）經濟。商品在驗收時的多數情況下，不但需要檢驗設備和驗收人員，而且需要裝卸搬運機具和設備以及相應工種工人的配合。要求各工種密切協作，合理組織調配人員與設備，盡可能保護原包裝，減少或避免破壞性試驗也是提高作業經濟性的有效手段。

2. 商品的驗收程序

商品驗收包括：驗收準備、核對憑證、確定驗收比例、實物檢驗、做出驗收報告及驗收中發現問題的處理。

（四）入庫交接

入庫物品經過點數、檢驗之後，可以安排卸貨、入庫堆碼，表示倉庫已接受物品。在卸貨、搬運、堆垛作業完畢，還要與送貨人辦理交接手續，並建立倉庫臺帳。

1. 交接手續

交接手續是指倉庫對收到的物品向送貨人進行的確認，表示已接受物品。完整的交接手續包括接收物品、接受文件、簽署單證。

2. 登帳

物品入庫，倉庫應建立詳細反應物品倉儲的明細帳，登記物品入庫、出庫、結存的詳細情況，用以記錄庫存物品動態和入出庫過程。登帳的主要內容有：物品名稱、規格、數量、件數、累計數或結存數、存貨人或提貨人、批次、金額、註明貨位號或運輸工具、接（發）貨經辦人。

3. 立卡

物品入庫或上架後，將物品名稱、規格、數量或出入狀態等內容填在物料卡上，稱為立卡。

4. 建檔

倉庫應對所接受倉儲的貨物或者委託人建立存貨檔案或者客戶檔案，以便貨物管

理和保持客戶聯繫，也為將來可能發生的爭議保留憑證。同時有助於總結和累積倉庫保管經驗，研究倉儲管理規律。

(五) 影響入庫作業的因素及作業的組織原則

1. 影響入庫作業的因素

影響入庫作業的因素主要來自供應商及其送貨方式、商品種類、特性、商品數量、入庫作業與其他作業的相互配合等方面。

(1) 供應商及其送貨方式。每天送貨的供應商的數量、供應商所採用的送貨方式、送貨工具、送貨時間等因素都會直接影響入庫作業的組織和計劃。

(2) 商品種類與特性。不同的商品具有不同的性質，也就需要採用不同的作業方式，因此每種商品的包裝形態、規格、質量特性以及每天到貨的批量大小，都會影響物流中心的入庫作業方式。

(3) 入庫作業人員。在安排入庫作業時，要考慮現有的工作人員的技術素質、人力的合理利用以及高峰期的作業組織等，盡可能縮短入庫作業時間，避免車輛等待時間過長。

(4) 設備及存貨方式。設備的使用和存貨方式同樣也會對商品的入庫作業產生影響。具體操作時應注意叉車、傳送帶、貨架儲位的可用性以及貨物的作業狀態，如是否需要拆箱、再包裝等。

2. 入庫作業的組織原則

(1) 盡量將卸貨、分類、加註標籤、驗貨等理貨作業集中在同一工作場所進行。

(2) 依據各作業環節的相關性安排活動，避免倒裝、倒流。

(3) 作業人員集中安排在入庫高峰期。

(4) 合理使用可流通的容器，盡量避免更換。

(5) 詳細認真地處理入庫資料和信息，便於后續作業及信息的查詢與管理。

二、倉儲存儲作業

物品經過入庫作業后即進入存儲作業環節。存儲作業的主要任務是妥善保存商品，合理利用倉儲空間，有效利用勞力和設備，安全、經濟地搬運商品，對存貨進行科學管理。

(一) 儲位管理技術

1. 儲位規劃

在倉儲作業中，為有效地對商品進行科學管理，必須根據倉庫、存儲商品的具體情況，實行倉庫分區、物品分類和定位保管。倉庫分區是根據庫房、貨場條件將倉庫分為若干區域；分類就是根據商品的不同屬性將倉儲商品劃分為若干大類；定位是在分區、分類的基礎上確定每種物品在倉庫中具體存放的位置。

2. 物品儲存方法

(1) 定位儲存。定位儲存是指每一項商品都有固定的儲位，商品在儲存時不可互相竄位，在採用這一儲存方法時，必須注意每一項貨物的儲位容量必須大於其可能的

最大在庫量。採用定位儲存方式易於對在庫商品保管，提高作業效率，減少搬運次數，但需要較多的儲存空間。

（2）隨機儲存。隨機儲存是根據庫存貨物及儲位使用情況，隨機安排和使用儲位，各種商品的儲位是隨機產生的。隨機儲存由於共同使用儲位，可以提高儲區空間的利用率。

（3）分類儲存。分類儲存是指對所有貨物按一定特性進行分類，每一類貨物固定其儲存位置，同類貨物不同品種又按一定的法則來安排儲位。

（4）共同儲存。共同儲存是指在確定各貨物進出倉庫的確切時間的前提下，不同貨物共用相同的儲位。這種儲存方式在管理上較複雜，但儲存空間及搬運時間卻更合理。

3. 儲位指派方式

在完成儲位確定、儲位編號等工作之後，需要考慮用什麼方式把商品指派到合適的儲位上。指派的方法有人工指派法、計算機輔助指派法和計算機全自動指派法三種。

（二）儲存場所的布置

儲存場所的布置就是根據庫區場地條件、倉庫的業務性質和規模、商品儲存要求以及技術設備的性能和使用特點等因素，對儲存空間、作業區域、站臺及通道布置進行合理安排和配置。

在進行商品儲存場所布置時主要考慮兩個方面的因素：一是充分提高儲存空間的利用率；二是提高物流作業效率。儲存區域是倉庫的核心和主體部分，提高儲存空間的利用率是倉庫管理的重要內容。在進行儲存空間的規劃和佈局時，首先必須根據儲存貨物的體積大小和儲存形態來確定儲存空間的大小，然后對空間進行分類，並明確其使用方向，再進行綜合分析和評估比較，在此基礎上進行布置。

（三）儲存設備的配置

1. 選擇儲存設備時考慮的因素

儲存是倉儲作業環節的核心，儲存設備是最基本的物流設施。儲存設備既可以存放和有效保護商品，又可以提高儲存空間的利用率。在選擇適用的儲存設備時，最主要的依據是倉庫的作業內容和運作方式；還必須綜合考慮貨物特性、物流量的大小、庫房結構以及配套的搬運設備等因素。

2. 儲存設備配置的組合形式

倉庫儲存作業中的儲存設備，主要以單元負載的托盤儲存方式為主，配合各種揀貨方式的需要，另有以容器及單品為儲存設備的。儲存設備以儲存單位分類，可大致分為托盤、容器、單品和其他四大類。每一類型因其設計結構不同，又可分為多種形式。

（四）盤點作業

在倉庫作業過程中，商品處於不斷地入庫和出庫狀態，在作業過程中產生的誤差經過一段時間的累積會使庫存資料反應的數據與實際數量不相符。有些商品長期存放，

品質下降，不能滿足用戶需要。為了對庫存商品的數量進行有效控制，並查清商品在庫房中的質量狀況，必須定期對各儲存場所進行清點作業，這一過程我們稱為盤點作業。

盤點的主要目的是希望通過盤點來檢查目前倉庫中商品的出入庫及保管狀態，並由此發現和解決管理及作業中存在的問題。找出在管理流程、管理方式、作業流程、人員素質等方面需要改進的地方，進而改善商品管理的現狀，降低商品損耗，提高經營管理水平。

三、倉儲出庫作業

出庫業務是儲存作業的結束，既涉及倉庫同貨主或收貨企業以及承運部門的經濟聯繫，也涉及倉庫各有關業務部門的作業活動。為了能以合理的物流成本保證出庫物品按質、按量、及時、安全地發給客戶，滿足其生產經營的需要，倉庫應主動向貨主聯繫，由貨主提出出庫計劃。特別是供應給異地和大批量出庫的物品更應該提前發出通知，以便倉庫及時辦理流量和流向的運輸計劃，完成出庫任務。這是倉庫出庫的依據。

倉庫必須建立嚴格的出庫和發運程序，遵循「先進先出，推陳出新」的原則，盡量一次完成，防止差錯。需托運物品的包裝還要符合運輸部門的要求。

(一) 物品出庫的要求

物品出庫要求做到「三不、三核、五檢查」。「三不」，即未接單據不翻帳，未經審單不備庫，未經復核不出庫；「三核」即在發貨時，要核實憑證、核對帳卡、核對實物；「五檢查」，即對單據和實物要進行品名檢查、規格檢查、包裝檢查、物件檢查、重量檢查。商品出庫要求嚴格執行各項規章制度，提高服務質量，使用戶滿意，包括對品種規格要求、積極與貨主聯繫、為客戶提貨創造各種方便條件、杜絕差錯事故的發生。

(二) 物品出庫方式

出庫方式是指倉庫用什麼樣的方式將貨物交付給顧客。選用哪種方式出庫，要根據具體條件，由供需雙方事先商定。

1. 送貨

倉庫根據貨主單位的出庫通知或出庫請求，通過發貨作業把應發物品交由運輸部門送達收貨單位或使用倉庫自有車輛把物品運送到收貨地點的發貨形式，就是通常所稱的送貨制。

2. 收貨人自提

這種發貨形式是由收貨人或其代理人持取貨憑證直接到庫取貨，倉庫憑單發貨。倉庫發貨人與提貨人可以在倉庫現場劃清交接責任，當面交接並辦理簽收手續。

3. 過戶

過戶是一種就地劃撥的形式，物品實物並未出庫，但是所有權已從原貨主轉移到新貨主的帳戶上。倉庫必須根據原貨主開出的正式過戶憑證，才能辦理過戶手續。

4. 取樣

貨主由於商檢或樣品陳列等需要，到倉庫提取貨樣（通常要開箱拆包、分割抽取樣本）。倉庫必須根據正式取樣憑證發出樣品，並做好帳務記載。

5. 轉倉

轉倉是指貨主為了業務方便或改變儲存條件，將某批庫存自甲庫轉移到乙庫。倉庫也必須根據貨主單位開出的正式轉貨單，辦理轉貨手續。

（三）出庫業務程序

1. 出庫前的準備工作

出庫前的準備工作可分為兩個方面：一方面是計劃工作，即根據貨主提出的出庫計劃或出庫請求，預先做好物品出庫的各項安排，包括貨主、機械設備、工具和工作人員，提高人、財、物的利用率；另一方面是要做好出庫物品的包裝和標誌標記。發往異地的貨物，需要經過長途運輸，所以包裝必須符合運輸部門的規定，如捆扎包裝、容器包裝等。成套的機械、器材發往異地，事先必須做好貨物的清理、裝箱和編號工作。在包裝上掛簽（貼簽）、書寫編號和發運標記（去向），以免錯發或混發。

2. 出庫程序

出庫程序包括核單備貨—復核—包裝—點交—登帳—清理等過程。出庫必須遵循「先進先出、推陳出新」的原則，使倉儲活動的管理實現良性循環。

（1）核單備貨

如屬自提物品，首先要審核提貨憑證（見表6-1、表6-2）的合法性和真實性；其次核對品名、型號、規格、單價、數量、收貨單位、有效期等。

表6-1　　　　　　　　　器材領（送）料單

用料單位：　　　　　　　　　　　　　　　　　編號：

項目或用途：　　　　　　　　　　　　　　　　登帳日期：

領料日期：　　　年　　月　　日

器材編號	品名規格	單位	數量		單價	金額
			分配	實發		

領料單位主管：　　　　　　領料人：　　　　　　保管員：

表6-2　　　　　　　　　　商品調撥單

用料單位：　　　　　運輸方式：　　　　　　　編號：

地址：　　　　　　　結帳方式：　　　　　　　到站：

銀行帳卡：　　　　　收貨人：

開單日期：　　　年　　月　　日

品名規格	單位	數量	單價	調撥原因

主管：　　　　　財務：　　　　　保管：　　　　　製單：

出庫物品應附有質量證明書或副本、磅碼單、裝箱單等，機電設備、電子產品等物品，其說明書及合格證應隨貨同附。備料時應本著「先進先出、推陳出新」的原則，易霉易壞的先出，接近失效期的先出。

（2）復核

為了保證出庫物品不出差錯，備貨后應進行復核。出庫的復核形式主要有專職復核、交叉復核和環環復核三種。除此之外，在發貨作業的各道環節上，都貫穿著復核工作。

復核的內容包括：品名、型號、規格、數量是否同出庫單一致；配套是否齊全；技術證件是否齊全；外觀質量和包裝是否完好。只有加強出庫的復核工作，才能防止發錯、漏發和重發等事故的發生。

（3）包裝

出庫物品的包裝必須完整、牢固，標記必須正確清楚，如有破損、潮濕、捆扎松散等不能保障運輸中安全的，應加固整理，破包破箱不得出庫。各類包裝容器上若有水漬、油跡、污損也不能出庫。

包裝是倉庫生產過程的一個組成部分。包裝時，嚴禁互相影響或性能互相抵觸的物品混合包裝。包裝后要寫明收貨單位、到站、發貨號、本批總件數、發貨單位等。

（4）點交

出庫物品經過復核和包裝后，需要托運和送貨的，應由倉庫保管機構移交調運機構；屬於用戶自提的，則由保管機構按出庫憑證向提貨人當面交接清楚。

（5）登帳

點交后，保管員應在倉庫單上填寫實發數、發貨日期等內容，並簽名。然后將出庫單連同有關證件資料及時交貨主，以便貨主辦理貨款結算。

（6）清理

經過倉庫的一系列工作程序之后，實物、帳目和庫存檔案等都發生了變化。應將現場和檔案進行徹底清理，使保管工作重新趨於帳、物、資金相符的狀態。

第四節　儲存控制

根據中國國家標準 GB/T18354—2001《物流術語》，庫存是指處於儲存狀態的物品。通俗地說，庫存是指企業在生產經營過程中為現在和將來的耗用或者銷售而儲備的資源。廣義的庫存還包括處於製造加工狀態和運輸狀態的物品。

一、庫存的作用與弊端

（一）庫存的作用

庫存的作用主要體現在以下幾個方面：

1. 維持銷售商品的穩定

銷售預測型企業對最終銷售商品必須保持一定數量的庫存，其目的是應付市場的

銷售變化。這種方式下，企業預先並不知道市場真正需要什麼，只是按對市場需求的預測進行生產或採購，因而產生一定數量的庫存是必需的。

2. 維持生產的穩定

企業按銷售訂單與銷售預測安排生產計劃，並制訂採購計劃，下達採購訂單。由於採購的物品需要一定的提前期，這個提前期是根據統計數量或者是在供應商生產穩定的前提下制定的，但存在一定的風險，有可能延遲交貨，最終影響企業的正常生產，造成生產的不穩定，為了降低這種風險，企業就會增加材料的庫存量。

3. 平衡企業物流

在企業的採購、供應、生產和銷售各物流環節中，庫存起著重要的平衡作用。

4. 平衡企業物流資金的占用

庫存的材料、在製品及成品是企業流動資金的主要占用部分，因而庫存量的控制實際上也是進行流動資金的平衡。例如，加大訂購批量會降低企業的訂購費用，保持一定量的在製品庫存與材料會節省生產交換次數、提高工作效率，但這兩方面都要尋找最佳控制點。

(二) 庫存的弊端

庫存的作用都是相對的，也就是說，無論原材料、在製品還是成品，企業都在想方設法降低其庫存量。庫存的弊端主要表現在以下幾個方面：

（1）占用企業大量資金。通常情況下，庫存占企業總資產的比重大約為 20%～40%，庫存管理不當會形成大量資金的積壓。

（2）增加了企業的商品成本與管理成本。庫存材料的成本增加直接增加了商品成本，而相關庫存設備、管理人員的增加也加大了企業的管理成本。

（3）掩蓋了企業眾多管理問題，如計劃不周、採購不力、生產不均衡、產品質量不穩定及市場銷售不力、工人不熟練等情況。

二、庫存控制的重要性

(一) 庫存控制是物流管理的核心內容

庫存管理之所以重要，首先在於庫存領域存在著降低成本的廣闊空間，對於中國的大多數企業尤其如此。所以對於中國企業來說，物流管理的首要任務是通過物流活動的合理化降低物流成本。例如：通過改善採購方法和庫存控制的方法，降低採購費用和保管費用，減少庫存占用資金；通過合理組織庫存內作業活動，提高搬運裝卸效率，減少保管裝卸費用支出等。

(二) 庫存控制是提高顧客服務水平的需要

在激烈的市場競爭中，不僅要有提高優質商品的能力，而且還要有提供優質物流服務的能力。再好的商品如果不能及時供應到顧客手中，也會降低商品的競爭能力。要保證用戶的訂購不發生缺貨，並不是一件容易的事情。雖然加大庫存可以起到提高顧客服務率的作用，但是，加大庫存不僅要占用大量資金，而且要占用較大的儲存空

間，會帶來成本支出的上升。如果企業的行為不考慮成本支出，則是毫無意義的。對經營本身並不會起到支持作用，在過高成本下維持的高水平服務也不會長久。因此，必須通過有效的庫存控制，在滿足物流服務需求的情況下，保持適當的庫存量。

(三) 庫存控制是迴避風險的需要

隨著科學技術的發展，新商品不斷出現，商品的更新換代速度加快。如果庫存過多，就會因新商品的出現使其價值縮水，嚴重情況下可能會一錢不值。從另一個角度看，消費者的需求在朝著個性化、多樣化方向發展，對商品的挑剔程度在增大，從而導致商品的花色品種越來越多，這給儲存管理帶來一定難度，也使庫存的風險加大。一旦消費者的需求發生變化，過多的庫存就會成為陷入經營困境的直接原因。因此，在多品種小批量的商品流通時代，更需要運用現代倉庫管理技術科學地管理庫存。

三、庫存控制的任務

對於任何一個企業來說，無論庫存過高還是過低，都會給企業的生產或經營帶來麻煩，因此，庫存控制的任務是：

(一) 占用最低的費用

在適宜的時間和適宜的地點獲得適當數量的原材料、消耗品、半成品和最終產品，即保持庫存量與訂購量的均衡，通過維持適當的庫存量，使企業資金得到合理的利用，從而實現盈利目標。

(二) 減少不良庫存

在大多數企業中，庫存占企業總資產的比例都非常高，許多企業都存在庫存過剩、庫存閒置、積壓商品、報廢商品、呆滯商品等不良庫存問題。這是因為人們只重視庫存保障供應的任務，忽視庫存過高所產生的不良影響。

1. 庫存過高的不良影響

(1) 使企業資本凍結。庫存過高將使大量的資本凍結在庫存上，當庫存停滯不動時，週轉的資金越來越短缺，使企業利息支出相對增加。

(2) 加劇庫存損耗。庫存過高的必然結果是使庫存的儲存期增長，庫存發生損失和損耗的可能性增加。

(3) 增加管理費用。企業維持高庫存在防止庫存損耗、處理不良損耗方面的費用將大幅度增加。

2. 不良庫存產生的原因

(1) 計劃不周。計劃不周或制訂計劃的方法不當，就會出現計劃與實際的偏差，使計劃大於實際，從而導致過高庫存。

(2) 生產計劃變更。企業生產計劃的變更會帶來一定數量的原材料或產成品的過剩，如果不及時進行調整，就會轉變為不良庫存。

(3) 銷售預測失誤。銷售部門對客戶可能發生的訂單數量估計錯誤，也將使採購、生產等部門的採購計劃和生產計劃與實際需求產生偏差，進而出現庫存過高的情況。

四、影響庫存水平的因素

影響庫存水平的因素很多，一般可以利用因果分析，從經營、生產、運輸、銷售和訂購週期五個方面對影響庫存的主要因素進行分析。

（一）從經營方面看

經營的目標應滿足客戶服務的要求，因而必須保持一定的預備庫存。但要實現利潤最大化，就必須降低訂購成本，也要降低生產準備成本，更要降低庫存持有成本，因而庫存量水平的高低需要在這些因素中進行權衡。

（二）從生產方面看

商品特性、生產流程和週期以及生產模式都將在許多方面對庫存產生影響。例如：季節性消費的商品——聖誕傳統禮品、飾品等，就不能完全等到節日到來之時才突擊生產，通常都按訂單提前進行均衡生產，這樣就必然在一定時期內形成大量庫存。

（三）從運輸方面看

運輸費用、運輸方法、運輸途徑對庫存水平的影響很大，運輸效益與庫存效益之間存在極強的二律背反關係。

（四）從銷售方面看

銷售渠道對庫存的影響也是顯著的，環節越多庫存總水平就會越高，減少流通環節就能減少流通過程中的庫存。客戶服務水平與庫存之間存在極強的二律背反關係，高的客戶服務水平通常需要高庫存來維持，但是庫存管理成本不能超過由此帶來的庫存成本節約。客戶訂購的穩定性對銷售庫存的影響及可能或已經發生的偏差，可以通過加強客戶關係維護與管理、提高銷售預測的精確度來糾正。

（五）從訂購週期看

訂購週期是指從確定對某種商品有需求到需求被滿足之間的時間間隔，也稱為提前期。其中包括訂單傳輸時間、訂單處理和配貨時間、額外補充存活時間以及採購裝運交付運輸時間四個變量。這些因素都在一定程度上對庫存水平造成影響。

五、合理庫存量的確定

庫存管理者的責任就是測量特定地點現有庫存的單位數和跟蹤基本庫存數量的增減。這種測量和跟蹤可以手工完成，也可以通過計算機技術完成。其主要的區別是速度、精確性和成本。這個測量和跟蹤的過程主要包括確定庫存需求、補充訂購、入庫和出庫管理等方面。其中庫存需求量的確定需要在需求識別和需求預測的基礎上進行。

企業確定庫存量的依據很多，其中採用經濟訂購批量是最普遍的做法。但由於持有庫存的目的是為了滿足客戶的服務需求，所以，庫存量與服務水平的平衡是在經濟訂購批量條件下最突出的問題。企業的年銷售目錄（計劃）、商品月需求量的變動、毛利率與週轉率的關係等也都供庫存量決策做參考。不過，實際情況可能會更加複雜。

例如：一些流行商品的庫存決策完全不容進行太多的分析，還有許多企業在庫存商品上可使用的資金非常有限。對於庫存的數量應該保有多少是最佳的狀態，要根據整個運作成本來確定。配送中心從補貨到入庫再到庫存管理，直至能否滿足顧客的要求，都涉及一定的成本，對於任何一個企業來講，追求的目標都是利益最大化，因此進行庫存量控制的標準是：在整個供應到銷售的過程中總成本最低。

（一）庫存量的影響因素

1. 庫存量與服務水平的平衡

對於大多數企業來講，如果要增加銷售額，就必須滿足客戶的需求，就需要增加商品庫存。但是在增加庫存的擁有量（擁有額）的同時，營業利潤會下降。商品處於庫存形態時相當於流動資金被凍結，無法產生任何利潤，而且還要面對各種可能出現的損失。對於庫存水平與服務質量之間的權衡很難用一個恰當的公式來計算，因此，能夠保證客戶服務需求的庫存量就是一個比較合理的庫存量。

2. 企業的年銷售目標

對於大多數企業來講，經營首要的工作就是制訂銷售計劃，制定企業全年的銷售目標，然后就可以根據行業標準週轉率的概念來計算年度平均庫存量。計算公式為：

商品平均庫存額＝年度銷售計劃/行業標準週轉率

標準週轉率的選用可以利用企業自己所設立的目標週轉率，也可以參考有關部門編製的經營指南。

【例6－1】某企業2015年度的銷售目標為3,000萬元，行業標準週轉率為15次/年，那麼該企業的年度平均庫存額是200萬元。計算過程如下：

商品平均庫存額＝3,000/15＝200（萬元）

365/15≈24（天/次）

計算結果是該企業年度平均庫存額為200萬元，大約24天週轉一次。但是實際情況卻並非如此，因為通常情況下企業不可能在一年中的任何時間都持有相等的庫存。市場行情隨時都在發生變化，並立即帶來商品需求量的波動。此外還有許多商品的需求是有季節性的，消費者的喜好也在不斷地變化。這些不確定的因素導致了商品需求量的變動，因此企業不可能也不應該長時間保持固定庫存量。

3. 月需求量的變動

商業結算通常都以月為結算週期，因此商品庫存可以參照已經發生的月需求變動來推算下月初應有的庫存額，計算公式為：

月初庫存額＝年度平均庫存額×1/2×(1＋季節指數)

季節指數＝該月銷售目標或計劃/月平均銷售額

【例6－2】某公司年度銷售目標（計劃）為6億元，預計年度週轉率為15次，由於市場需求量下降，一季度實現銷售額每月平均4,000萬元，預計4月份銷售額為3,760萬元，那麼該公司4月初期庫存額應調整為3,880萬元。計算過程如下：

月初庫存額＝年度平均庫存額×1/2×(1＋季節指數)

＝60,000/15×1/2×(1＋3,760/4,000)

＝3,880（萬元）

4. 商品毛利率與週轉率的關係

通常情況下週轉率高的商品毛利率低，而週轉率低的商品毛利率則比較高。最顯著的事例是價格昂貴的商品流轉速度都比較慢，而日用消耗品的流轉速度則比較快。因此企業可以依據商品的這種屬性來制定不同商品庫存策略。這個問題可以利用交叉比率來進行分析。交叉比率是商品週轉率和毛利率的乘積，計算公式為：

$$交叉比率 = 商品週轉率 \times 毛利率 \times 100\%$$

通過公式可以看出一旦毛利率下降，就必須採用提高週轉率的對策才能保持良好的交叉比率。換個角度來講，如果公司採用的是低價策略，就必須通過提高商品週轉率來增加銷售額，而足夠的庫存是保證銷售的前提。

（二）確定庫存量的依據

由於進行庫存量控制的標準是整個供應到銷售的過程中總成本最低，在這一過程中，涉及的成本如下：

1. 訂貨成本

為補充庫存而進行的每一次訂貨都涉及多種業務活動，這些活動都會給企業帶來成本。這些成本包括準備訂單及所有附屬文件的辦公及通信成本，安排貨物接收以及處理和保持所需信息的各種成本。

2. 價格折扣成本

在許多行業，供應商都對大批量採購提供價格折扣。對於小批量訂貨，供應商則可能收取附加費用。

3. 缺貨成本

如果因訂貨批量決策失誤發生缺貨，企業便會因不能滿足用戶需求而遭受損失。如果用戶是外部的，他們可能會向其他企業採購；而對於內部用戶，缺貨會導致生產設備閒置、效率低下，最終導致不能滿足外部用戶需求。

4. 庫存占用流動資金的成本

在購方發出補充庫存訂單后，供應商將要求購方為其商品付款。當購方公司最終又向其用戶供貨時，也會從其用戶得到付款。然而，在向供方付款與得到用戶付款之間會存在時差，在此期間，庫存占用了企業的流動資金，其成本體現為外借資金利息支出，或不能將資本投資於他處所導致的機會成本。

5. 存儲成本

這是指貨物實體存儲所導致的費用。房租、供暖、雇員和倉庫照明費用都是高昂的，當要求特殊倉庫條件，如需要低溫或高溫安全的倉庫時，尤其如此。

6. 廢棄成本

如果企業訂貨批量很大，庫存產品便會在倉庫中儲存很長時間。在這種情況下，產品或者可能過時（如因時尚變化），或者可能變質（如多數食品的情況）。

對於具體倉庫量的大小，以及訂貨時間的確定，將在后面具體的模型中介紹。

六、庫存分類管理

要對庫存進行有效的管理和控制，首先要對存貨進行分類。常用的存貨分類方法有 ABC 分類法和 CVA 分類法。

（一）ABC 分類法

ABC 分類法又稱重點管理法或 ABC 分析法。它是一種從名目眾多、錯綜複雜的客觀事物或經濟現象中，通過分析找出主次，分類排隊，並根據其不同情況分別加以管理的方法。該方法是根據巴雷特曲線所揭示的「關鍵的少數和次要的多數」的規律在管理中加以應用的。通常是將手頭的庫存按年度資金占用量分為三類：

A 類是年度貨幣量最高的庫存，這些品種可能只占庫存總數的 15%，但用於它們的庫存成本卻占到總數的 70%~80%；

B 類是年度貨幣量中等的庫存，這些品種占全部庫存的 30%，占總價值的 15%~25%；

那些年度貨幣量較低的為 C 類庫存品種，它們只占全部年度貨幣量的 5%，但卻占庫存總數的 55%。

除資金量指標外，企業還可以按照銷售量、銷售額、訂購提前期、缺貨成本等指標將庫存進行分類。通過分類，管理者就能為每一次的庫存品種制定不同的管理策略，實施不同的控制。建立在 ABC 分類基礎上的庫存管理策略包括以下內容，如表 6-3 所示：

表 6-3　　　　　　　　　　不同類型庫存的管理策略

庫存類型	特點（按貨幣占用量）	管理方法
A	品種數約占庫存總量的 15%，成本約占 70%~80%	進行重點管理。現場管理更加嚴格，應放在更安全的地方；為了保持庫存記錄的準確要經常進行檢查和盤點；預測時要更加仔細
B	品種數約占庫存總量的 30%，成本約占 15%~25%	進行次重點管理。現場管理不必投入比 A 類更多的精力；庫存檢查和盤點的週期可以比 A 類長一些
C	成本也許只占總成本的 5%，但品種數量或許是庫存總數的 55%	進行一般管理。現場管理可以更粗放一些；但是由於品種多，差錯出現的可能性也比較大，因此也必須定期進行庫存檢查和盤點，週期可以比 B 類長一些

利用 ABC 分類法可以使企業更好地進行預測和現場控制，以及減少庫存和庫存投資。ABC 分析法並不局限於分成三類，可以增加，但經驗表明，最多不要超過五類，過多的種類反而會增加控制成本。

（二）CVA 分類法

ABC 分類法有不足之處，通常表現為 C 類商品得不到應有的重視，而 C 類商品往

往也會導致整個裝配線的停工。因此，有些企業在庫存管理中引入了關鍵因素分析法（Critical Value Analysis，CVA）。

CVA 法的基本思想是把存貨按照關鍵性分成 3~5 類，即：
（1）最高優先級。這是經營的關鍵性商品，不允許缺貨。
（2）較高優先級。這是指經營活動中的基礎性商品，但允許偶爾缺貨。
（3）中等優先級。這多屬於比較重要的商品，允許合理範圍內的缺貨。
（4）較低優先級。經營中需要這類商品，但可替代性高，允許缺貨。

按 CVA 庫存管理法劃分的庫存種類及管理策略如表 6-4 所示：

表 6-4　　　　　　　　　　CVA 法庫存種類及其管理策略

庫存類型	特　點	管理措施
最高優先級	經營管理中的關鍵物品，或 A 類重點客戶的存貨	不許缺貨
較高優先級	生產經營中的基礎性物品，或 B 類客戶的存貨	允許偶爾缺貨
中等優先級	生產經營中比較重要的物品，或 C 類客戶的存貨	允許合理範圍內缺貨
較低優先級	生產經營中需要，但有可代替的物品	允許缺貨

CVA 分類法比起 ABC 分類法有著更強的目的性。但在使用中，人們往往傾向於制定高的優先級，結果高優先級的商品種類很多，最終哪種商品也得不到應有的重視。CVA 分類法和 ABC 分類法結合使用，可以達到分清主次、抓住關鍵環節的目的。在對成千上萬種商品進行優先級分類時，也不得不借用 ABC 分類法進行歸類。

本章小結

倉儲就是在特定的場所儲存物品的行為，既有靜態的倉儲又有動態的倉儲。搞好倉儲管理是實現社會再生產過程順利進行的必要條件，是保持商品使用價值的必要環節，是加快資金週轉，節約流通費用，降低物流成本，提高經濟效益的有效途徑。

第七章　現代物流配送管理

學習目標

（1）掌握物流配送的概念和服務特徵；
（2）掌握物流配送的類型；
（3）掌握物流配送的功能與作用。

開篇案例

西安高校蔬菜的物流與配送

隨著經濟的發展，生活節奏的加快，人們生活水平的提高和對更好生活品質的追求，新鮮蔬菜銷售走出傳統模式，以現代配送方式走進家庭、步入工礦企業是大勢所趨。西北地區，蔬菜配送業務起步較晚，但一旦起步，就會很快發展起來。由於高校人口密度大，網路普及率高，容易接受新事物，所以選擇高校作為蔬菜配送的起點非常合適，對以后家庭用戶的蔬菜配送也是一個經驗累積。

1. 國內外蔬菜配送的現狀

國外蔬菜配送已經很發達，在歐洲，集體訂購和家庭訂購量已占40%，其余需求量一般由超市供應，而超市作為配送中心也可以看作蔬菜配送的一種。日本由於生活節奏快，在蔬菜配送上做得更為出色，年產值數以百億日元計。

中國一些發達地區，蔬菜配送業務這幾年飛速發展，像北京、上海等地，很多小區內部都有配送中心，訂購業務發展很快。深圳的蔬菜配送公司萬家歡，從1995年成立至今，已吞並30多家蔬菜配送公司，不僅壟斷了廣東市場，還延伸到海南、雲南、福建，而一個廣州市場僅2003年蔬菜配送就達60億元產值。

西安是高校密集的省會，各高校分佈比較集中。隨著招生規模的擴大，各高校學生一般都在萬人以上，有的可達3萬人，再加上教職員工，構成了一個龐大的消費群體。各高校食堂所需蔬菜，每天需派專人採購，還需配備專用貨車，費事費力。因為對蔬菜的不瞭解，蔬菜品質與質量難以保證。如果採用蔬菜配送的模式，以上不足都可避免。

2. 西安高校採用蔬菜配送的優點

每天傍晚，各高校通過瀏覽網站，瞭解各種蔬菜的信息，按照需求給物流中心發去訂單（可以是電話、傳真、E-mail 等），物流中心把各高校的訂單匯總、調整后，按照訂單要求及供需方的具體情況準時配送，其優點如下：

（1）訂貨方便，省時省力。只需一個電話或 E-mail，足不出戶就可採購到自己所

需的各種蔬菜，不必派專人採購，也不需自己準備運貨工具。

（2）價格便宜。配送的優勢之一就是通過集貨形成規模效應，減少中間環節，使蔬菜的成本大大降低。

（3）蔬菜品質可以保證。配送中心擁有自己的蔬菜基地，對蔬菜的種植、農藥的使用量和蔬菜質量均有嚴格要求。為使客戶放心，配送中心蔬菜的清洗、消毒、加工工作也有嚴格的規定，並且絕對保證蔬菜保存時間少於 24 小時，安全、衛生、新鮮。

（4）配送時間準確。每天早上 8～9 點和下午 2～3 點把蔬菜定時送達各高校。

3. 高校蔬菜物流配送計劃與配送的基本功能

（1）配送實際上是一個物品集散過程，包括集中、分類和散發 3 個步驟。這 3 個步驟由一系列配送作業環節組成。配送的基本功能要素主要包括集貨、分揀、配貨、配裝、送貨等。

① 集貨：集貨是配送的首要環節，是將分散的、需要配送的物品集中起來，以便進行分揀和配貨。西安各高校主要集中在南郊，故可在南郊設立蔬菜基地，採用規模生產方式，每天按照訂單要求，把一定量的蔬菜送到配送中心。

② 分揀、配貨：配送中心收到蔬菜基地的蔬菜後馬上按類、按質、按照各高校的要求分揀、配備，並貼上標籤，以減少差錯，提高配送質量，並力求樹立品牌。

③ 配裝：配裝指充分利用運輸工具的載重量和容積，採用先進的裝載方法，合理安排貨物的裝載。在西安各高校的蔬菜配送計劃中，主要利用貨車進行運輸。

④ 送貨：送貨是指將配好的蔬菜按照配送計劃確定的配送路線送達各高校，並進行交接。如何確定最佳路線，使配裝和路線有效地結合起來，是配送運輸的特點，也是難度較大的工作。

（2）配送網路結構的確定

配送網路結構一般分為集中型、分散型、多層次型 3 種。到底選用哪種配送網路取決於外向運輸成本和內向運輸成本的高低。外向運輸成本是指從配送中心到顧客的運輸成本，內向運輸成本是指貨物供應方到配送中心的運輸成本。

① 集中型配送網路：這種配送網路只有一個配送中心，所以庫存集中，有利於庫存量的降低和規模經濟的實現，但存在外向運輸成本增大的趨勢。其特點是：管理費用少；安全庫存低；用戶提前期長；運輸成本中外向運輸成本相對高一些。

② 分散型配送網路：這種方案根據用戶的分佈情況，設置多個配送中心，其特點是外向運輸成本低，而內向運輸成本高，且管理費用增大，庫存分散，但是用戶的提前期可以相對縮短。

③ 多層次型配送網路：這種配送網路是集中型和分散型配送網路的綜合。

通過對西安高校地理位置、蔬菜基地位置和各節點交通狀況、運輸費用的綜合性考慮，決定採用集中型配送網路。

（3）配送模式與服務方式的確定

蔬菜配送方式屬於城市配送中心，並且是加工型配送中心。配送網路確定后，配送模式與服務方式就成為降低配送成本、提高服務水平的關鍵。由於蔬菜配送的特殊性（蔬菜不便儲藏），宜選用直通型配送模式，即商品從蔬菜基地到達配送中心后，迅

速分揀轉移，在12小時內準時配送。準時配送的特點是時間的精確性，要求按照用戶的生產節奏，恰好在規定的時間將貨物送達，可以完全實現「零庫存」。為了達到整個物流信息系統的高效性、準確性，有必要採用電子商務與配送系統相結合的配送方式。蔬菜配送網路成了物流中心、蔬菜基地、各高校之間的商務、信息交流平臺。

（4）配送路線的確定

在討論蔬菜配送的路線問題之前，先來討論一個旅行商（TSP）問題：一個旅行者從出發地出發，經過所有要到達的城市之後，返回到出發地。要求合理安排其旅行路線，使總旅行距離（或旅行時間，旅行費用等）最短。如果把配送中心看成配送路線的起點和終點的話，配送路線問題就是一個旅行商問題。

方案1：從配送中心 P_0 出發，先到 P_1 後返回配送中心，繼續到 P_2 再返回。

方案2：從配送中心 P_0 出發，到達 P_1 和 P_2 後，返回 P_0。

經過對路線進行比較，可看出方案2比方案1更經濟合理。節約量為 $(2d_1 + 2d_2) - (d_1 + d_2 + d_{1,2}) = d_1 + d_2 - d_{1,2}$，不過這個節約公式的前提條件是各節點之間可直接相連，即有最短路線。其中 d_1、d_2 是 P_0 到 P_1、P_2 的最短路程，$d_{1,2}$ 是 P_1 到 P_2 的最短路程。

4. 網站的建立

作為一個純商業性網站，蔬菜配送中心的網站主要是為通過電子商務模式購買蔬菜的新型顧客提供最方便快捷的途徑，真正做到讓網民足不出戶，就能買到一份質優價廉的蔬菜，同時介紹、宣傳公司的各種產品。當消費者瀏覽網頁時，可以看到網站提供的各種時新蔬菜的圖片和詳細的資料，並為不同的客戶提供專業的營養菜譜，滿足客戶的各種要求。

5. 結語

此處，高校蔬菜的物流與配送只起到一個拋磚引玉的作用。隨著職業婦女的增加和人們消費觀念的改變，針對工礦企業和家庭的主動型蔬菜配送，以其價格合理、節省時間、銷售期短、質量穩定等優勢，在未來將成為農產品銷售的主流形式，商機無限。

案例思考

1. 西安高校蔬菜配送的基本步驟是什麼？

2. 配送中心0到各客戶的距離以及客戶與客戶之間的距離如表7-1所示。分別求出各段距離的節約量。

表7-1　　　　　　　　　配送中心到各客戶的距離

	配送中心0	客戶1	客戶2	客戶3	客戶4	客戶5
配送中心0	0					
客戶1	8	0				
客戶2	5	8	0			

表7-1(續)

	配送中心0	客戶1	客戶2	客戶3	客戶4	客戶5
客戶3	9	15	7	0		
客戶4	12	17	9	3	0	
客戶5	13	7	10	17	18	0

第一節　物流配送概念與服務特徵

　　配送作為一種先進的物流方式，自20世紀80年代中期引進中國以來，特別是處於信息和通信相結合的新經濟時代的今天，已經成為中國經濟界廣泛關注的焦點。目前人們對配送概念的理解尚存在一定的差異，即使在配送業發達的美國、日本，對於配送概念仍沒有形成統一的看法。「配送」一詞是日本引進美國物流科學時，對英文 delivery（一說 distribution）的意譯，中國轉學於日本，也直接用了「配送」這個詞，形成了中國的一個新詞彙。

　　配送活動的實踐始於20世紀60年代初，這一階段，可稱為配送的萌芽階段。人們由普通送貨轉向備貨、送貨一體化。之後進入配送的階段，企業開始設立配送中心，探索共同配送。到了20世紀末，配送進入成熟階段。配送區域進一步擴大，配送手段日益先進，配送集約化程度明顯提高。現在，已經進入配送的現代化階段，配送講求信息化、網路化、系統化、自動化、規模化、社會化。

一、配送的概念

　　中國國家質量技術監管局在2001年頒布的《中華人民共和國國家標準——物流術語》中將配送定義為「在經濟合理區域範圍內，根據客戶要求，對物品進行分揀、加工、包裝、分割、組配等作業，並按時送達指定地點的物流活動」。

　　配送是從發送、送貨等業務活動中發展而來的。原始的送貨是作為一種促銷手段而出現的。隨著商品經濟的發展和客戶多品種小批量需求的變化，原來那種有什麼送什麼和生產什麼送什麼的發送業務已經不能滿足市場的需求，從而出現了「配送」這種發送方式。

　　概括而言，以上關於配送的概念反應了如下信息：

　　(1) 配送是接近客戶資源配置的全過程。

　　(2) 配送實質是送貨。配送是一種送貨，但是和一般送貨又有區別：一般送貨可以是一種偶然的行為，而配送卻是一種固定的形態，甚至是一種確定組織、確定渠道，有一套裝備和管理力量、技術力量，有一套制度的體制形式。所以，配送是高水平的送貨形式。

　　(3) 配送是一種「中轉」形式。配送是從物流結點至客戶的一種特殊送貨形式。

從送貨功能看，其特殊性表現為：從事送貨的是專職流通企業，而不是生產企業；配送是「中轉」性送貨，而一般送貨，尤其從工廠至客戶的送貨往往是直達型；一般送貨是生產什麼送什麼，有什麼送什麼，配送則是企業需要什麼送什麼。所以，要做到需要什麼送什麼，就必須在一定中轉環節籌集這種需要，從而使配送必然以中轉形式出現。當然，廣義上，許多人也將非中轉型送貨納入配送範圍，將配送外延從中轉擴大到非中轉，僅以「送」為標誌來劃分配送外延，也是有一定道理的。

（4）配送是「配」和「送」的有機結合。配送與一般送貨的重要區別在於，配送利用有效的分揀、配貨等理貨工作，使送貨達到一定的規模，以便利用規模優勢取得較低的送貨成本。如果不進行分揀、配貨，有一件運一件，需要一點送一點，就會大大增加勞動力的消耗，使送貨並不優於取貨。所以，追求整個配送的優勢，分揀、配貨等項工作是必不可少的。

（5）配送以客戶要求為出發點。在定義中強調「按客戶的訂貨要求」，明確了客戶的主導地位。配送是從客戶利益出發，按客戶要求進行的一種活動，因此，在觀念上必須明確「客戶第一」「質量第一」，配送企業的地位是服務地位而不是主導地位，因此不能從本企業利益出發，而應從客戶利益出發，在滿足客戶利益的基礎上取得企業的利益。更重要的是，不能利用配送損傷或控制客戶，不能將配送作為部門分割、行業分割、割據市場的手段。

（6）概念中「根據客戶要求」的提法需要基於這樣一種考慮：過分強調「根據客戶要求」是不妥的，客戶要求有客戶本身的局限，有時會損傷自我或雙方的利益。對於配送者來講，必須以「要求」為依據，但是不能盲目，應該追求合理性，進而指導客戶，實現雙方共同獲益的商業目的。這個問題近些年國外的研究著作也常提到。

二、配送的服務特性

配送包括了物流的多項功能，它是物流活動在某一範圍的縮影和體現。配送與物流系統一樣，具有服務特性。在社會再生產過程中，物流起著橋樑和紐帶作用，服務於生產和消費。配送作為供應物流的一種特殊形式，為生產過程提供服務，配送原材料、零部件等；配送作為銷售物流的一種服務方式，為商業部門和消費者提供服務，按需求者的要求把商品送到指定的地點。

1. 配送的綜合服務特性

配送的綜合服務表現在兩個方面：一是服務內容的綜合性，二是配送作業的綜合性。客戶購貨，一般需要訂貨、選貨、付款、提貨、包裝、裝車、運輸、卸貨等過程，而配送為客戶提供綜合服務，將大大簡化客戶的購貨過程。現代配送只需客戶下達訂單，配送中心便按客戶要求，把規定的貨物送到接收地點，客戶驗收即可。當然還要按規定的方式結算付款。

配送作業比一般的送貨作業更複雜一些，一般還包括揀選、分選、分割、配裝和加工等環節。在這種條件下，適宜採用先進的倉儲、揀選技術和系統管理方法，以提高配送效率和管理水平。

2. 配送的準時服務特性

物流配送服務的準時性是現代生產和現代社會生活的需要。比如現代生產流水裝配是連續性運轉，各工位需要準時供應零部件，如果零部件不能準時配送到位，就會使裝配作業陷入混亂或癱瘓。再如，接待貴賓需要鮮花和宴席，如果鮮花不能準時送到貴賓接待處，烤鴨不能準時送到宴會廳，那就可能造成極壞的影響。因此，現代配送的準時服務是一項不可缺少的條件。

3. 配送的增值服務特性

一般來說，送貨是把貨物從一個地點送到另一個地點，只改變物品的空間位置，而不改變物品的特性和使用價值。客戶的需求有各種各樣的，配送中心可以把生產領域中的產品進行深加工，以滿足客戶的多樣性需求，這就是增值服務。就像把水泥加工成混凝土，向建築工地配送；又如把金屬板材按客戶要求進行剪裁加工，配送給客戶；再如根據生產企業的需要，把鋼材、木材、平板玻璃等進行集中下料，制成生產所需的毛坯件，向生產企業配送；等等。

第二節　配送的種類

為滿足不同產品、不同企業、不同流通環節的要求，可以採用各種形式的配送。配送的種類可劃分如下：

一、按配送主體不同分類

（一）配送中心配送

組織者是專司配送的配送中心，規模較大。有的配送中心需要儲存各種商品，儲存量也比較大；有的配送中心專司配送，儲存量較小，貨源靠附近的倉庫補充。配送中心專業性較強，和客戶有固定的配送關係，一般實行計劃配送，需配送的商品有一定的庫存量，一般很少超越自己的經營範圍。配送中心的設施及工藝流程是根據配送需要專門設計的，所以配送能力強，配送距離較遠，配送品種多，配送數量大，承擔工業生產用主要物資的配送及向配送商店實行補充性配送等。配送中心配送是配送的主體形式，在數量上占主要部分，但是難以一下子建設大量配送中心，因此，這種配送形式仍有一定的局限性。

（二）倉庫配送

倉庫配送是以一般倉庫為據點進行的配送形式。它可以是把倉庫完全改造成配送中心，也可以是以倉庫原功能為主，在保持原功能的前提下，增加一部分配送職能。由於不是專門按配送中心要求設計和建立的，所以，倉庫配送規模較小，配送的專業化程度低。但它可以利用原倉庫的儲存設施及能力、收發貨場地、交通運輸線路等，開展中等規模的配送，並且可以充分利用現有條件而不需要大量投資。

二、按配送服務方式分類

由於市場環境的不同，要滿足不同的生產需求和消費需求，所採用的配送服務方式也不盡相同。按此可以把配送分成以下幾類：

(一) 定時配送

定時配送是指按規定時間間隔進行配送。定時配送的時間或時間間隔是由供需雙方以協議的形式確定的。每次配送的品種和數量既可以預先在協議中約定，按計劃執行；也可在送貨之前以商定的聯絡方式（如電話、傳真、E-mail 等）通知配送企業。

定時配送的主要表現形式有：

1. 日配式

日配式即在接到訂貨要求後，在 24 小時之內將貨物送達的配送方式。日配式是定時配送中廣泛使用的方式，尤其在城市內的配送中，當日配送占了絕大多數。日配式的時間要求大體是：上午的配送訂貨下午可送達，下午的配送訂貨第二天早上送達，送達時間在訂貨的 24 小時之內。

日配式適合的用戶有：①連鎖型商業企業以及要求週轉快、隨進隨出的小型商店、量販店、零售店；②連鎖型服務企業和保證貨物鮮活程度的服務業網點；③採用「零庫存」的生產企業和由於自身條件限制以致缺乏儲存設施的企業。

2. 準時配送式

準時配送式即按照雙方約定的時間準時將貨物配送到用戶。這種方式的特點在於時間的精確性。其配送每天至少一次，甚至幾次，以保證企業生產的不間斷。利用這種方式，用戶的微量庫存——保險儲備也可以取消，絕對實現用戶企業「零庫存」的目標。

準時配送式要求有很高水平的配送系統來實施，由於要求迅速反應，因而不大可能對多用戶進行周密的共同配送計劃。此種配送方式適合於裝配型、重複大量生產的用戶，這種用戶所需配送的物資是重複、大量且沒有大變化的，因而往往是一對一的配送。

3. 快遞式

快遞式是一種快速配送的服務方式。一般而言，這種方式覆蓋範圍較廣，服務承諾的時限隨著地域的變化而變化。

正因為快速配送的對象是整個社會的企業型用戶和個人用戶，所以發展很快，頗受青睞。日本的「宅急便」、美國的「聯邦快遞」、中國郵政系統的「特快專遞」等都是運作得異常成功的快遞式配送。

(二) 定量配送

定量配送就是按照協議約定的數量實施的配送。這種方式由於數量固定，在管理上可以增強備貨的計劃性，可以按托盤、集裝箱及車輛的轉載能力規定配送的定量，能有效利用托盤、集裝箱等集裝方式，也可做到整車配送，配送效率較高。由於時間不嚴格限定，可以將不同客戶所需物品湊成整車方式，運力利用也較好。對客戶來講，

每次接貨都處理同等數量的貨物，有利於人力、物力的準備。其不足之處是，有時會增大用戶的庫存。

(三) 定時定量配送

定時定量配送是指按照規定配送時間和配送數量進行配送。這種方式兼有定時、定量兩種方式的優點，但特殊性強，計劃難度大，適合採用的對象不多，不是一種普遍的方式，配送企業沒有一定的實力和能力是難以勝任的，因此，這種方式僅適合於生產量大且穩定的用戶，如汽車、家用電器、機電產品製造業等。

(四) 定時定路線配送

定時定路線配送是一種在約定的運送路線上，按照運行時刻表進行的配送方式。這種方式要求用戶預先提出供貨的品種、數量，並在規定的時間，到指定的地點接貨。採用這種方式，有利於配送企業安排車輛及駕駛人員，在配送客戶較多的地區，也可免去過分複雜的配送要求所造成的配送組織作業及車輛安排的困難。對客戶來講，既可對一定路線、一定時間進行選擇，又可有計劃地安排接貨力量。但這種方式的應用領域也是有限的，適合於消費者集中的商業繁華區域的用戶，若因街道狹窄，交通擁擠，也難以實現配送到門。

(五) 即時配送

即時配送是完全按照客戶突然提出的配送要求的時間和數量隨即進行配送的方式，這是具有很高靈活性的一種應急方式。這種方式是對其他配送服務方式的完善和補充。它主要是應對用戶由於事故、災害、生產計劃突然改變等因素而產生的突發性需求以及普通消費者的突發性需求所採用的高度靈活的應急方式。採用這種方式的品種可以實現保險儲備的零庫存，即用即時配送代替保險儲備。

三、按加工程度的不同分類

根據加工程度不同，可以把配送分成以下兩種：

(一) 加工配送

加工配送是指和流通加工相結合的一種配送形式，即在配送據點中設置流通加工環節，或是流通加工中心與配送中心建在一起。當社會上現成的產品不能滿足客戶需求，客戶根據本身工藝要求使用經過某種初步加工的產品時，可以在加工后通過分揀、配貨再送貨到戶。

流通加工與配送相結合，使流通加工更有針對性，減少盲目性。配送企業不但可以依靠送貨服務、銷售經營取得收益，還可通過加工增值取得收益。

(二) 集疏配送

集疏配送是指只改變產品數量組成形態而不改變產品本身的物理形態、化學形態，與干線運輸相配合的一種配送方式。如大批量進貨后小批量、多批次發貨；零星集貨后以一定批量送貨等。集疏配送主要適用於：農產品等需先集貨后分配的產品；商業

135

內部物資商品供應等。

四、共同配送

共同配送是由多個企業聯合組織實施的配送。由於共同配送是一種協作性的活動，其目標是實現配送的合理化，因而，有利於充分發揮配送企業的整體優勢，合理配置配送資源，降低配送成本，減少運送里程，同時也為電子商務的發展奠定了基礎。

（一）共同配送的類型

共同配送可以分為兩種類型：一種是以貨主為主體的共同配送；另一種是以物流企業為主體的共同配送。

1. 以貨主為主體的共同配送

以貨主為主體的共同配送是由有配送需要的廠家、批發商、零售商以及由它們組建的新公司或合作機構作為主體進行合作，解決個別配送效率低下的問題的配送。這種配送又可以分為發貨貨主主體型和進貨貨主主體型兩種配送方式。

2. 以物流企業為主體的共同配送

以物流企業為主體的共同配送是由提供配送的物流企業或以它們組建的新公司或合作機構作為主體進行合作，克服個別配送的效率低下等問題的配送。這一類共同配送又可以分為公司主體型和合作機構主體型兩種共同配送方式。

（二）共同配送的優點

1. 共同配送可以控制各個配送企業的建設規模

多個企業共建配送中心，分工合作，優勢互補，各自的建設規模可以控制在適當的範圍之內。

2. 配送設施共享，減少浪費

在市場經濟條件下，每個企業都要開闢自己的市場和供應渠道，因此，不可避免地要分別建立自己的供銷網路體系和自己的物流設施。這樣一來，便容易出現在用戶較多的地區設施不足、在用戶稀少的地區設施過剩，造成物流設施的浪費，造成不同配送企業重複建設物流設施的狀況。實行共同配送，可實現物流資源的優化配置，減少浪費。

3. 改善交通環境

由於近些年來出現的「消費個性化」趨勢和「用戶是上帝」的觀念，準時配送的物流方式應運而生。送貨次數和車輛急遽增加，大量的配送車輛雲集在城市商業區，導致嚴重的交通阻塞問題。共同配送可以使用一輛車代替原來多個配送企業的多臺車，自然有利於緩解交通擁擠，減少環境污染。

4. 提高效益

共同配送通過統籌規劃，提高車輛使用效率，提高設施利用率，減少成本支出，提高企業的經濟效益。

（三）共同配送的缺點

共同配送的缺點是經常出現如下管理問題。

（1）配送貨物種類繁多，分屬多個主體，服務要求不一致，難於進行商品管理。當貨物破損或出現污染、丟失等現象時，責任不清，容易出現糾紛，最終導致服務水平下降。

（2）共同配送的運作主體多元化，主管人員在管理協調方面容易出現問題。

（3）共同配送是多方合夥經營，在物流資源調度和收益分配方面容易出現問題。

（4）參與人員多而複雜，企業的商業機密容易泄露。

第三節　配送的功能與作用

一、配送的基本功能

配送的基本功能包括備貨、儲存、理貨、配裝和送貨等。這些功能的實現，便形成了備貨、儲存、理貨（揀選配貨）、配裝和送貨（運輸與送達服務）等配送業務環節。

（一）備貨

備貨是配送的準備工作和基礎環節。備貨工作包括組織貨源、訂貨、採購、進貨、驗貨、入庫以及相關的質量檢驗、結算等一系列作業活動。備貨的目的在於用戶的分散需求集合成規模需求，通過大量的採購，來降低進貨成本，在滿足用戶要求的同時也提高了配送的效益。

（二）儲存

儲存是進貨的延續，是維繫配送活動連續運行的資源保證。它包括入庫、碼垛、上架、上苫下墊、貨區的維護、保養等活動。

在配送活動中，儲存有暫存和儲備兩種形態。

1. 暫存形態的儲存

這種形態的儲存是指按照分揀、配貨工序的要求，在理貨場地所做的少量貨物儲存。這種形態的儲存是為了適應「日配」「即時配送」的需要而設置的；其數量的多少，只會影響到下一步工序的方便與否，而不會影響到儲存的總體效益。因此，在數量上並不做嚴格控制。

在分揀、配貨之後，還會出現一種發送貨物之前的暫存。這種形式的暫存時間一般不長，主要是為調節配貨和送貨的節奏而設置的。

2. 儲備形態的儲存

儲備形態的儲存是按一定時期的配送經營要求和貨源到貨情況而設置的，它是配送持續運作的資源保證。這種形態的儲備數量大，結構較完善。可根據貨源和到貨情況，有計劃地確定週轉儲備及保險儲備的結構與數量。因此，貨物儲備合理與否，會直接影響到配送的整體效益。

儲備形態的儲存可以在配送中心的自有庫房和貨場中進行，也可以在配送中心以

外租借的庫房和貨場中進行。

（三）理貨

理貨是配送活動中的一個重要內容。理貨通常包括：分類、揀選、加工、包裝、配貨、粘貼貨運標示、出庫、補貨等項作業。

理貨是配送活動中最重要的環節，是不同配送企業在送貨時進行競爭和提高自身經濟效益的重要手段。所以，從某種意義上說，理貨環節抓得好壞，直接關係到配送企業所創造的附加效益的好壞。

（四）配裝

配裝是送貨的前奏，是根據運載工具的運能，合理配載的作業活動。在單個用戶的配送量達不到運載工具的有效載荷時，為了充分利用運能和運力，往往需要把不同用戶的配送貨物集中起來搭配裝載，以提高運送效率，降低送貨成本。所以，配裝也是配送系統中一個重要環節。

配裝一般包括粘貼或附加關於貨物重量、數量、類別、物理特性、體積大小、送達地、貨主等的標示，登記、填寫送貨單，裝載、覆蓋、捆扎固定等項作業。

（五）送貨

送貨是配送活動的核心，也是配送的最終環節。要求做到在恰當的時間，將恰當的貨物、恰當的數量，以恰當的成本送達恰當的用戶。由於配送中的送貨（或運輸）需面對眾多的用戶，大多數的運送也許是多方向的。因而，在送達過程中，必須對運輸發貨方式、運輸路線和運輸工具作出規劃和選擇。選擇時要貫徹經濟合理、力求最優的原則。在全面計劃的基礎上，制定科學的、運距較短的貨運路線，選擇經濟、迅速、安全的運輸方式，採用適宜的運輸工具。一般而言，城市或區域內的送貨，由於距離較短，規模較小，頻率較高，往往採用汽車、專用車等小型車輛為交通工具。

送貨一般包括運送路線、方式、工具的選擇，卸貨地點及方式的確定，交付、簽收和結算等項活動。

二、配送管理的作用及意義

（一）完善和優化物流系統

第二次世界大戰之后，大噸位、高效率運輸力量的出現，使干線運輸無論在鐵路、海路或公路方面都達到理想的較高水平，長距離、大批量的運輸量的運輸及小搬運成了物流過程的一個薄弱環節。這個環節有和干線運輸不同的許多特點，如要求靈活性、適應性、服務性，致使運力往往利用不合理、成本過高等問題難以解決。採用配送方式，從範圍來講將支線運輸及小搬運統一起來，加上上述的各種特點使運送過程得以優化和完善。

（二）提高末端物流的效益

採用配送方式，通過增大經濟批量實現經濟進貨，又通過將各種商品客戶集中在

一起進行一次發貨，代替分別向不同客戶小批量發貨來實現經濟發貨，使末端物流經濟效益提高。

(三) 通過集中庫存使企業實現低庫存或零庫存

實現了高水平的配送之后，尤其是採取準時配送方式之后，生產企業可以完全依靠配送中心的準時配送而不需保持自己的庫存。或者，生產企業只需保持少量保險儲備而不必留有經常儲備。這就可以實現生產企業多年追求的零庫存，將企業從庫存的包袱中解脫出來，同時解放出大量儲備資金，從而改善企業的財務狀況。實行集中庫存后，其庫存總量遠低於不實行集中庫存時各企業分散庫存的總量，同時增加了調節能力，也提高了社會經濟效益。此外，採用集中庫存可利用規模經濟的優勢，使單位存貨成本下降。

(四) 簡化事務，方便客戶

採用配送方式，客戶只需向一處訂購，或與一個進貨單位聯繫就可以訂購到以往需要去許多地方才能訂購到的貨物，只需組織對一個配送單位的接貨便可以代替以往的高頻率接貨，因而大大減輕了客戶的工作量和負擔，也節省了事務開支。

(五) 提高供應保證程度

生產企業自己保持庫存，維持生產，供應保證程度很難提高（受到庫存費用的制約）。採取配送方式，配送中心可以比任何單位企業的儲備量都大，因而對每個企業而言，中斷供應、影響生產的風險便相對縮小，使客戶免去短缺之憂。

第四節　物流配送實務

一、物流配送的組織

物流配送的組織，實際上就是根據用戶訂貨品種、規格、數量、送貨時間、送貨地點等制訂物流配送計劃，下達給用戶和配送中心，然后由配送中心根據用戶需要組織進貨，調動運輸部門、倉儲部門、分貨部門、財務部門等完成備貨、理貨、送貨各項任務並最后與用戶結算的過程。物流配送的組織，是每一次物流配送活動的宏觀統籌安排。配送計劃的合理制訂，是成功組織物流配送的關鍵。

物流配送的組織程序如下：

1. 制訂配送計劃

配送雖然是一種物流業務，但商流是制訂配送計劃的依據。也就是說，由商流決定何時何地向何處送貨，然后由配送中心安排恰當的運力、路線、運量，以便使商品安全、及時地送達用戶。制訂配送計劃的主要依據是：

(1) 根據訂貨合同的副本，確定用戶的送達地、接貨人、接貨方式及用戶訂貨的品種、規格、數量、送貨時間等。

(2) 根據分日、分時的運力配置情況，決定運輸工具及裝卸搬運方式。

(3) 根據分日、分時的運力配置情況，決定是否臨時增減配送業務。

(4) 充分考慮配送中心到送達地之間的道路水平和交通條件。

(5) 調查各配送地點的商品品種、規格、數量是否適應配送任務的完成。

配送計劃制訂以後，開始進入物流配送計劃實施的環節。

2. 配送計劃的下達

配送計劃制訂后，可以通過電子計算機或表格形式及時下達用戶與配送點，使用戶按計劃做好接貨準備，使配送點按計劃規定的時間、品種、規格、數量組織物流配送，使用戶能在約定時間和地點接收貨物。

3. 按配送計劃組織進貨

各配送點接到配送計劃后，審核庫存商品是否能保證配送計劃的完成，當數量不足或目前商品不符合配送計劃要求時，要根據配送計劃，積極組織進貨。

4. 配送點下達配送指令

配送點向其運輸部門、倉儲部門、分貨包裝部門、財務部門下達配送指令，各部門根據配送指令做好配送準備。

5. 配送發運

理貨部門按配送計劃將用戶所需的商品進行分貨和配貨，進行適當包裝，並詳細標明用戶名稱、地址、配送時間等，按計劃將各用戶的商品組合、裝車，並按配送計劃發運。

配貨是配送工作的第一步，根據各個用戶的需求情況，首先確定配送貨物的種類、數量，然后在配送中心將所需貨物挑選出來，即所謂分揀。分揀作業可採用自動化的分揀設備，也可採用人工方法，這要取決於配送中心的規模及其現代化程度。分揀作業一般有兩種基本形式：

（1）分貨方式。分貨方式是將需配送的同一種貨物，從配送中心集中搬運到發貨場地，然后再根據各用戶對該種貨物的需求量進行二次分配，這種方式使用於貨物易於集中移動且對同一種貨物需求量較大的情況。

（2）揀選方式。揀選方式是用分揀車在配送中心分別為每個用戶揀選其所需貨物，此方法的特點是配送中心中每種貨物的位置是固定的。對於貨物種類多、數量少的情況，這種分揀方式便於管理和實現現代化。

6. 送達

將用戶所需的商品按照配送中心所選擇的運輸工具和運輸路線安全、經濟、高效地送達用戶，並由用戶在回執上簽字，然后由財務部門進行結算，一次配送活動就此終結。

由於配裝作業本身的特點，配裝工作所需車輛一般為汽車；由於需配送的貨物重量、體積以及包裝形式各異，在配送貨物時，既要考慮車輛的載重量，又要考慮車輛的容積，使車輛的載重和容積都能得到有效的利用，這樣就可以節省運力，減少配送的時間千米里程數（小時·千米），從而降低配送費用。

配送路線合理與否對配送速度、成本、效益影響很大，採用科學合理的方法確定配送路線，是配送活動中非常重要的一項工作。配送路線的確定原則是：

（1）以效益最高為目標的選擇：指選擇路線時以利潤的數值最大為目標值。
（2）以成本最低為目標的選擇：實際上也是選擇以效益最大為目標。
（3）以路程最短為目標的選擇：指如果成本與路程相關性較強，而和其他因素是微相關時，可以選擇它。

節約里程法是選擇最佳配送路線的一個常用方法。

節約里程法的基本原理是幾何學中三角形的一邊之長必定小於另外兩邊之和。

假設配送中心 A 和門店 B 和 C 的最短運輸距離分別為 m 和 n，B 和 C 之間最短運輸距離為 k，則用兩輛汽車分別給 B 和 C 往返配貨，運輸總距離 L_1 為：

$L_1 = 2(m+n)$

假設一輛汽車能夠負荷 B 和 C 的需貨量，採用一輛車巡迴配貨總運輸距離 L_2 為：

$L_2 = m + n + k$

后一種方案可比前一種方案節約的里程 dt（里程節約量公式）為：

$dt = m + n - k$

在實際配送活動中，門店往往較多，按照上述原理，在車輛運力允許的情況下，將有關門店整合起來，選定一個合理的配送路線，會大大提高配送效率。

二、物流配送網路

物流配送系統是一個網路結構的系統，它與物流一樣，是由物流節點活動和線路活動構成的，節點活動的場所（節點）包括物流中心、配送中心、物品的供方和需方；線路活動是運輸工具在運輸線路上的運動形成的，它反應了節點之間物品的傳遞關係。所以配送網路常用節點和節點之間的物品傳遞關係來表示。配送網路是配送作業的基本形式，不同類型的節點和不同的網路結構決定了配送模式和配送方法，從而產生不同的配送效果。因此，我們在討論配送模式和配送策略之前，先瞭解一下物流配送網路結構是非常必要的。

（一）集中型配送網路

集中型配送網路是指在配送系統中設立一個配送中心，所有用戶需要的物品均由這個配送中心完成配送任務。在這種系統中，因為只有一個配送中心，配送決策由這個中心作出，配送的商品也只經過這個中心進出，所以從這一點看是一種集中控制和集中庫存的模式。如一個城市範圍內，中小型連鎖公司自己設置的所屬連鎖店配送商品的配送系統一般只設一個中心，生產企業給配送中心供貨，配送中心給所屬連鎖店配送商品，就屬於這種配送網路類型。

集中配送庫存集中，有利於規模經濟的實現，也有利於庫存量的降低，但也存在外向運輸（從配送中心到顧客的運輸）成本增加的趨勢，具體表現在如下幾個方面：

1. 管理費用少

相對於分散配送系統，由於規模大，管理的固定費用下降，因此管理費用低。

2. 安全庫存降低

在相同服務水平下，集中比分散需要的安全庫存小，所以總平均庫存降低。

3. 用戶提前期長

由於集中型系統中配送中心離用戶遠了一些，因此使用戶的提前期變長。

4. 運輸成本中外向運輸成本（從配送中心到顧客的運輸成本）相對高一些

配送中心離用戶的距離與分散型系統相比要遠一些，但內向運輸成本（從生產廠到配送中心的運輸成本）相對會低一些。

(二) 分散型配送網路

分散型配送網路是指在一個配送系統中（通常指在一個層次上）設有多個配送中心，而將用戶按一定的原則分區，歸屬於某一個配送中心。大城市中的大型連鎖公司自己設置的為所屬連鎖公司配送商品的配送系統通常要設置多個配送中心才能滿足需要，就屬於這種配送網路類型。

這種結構的配送的特點是：

（1）由於配送中心離用戶近，外向運輸成本低。

（2）從供應商向配送中心送貨時，由於要向多個配送中心送貨，規模經濟自然沒有集中型好，故內向運輸成本（從供應商到配送中心的運輸成本）高。

（3）由於庫存分散，安全庫存增大，總平均庫存也增大。

（4）由於配送中心離用戶相對近一些，因此用戶的提前期會相應縮短。

(三) 多層次配送網路

多層次配送網路是在系統中設有兩層或更多層次的物流中心和配送中心，其中至少有一層是配送中心，而且靠近用戶。大型第三方物流企業、大型零售企業或從供應鏈來看的物流系統，它們的配送網路通常採用這種結構。

日本許多大型第三方物流企業和大型零售企業多在大城市 40 千米的圈外建立大規模的廣域物流中心，與原有配送中心共同構成多層次的配送網路結構，目的是既要滿足用戶高度化的服務需求，又要提高物流效率。隨著企業規模的大型化，配送規模擴大，經營品種增多，以高頻率、小批量為前提的高水平配送需要使庫存集約化，需要最大限度地追求連托架、貨櫃、散貨都能高效率快速處理的機械化、自動化、信息化的物流設施，同時也為了追求低成本物流戰略，這種大型廣域物流中心應運而生。日本以綜合商店為中心的大批量銷售的連鎖型零售業，90% 以上都擁有這種廣域物流中心。

多層次配送的網路系統，因為與供應商和用戶的距離都較近，所以內向運輸成本（從供應商到配送中心的運輸成本）和外向運輸成本（從配送中心到用戶的運輸成本）相對都會有所降低。

在多層次配送的網路系統中，有些物流中心或配送中心只是充當物品中轉的協調點，而不是商品的儲存點。商品從製造商到達物流中心或從物流中心到達客戶或零售店停留只有幾個小時，這是為了縮短商品儲存的時間和零售店的提前期。因此，這種多層次的系統並不一定會增加商品的庫存量。

（四）幾種典型的配送網路

1. 工業生產資料配送網路

工業生產資料是工業企業生產過程中所消耗的生產資料，包括原材料、燃料、設備和工具等。工業生產資料的配送也可稱為供應配送或供應物流，它是為生產企業提供原材料、零部件等物流品而進行的配送。工業生產資料配送服務的對象都是企業，供方是提供原材料和零部件的企業，需方是消耗原材料和零部件的企業。生產企業消耗的生產資料量一般比較大，計劃性強，可替換性小，進入消耗可能要經過初加工。為了降低物流成本，保證生產的順利進行，需方企業對配送系統在品種、數量、到達時間、到達地點方面的要求會比較高，特別是採用準時制生產的企業，要求物流配送系統能嚴格按生產計劃和進度將所需生產資料直接配送到生產現場進入消耗。

2. 生活消費品配送網路

生活消費品是由工農業企業提供的個人消費品，包括五金、家電、家具、紡織品、化妝品、工藝品、食品、飲料、果蔬、藥品等。

生活消費品的配送網路結構和流程與工業生產資料的配送沒有什麼本質區別，只是配送的用戶是零售店而不是生產企業，零售店只能根據對市場的預測來確定需求計劃，因而計劃的精度沒有生產企業根據生產進度來確定原材料和零配件需求計劃那樣高。另外，零售店一般會保留一定數量的商品庫存，也與生產資料配送中心和生產企業期望做到零庫存配送的要求不一樣。因此，工業生產資料的配送與生活消費資料的配送，在配送作業與用戶需求銜接的嚴密程度方面，前者比後者的要求高一些。

3. 包裹快遞配送網路

包裹快遞又稱住宅配送，它是在全國或全球範圍內構築一個多層次配送網路的基礎上，各網點以小貨車為工具收取用戶（個人或組織）需要寄送的物品，並集中到發送地中轉站，在中轉站進行分揀、配貨、配載，然後經區間運輸送到接收地中轉站，再通過接收地網點用小貨車送到收貨人手中。

包裹快遞原是為住宅區居民提供快捷、便利的包裹運輸服務的一種物流方式，後來發展成一種專門的快遞業務。

包裹快遞是一種特殊的配送業務，與供應配送和銷售配送的主要區別在於：

（1）配送的使命不同，即客體不同。包裹快遞不同於供應配送和銷售配送，不是直接為生產經營服務，而是為人們的工作、生活提供方便，即使命不同。包裹快遞配送的客體主要是小包裹和信函之類，如機械小配件、錄像帶、貿易小樣品、禮品、私人小行李、信函、票據、合同、資料等。隨著物流的發展和市場競爭的加劇，包裹快遞也在逐漸向生產經營領域裡的物流業務延伸，如電子商務和網路經銷方式下的經銷配送業務，有時就是由快遞公司承擔的，B2C模式銷售比個人的消費品交由快遞公司配送具有更大的優勢。

（2）功能差異。由於使命不同，功能上存在差異。供應配送和銷售配送為了保證生產和市場需求，配送過程通常具有儲存和加工功能；而包裹快遞用戶要求的是盡可能快地實現物品空間位置的轉移，因而主觀上不希望出現停滯，即包裹快遞配送是不

需要儲存功能和加工功能的。

（3）服務對象廣泛，網路覆蓋面廣。供應配送和銷售配送的服務對象主要是工商企業；包裹快遞的服務對象要廣泛得多，不僅包括工商企業，還包括政府機關、事業單位、社會團體，更多的還是廣大居民，凡有人群的地方都需要這類業務，因而包裹快遞配送網路的覆蓋範圍應盡可能寬。目前，快遞業務已遍及世界五大洲95%以上的國家和地區。

（4）包裹輸送速度快。「快」是包裹快遞的最本質特徵，也是用戶最基本的要求。如美國聯邦快遞向用戶承諾的服務時間是在24小時和48小時以內把用戶的包裹送到收件人手中。

三、物流配送模式

配送網路確定以後，配送模式與服務方式就成為降低配送成本、提高服務水平的關鍵。而且，配送模式與服務方式還會對物流系統的庫存和其他物流環節產生影響。因此，正確地選擇配送模式和服務方式對於改善配送效果、提高物流系統的效率和效益有著重要意義。

配送的模式一般有：

（一）直接配送模式

直接配送模式實際上不設配送中心，即用戶或零售商需要的商品直接從供應商配送到指定的地點。這種模式的優勢在於不需要仲介倉庫，而且在操作和協調上簡單易行。運輸決策完全是地方性的，一次運輸決策不影響別的貨物運輸。同時，由於每次運輸都是直接的，從供應商到零售商的運輸時間較短，減少了中間環節，避免了配送中心的費用。但這種模式同時也帶來三個方面的問題：一是由於庫存分散在用戶或零售商的倉庫裡，不能集中調度，無法利用風險分擔效應來降低整個系統的庫存量，會使存儲成本增高；二是不設配送中心，若用戶離供應廠商的距離遠，用戶也必須保持較大的庫存量；三是不利於組織共同配送，運輸的規模效益難以形成。因為當一個供應商供貨量不大時，運輸工具的空載率高，或者派較小的車輛送貨，這樣規模效益都比較低。

如果零售店的規模足夠大，對供應商和零售店來說，每次的最佳補給規模都與卡車的最大裝載量接近，那麼直接運輸網路就是行之有效的。但對於規模較小的零售店來說，直接運輸網路的成本過高。如果在直接運輸網路中使用滿載承運商，由於每輛卡車相對較高的固定成本，從供應商到零售店的貨運必然是大批量進行的，這必然會導致供應鏈中庫存水平提高；相反，如果使用非滿載承運，儘管庫存量較少，但卻要花費較高的運輸費用和較長的運輸時間。如果使用包裹承運，運輸成本會非常高。而且，由於每個供應商必須單獨運送每件貨物，因此供應商的直接運送將導致高的貨物接收成本。

（二）送奶線路的直接配送模式

送奶線路是指一輛卡車將從一個供應商那裡提取的貨物送到多個零售店時所經歷

的路線。在這種運輸體系中，供應商通過一輛卡車直接向多個零售店供貨。一旦選擇這種運輸體系，供應鏈管理者就必須對每條送奶線路進行規劃。

直接運送具有不需要仲介倉庫的好處，而送奶線路通過多家零售店在一輛卡車上的聯合運輸降低了運輸成本。由於每家零售店的庫存補給規模較小，這就要求使用非滿載進行直接運送，而送奶線路使多家零售店的貨物運送可以在同一輛卡車上進行，從而更好地利用卡車並降低運輸成本。直接向商店供貨的公司，如 Frito - Lay 零售公司，利用送奶線路可能降低運輸成本。

如果有規律地進行經常性、小規模的配送，而且一系列的供應商或零售店在空間上非常接近，那麼送奶線路的使用將顯著地降低成本。比如說，豐田公司利用送奶線路運輸來維持其在日本的即時製造系統。在日本，豐田公司的許多裝配廠在空間上很接近，因而可以使用送奶線路從單個供應商那裡運送零配件到多個工廠。

（三）所有貨物通過配送中心模式

在這種配送模式中，供應商並不直接將貨運送到零售店，而是先運到配送中心再運到零售店。零售供應鏈依據空間位置將零售店劃分為若干區域，並在每個區域建立配送中心。供應商將貨物送到配送中心，然后由配送中心選擇合適的運輸方式，再將貨物送到零售店。在這一運輸體系中，配送中心是供應商和零售商之間的中間環節，發揮著兩種不同的作用：一方面進行貨物保管；另一方面則起著轉運點的作用。當供應商和零售店之間的距離較遠、費用高昂時，配送中心（通過貨物保管和轉運）有利於減少供應鏈中的成本耗費。通過使進貨地點靠近最終目的地，配送中心使供應鏈獲取了規模經濟效益，因為每個供應商都將中心管轄範圍內所有商店的進貨送至該配送中心，而且，配送中心的送貨費不會太高，因為它只為附近的商店送貨。

（四）所有貨物通過配送中心對接的配送模式

如果零售店要在區域內小批量進貨，那麼配送中心就保有這些庫存，並為零售店更新庫存進行小批量送貨。例如，沃爾瑪商店在從海外供應商處進貨的同時，把產品保存在配送中心，因為配送中心的批量進貨規模遠比附近的沃爾瑪零售店的進貨規模大。如果商店的庫存更新規模大到足以獲取進貨規模經濟效益，配送中心就沒有必要為其保有庫存了。在這種情形下，配送中心通過把進貨分拆成運送到每一家商店的較小份額，將來自同一個供應商處的產品進行對接。當配送中心進行產品對接時，每一輛進貨卡車上裝有來自同一個供應商並將運送到多個零售店的產品，而每一輛送貨卡車則裝有來自不同供應商並將送到同一家商店的產品。貨物對接的主要優勢在於無須進行庫存，並加快了供應鏈中產品的流通速度。貨物對接也減少了處理成本，因為它無須從倉庫中搬進搬出，但成功的貨物對接常常需要高度的協調性和進出貨物步調的高度一致性。

貨物對接使用於大規模的可預測商品，要求建立配送中心，以在進出貨物兩個方面的運輸都能獲取規模經濟。沃爾瑪已經成功地運用貨物對接，減少了供應鏈中的庫存量，而且沒有引起運輸成本增高。沃爾瑪在某一區域內建立了許多由一個配送中心支持的商店。因此，在進貨方面，所有商店從供應商處的進貨都能裝在一輛卡車上並

獲取規模經濟。而在送貨方面，為了獲取規模經濟，他們把從不同供應商運往同一零售店的貨物裝在一輛卡車上。

（五）通過配送中心使用送奶線路的配送模式

如果每家商店的進貨規模較小，配送中心就可以使用送奶線路向零售商送貨了。送奶線路通過聯合的小批量運送減少了送貨成本。比如說，日本的7-11公司將來自新鮮食品供應商的貨物在配送中心進行對接，並通過送奶線路向商店送貨。因為單個商店依據所有供應商的進貨還不足以裝滿一輛卡車，貨物對接和送奶線路的使用使該公司在向每一家連鎖店提供庫存商品時降低了成本。同時，使用貨物對接和送奶線路要求高度的協調以及對送奶線路進行合理規劃和安排。

（六）量身定做的配送模式

以上幾種配送模式減少了運輸費用，增強了供應鏈的反應能力。量身定做的配送模式是上述配送模式的綜合運用。它在運輸過程中綜合運用貨物對接、送奶線路、滿載承運和非滿載承運，甚至在某些情況下使用包裹遞送，目的是視具體情況，採用合適的配送方案。送到大規模商店的大批量產品可以直接運送，送到小商店的小批量產品可以通過配送中心運送。這種配送模式是非常複雜的，因為大量不同的產品和商店要使用不同的運送程序。量身定做的配送模式的營運，要求有較多的信息基礎設施，以便進行協調。但同時，這種配送模式以及相對應的配送網路也可以有選擇地使用送貨方法，減少運輸成本和庫存成本。

四、物流配送作業

物流配送作業一般由備貨（集貨）、理貨和送貨三個基本環節組成。

備貨是配送作業的基本環節，涉及接收並匯總訂單、訂貨、驗貨、存貨等操作性活動。

理貨是按照客戶需要，對貨物進行分揀、配送、包裝等一系列操作性活動。理貨是配送業務中操作性最強的環節，是配送區別於一般送貨的重要標誌，而且從操作角度講，理貨技術也是配送業務的核心技術。

送貨是配送業務的核心，也是備貨和理貨的延伸，涉及裝車、出貨、送達等操作性活動。在物流運動中的送貨實際上就是貨物的運輸或運送，因此，常常以運輸代表送貨。但是，構成配送活動的運輸與一般的干線運輸是有很大區別的，前者是由物流體系中的運輸派生出來的，多表現為末端運輸和短距離運輸，而後者則為一次性運輸和長距離運輸。

在實際的操作當中，不管是配送中心的配送，還是生產企業的配送，或者是商店的自有倉庫的配送，它們的業務作業流程基本上都是相同的。

以配送中心的配送為例，其程序和具體內容大致如下：

（一）接收並匯總訂單

無論從事何種貨物配送活動，配送中心都有明確的服務對象。換言之，無論何種

類型的配送中心，其經營活動都是有目的的經濟活動。據此，在進行實質性的配送活動之前，都有專門的機構以各種方式收取客戶的訂貨通知單加以匯總。按照慣例，接受配送服務的各個客戶一般都要在規定的時間以前將訂貨情況通知配送中心，以此來確定所要配送貨物的種類、規格、數量和配送時間等。

（二）進貨

配送中心的進貨流程包括以下幾種作業：

1. 訂貨

配送中心收到和匯總客戶的訂貨單后，首先要確定配送貨物的種類和數量，然后要查詢本系統現有庫存商品中有無所需的現貨。如有現貨，則轉入揀選流程；如果沒有，或雖有現貨但數量不足，則要即時向供應商發出訂單訂貨。有時，配送中心也根據各客戶的需求情況、商品銷售情況以及供貨商簽訂的協議訂貨，以備發貨、接貨。通常，在商品資源寬裕的條件下，配送中心向供應商發出訂單之后，后者會根據訂單的要求很快組織供貨，配送中心的有關人員接到貨物以後，需要在送貨單上簽收，繼而對貨物進行檢驗。

2. 驗收

驗收是指採取一定的手段對接收的貨物進行檢驗。若與訂貨合同要求相符，則很快轉入下一道工序；若不符合合同要求，配送中心將詳細記載差錯情況，並且拒收貨物。按照規定，質量不合格的商品將由供應商處理。

3. 分揀

對於生產商送交來的商品，經過有關部門驗收之後，配送中心的工作人員隨即要按照類別、品種將其分門別類地存放到指定的場地或直接進行下一步操作——加工和揀選。

4. 存儲

為了保證配送活動正常進行，也為了享受價格上的優惠待遇，有些配送中心常常大批量進貨，繼而將貨物暫時存儲起來。由此，在進貨流程中就增加了一項存儲作業。

（三）理貨

為了順利、有序地出貨，以及為了便於向客戶發送商品，配送中心一般都要對組織進來的各種貨物進行整理，並依據顧客要求進行組合。從地位和作用上說，理貨是整個作業流程的關鍵環節，同時，它也是配送活動的實質性內容。

從理貨流程的作業來看，它是由以下幾項作業構成的：其一是加工作業；其二是揀選作業；其三是包裝作業；其四是組合或配裝作業。具體情況概述如下：

1. 加工作業

在配送中心所進行的加工作業中，有的屬於初級加工活動（如長材、大材改制成短材、小材等），有的系輔助性加工，也有的屬於深加工活動。加工作業屬於增值性經濟活動，它完善了配送中心的服務功能。

2. 揀選作業

揀選作業就是配送中心的工作人員根據要貨通知單，從儲存的貨物中揀出客戶所

要商品的一種活動，具體的做法是「以摘取的方式揀選商品」，即工作人員推著集貨箱在排列整齊的倉庫架間巡迴走動，按照配貨單上所填的品種、數量、規格，挑選商品並放入集貨箱內。

目前，隨著配送貨物數量的不斷增加和配送範圍的日益擴大，以及配送節奏的明顯加快，許多大型的配送中心已經配置了自動化的分揀設施，開始實施自動化揀選貨物。

3. 包裝作業

配送中心將客戶所需的貨物揀選出來以後，為了便於運輸和識別各個客戶的貨物，有時要對配置好的貨物重新進行包裝，並在包裝物上貼上標籤。因此，在揀選作業之后，常常進行包裝作業。

4. 組合或配裝作業

為了充分利用載貨車輛的容積和提高運輸效率，配送中心常常把同一條送貨路線上不同客戶的貨物組織起來，配裝在同一輛載貨車上。於是，在理貨流程中還需完成組合或配裝作業。

(四) 送貨

這是配送中心的末端作業，也是整個配送流程中的一個重要環節，包括裝車、出貨和送達三項經濟活動。

1. 裝車

配送中心的裝車作業有兩種表現形式：其一是使用機械裝卸貨物；其二是利用人力裝車。通常，批量較大或較重物品都放在托盤上進行裝車。有些散裝貨物，或用吊車裝車，或用傳送設備裝車。因各配送中心普遍推行混載送貨方式，對裝車作業有如下幾點要求：

（1）按送貨點的先后順序組織裝車，先到的要放在混載貨物的上面或外面，后到的要放在其下面或裡面。

（2）要做到「輕者在上，重者在下」「重不壓輕」。

2. 出貨

出貨是貨物向客戶需要的地點運輸或運送。在一般情況下，配送中心都使用自備的車輛進行出貨作業。有時，它也借助於社會上專業運輸組織的力量，聯合進行出貨作業。此外，為適合不同客戶的需要，配送中心在進行出貨作業時，常常作出多種安排，有時是按照固定時間、固定路線為固定客戶送貨；有時也不受時間、路線的限制，機動靈活地進行。

3. 送達

將客戶所需的貨物在指定時間指定地點送到，並由客戶在回執上簽字，一次配送活動就此完成。

第五節　物流配送服務

　　物流配送本身是一種服務性活動，而運輸、配送是物流功能的核心，特別是配送，它是多種物流功能的整合，所以物流的服務性特點在配送活動上體現得最為充分。

　　配送服務分為基本服務和增值服務。配送基本服務是配送主體據以建立基本業務關係的客戶服務方案，所有的客戶在一定的層次上予以同等對待；增值服務則是針對特定客戶提供的特定服務，它是超出基本服務範圍的附加服務。

　　服務是一種活動，它以必要的成本為顧客提供一定的效用價值。服務是有成本的，而且服務的成本與服務水準呈正相關關係。如果某商店願意承擔必要的耗費，那麼幾乎任何水平的物流服務都是能達到的。從當今的物流環境看，物流服務的限制因素往往不是技術，而是經濟。

　　高水準的物流服務可以形成物流服務優勢或物流優勢，但成本很高。所以歸根到底，物流配送服務是服務優勢和服務成本的一種平衡。服務成本不是越低越好，而是以用戶滿意為目標。但是，不同用戶對服務水平的要求是不一樣的，我們把支持大多數顧客從事正常生產經營和正常生活的服務稱為基本服務，而把針對具體用戶進行的獨特的、超出基本服務範圍的服務稱為增值服務。

一、物流配送基本服務

（一）物流配送基本服務的目標

　　物流配送作為物流系統的終端，直接面對服務的對象，其服務水平的高低直接決定著整個物流配送的效益。一般而言，理想的物流配送服務要求達到 6R，即適當的質量、適當的數量、適當的時間、適當的地點、好的印象、適當的價格。這實際上也是每一次物流配送活動所要達到的服務目標。

　　物流配送基本服務要求配送系統具備一定的基本能力，這種能力是配送主體向用戶承諾的基礎，也是用戶選擇配送主體的依據。配送需要一定的物質條件，包括配送中心、配送網路、運輸車輛、裝卸搬運設備、流通加工、計算機信息系統以及組織管理能力。配送基本能力是這些設施、設備、網點及管理能力的綜合表現，是形成物流企業競爭優勢的基礎。每個承擔配送業務的物流企業，都應該創造條件，形成這種能力。

（二）物流配送基本服務的能力要求

　　衡量一個物流企業或者一個配送主體的配送能力，應該從兩個方面加以考慮：一是規模能力，包括配送中心的存儲能力、吞吐能力、運輸週轉能力、流通加工能力等；二是服務水準能力，包括配送物品的可得性、作業績效、可靠性等。一般而言，衡量服務水平能力的標準有：

1. 可得性

配送物品的可得性是從用戶對物品的需求是否能得到滿足的角度提出來的服務水平，即滿足率。在配送系統中，滿足率可通過多種途徑實現或提高，傳統的做法是通過對用戶需求的預測來設定庫存，用一定的庫存量保證用戶需求的滿足，庫存量增大，滿足率就高，否則就低。現代配送系統可通過生產延遲、物流延遲等方式，在不增加庫存量的情況下也可達到提高滿足率的效果。

對用戶來說，可得性常常用缺貨頻數和缺貨率兩個指標來衡量，因為滿足率不能完全說明服務水平的狀態。

缺貨頻數是指用戶在一段時期內多次訂貨中缺貨的次數，缺貨頻數越高，說明配送系統對用戶的生產、經營或生活的影響越頻繁，給用戶造成的損失越大。

缺貨率是用缺貨數量所占用戶需求量的比重來衡量的，它反應了缺貨的程度，有時雖然缺貨次數不多，但每次缺貨的量可能比較大，缺貨率高，對用戶的生產和經營或生活的影響也大。

2. 作業表現

作業表現是指配送活動對所期望的時間和可接受的變化所承受的義務，它表現為作業完成的速度、一致性、靈活性、故障與恢復的狀況等。

作業完成速度是反應配送系統是否能即時滿足用戶的服務需求能力，通常用接到用戶訂單或發出作業指令到用戶得到貨物的時間長度來衡量。作業完成速度指標要求配送各環節具有快速回應的能力，作業完成速度越快，越有利於降低用戶庫存，有利於縮短用戶提前期，從而也有利於提高對市場預測的準確程度。一致性是從系統穩定性的角度對配送服務提出的要求。

3. 可靠性

可靠性的服務內容包括：商品品種齊全、數量充足、保證供應；接到客戶訂貨後，按照要求的內容迅速提供商品；在規定時間內把商品送到需要的地點；商品運到時保證數量準確、質量完好。

二、物流配送增值服務

增值服務是在基本服務基礎上延伸的服務項目。增值服務涉及的範圍很廣，一般可以歸納為以顧客為核心的增值服務、以促銷為核心的增值服務、以製造為核心的增值服務和以時間為核心的增值服務四種。

（一）配送增值服務的內容

1. 以顧客為核心的增值服務

這種增值服務向顧客提供利用第三方專業人員來配送產品的各種可供選擇的方式，指的是處理客戶向供應商的訂貨、直接送貨到商店或客戶家，以及按照零售店貨架儲備所需的明細貨物規格持續提供配送服務。例如，日本大和公司為了在激烈的市場競爭中形成自己的競爭優勢，開創了許多具有獨創性的「宅急便」（物流配送）服務，包括百貨店的進貨和對家庭顧客的配送、通信銷售業者的無店鋪銷售支援系統、產地

生產者的直接配送、專業的訂貨配送、書刊的家庭配送等，使「宅急便」成為多樣化、小批量定制化服務時代企業和家庭用戶不可缺少的物流服務。又如，武漢物資儲運總公司承擔了福州、廈門一些陶瓷生產企業向武漢漢西建材市場經銷商配送瓷磚的運輸和配送業務，同時，還為陶瓷生產企業提供代收貨款的業務，公司開發的計算機信息系統中心還專門設計了這一代收貨款的功能。

2. 以促銷為核心的增值服務

這種增值服務旨在為提供有利於用戶行銷活動的服務。物流提供服務的對象通常是生產企業或經銷商，配送增值服務是在為它們提供配送服務的同時，增加更多有利於促銷的物流支持。例如，為配送增值商品貼標、為儲存的產品提供特別的介紹、為促銷活動中的禮品和獎勵商品設置專門的系統進行處理和托運等。

3. 以製造為核心的增值服務

這種增值服務指在為用戶提供有利於生產製造的特殊服務，實際上是生產過程的向后或向前延伸，使通過配送為生產企業提供的原材料、燃料、零部件進入生產消耗過程時盡可能減少準備活動和準備時間。玻璃套裁、金屬剪切、木材初加工等屬於這類增值服務。

4. 以時間為核心的增值服務

這種服務是以對顧客的反應為基礎，運用延遲技術，使配送作業在收到用戶訂單時才開始啟動，並將物品直接配送到生產線上或零售店的貨架上，目的是盡可能降低預估庫存和減少生產現場的搬運、檢驗等作業，使生產效率達到最高程度。對於採用準時制（JIT）生產方式的企業實施生產「零庫存」配送就是典型的以時間為核心的增值服務。

（1）「零庫存」配送的目的是減少生產現場的庫存或完全消除庫存。庫存本來是為了調節供需在時間上的不一致而設置的。因為人們在生產經營和生活過程中，生產和消費常常存在時間上的矛盾，為了保證未來消費的需要，必須保證一定數量的庫存，特別是在未來需求是隨機或不確定時保留的庫存量可能會更大。但是，庫存會占用資金，會發生管理費用，即需要一定的儲存保管成本，所以庫存並不是人們主觀期望的。應該說，只要不影響生產經營或生活，庫存量應該是越少越好，甚至不發生為最佳，但客觀庫存量的最小化或不保持庫存，並不是說以倉庫儲存形式的某種或某些物品的儲存數量真正為零。如前面討論的直接配送模式中，配送中心不保持庫存，商品由生產企業運送到配送中心后，立即分揀、配貨並發送到零售店，但商品在配送中心仍要停留幾小時或10多個小時，事實上也是有庫存的，只是儲存的時間很短，可以認為是「零庫存」。

（2）「零庫存」實現的主要方式是準時制。所謂準時制，是指在準確測定生產的各工藝環節、作業效率的前提下按訂單確定計劃，以消除一切無效作業與浪費為目的的一種管理模式。這一概念是1953年由日本豐田汽車工業公司提出的，當時作為公司滿足顧客需求、提高公司競爭力的主要手段，在全公司推廣應用。1976年，該公司的年流通資金全年週轉率高達63次，為日本平均水平的8.85倍，為美國的十多倍。

（3）準時制的基本思想是「在需要的時候，按需要的量，生產所需要的產品」。這

種思想從理論上講，在生產的各個環節上不會出現閒置的原料和零部件，從而也就不會有庫存，因此被稱為「零庫存」生產方式。

準時制形成一種拉動式供應鏈，這種拉動式供應鏈必然要求進行原材料、零部件配送的配送系統也是準時制的，即配送作業應該是小批量、高效率的準時送貨，這是準時制生產的重要條件。

（4）為了實現準時制生產和配送，通常用「看板」作為各環節之間聯繫與溝通的工具，故稱看板管理。「看板」按用途分為提料看板、生產看板、採購看板等，配送與生產環節之間採用的看板應是提料看板。看板上標有相關的作業和材料信息，后一道作業向前一道作業提取材料時必須出示提料看板，前一道作業按看板所示的材料名、需要數量在需要時間內向后一道作業發貨。

（二）增值服務的功能

1. 增加便利性

一切能夠簡化手續、簡化操作的服務都是增長性服務。簡化是相對於消費者自我服務而言的，並不是說服務的內容簡化，而是指消費者為了獲得某種服務，以前需要消費者自己做的一些事情，現在由物流提供商以各種方式代替消費者做了，從而使消費者獲得這種服務后感到簡單，而且更加方便，從而增加了商品或服務的價值。

2. 加快反應速度

快速反應已經成為物流發展的動力之一。傳統的觀點和做法是提高運輸工具的速度或採用快速的運輸方式來提高運輸速度，但在需求方絕對速度要求越來越高的情況下，由於運輸速度的極限，運輸速度限制也變成了一種約束。因此必須通過其他辦法來提高速度。現代物流配送的做法是優化配送系統的結構和重組業務流程，重新設計適合客戶要求的流通渠道，以此來減少物流環節，簡化物流過程，提高物流系統的快速反應能力。

3. 降低物流成本

通過配送增值物流服務，可以尋找能夠降低物流成本的解決方案。可以考慮的方案包括：採取共同配送；提高規模效益；實施準時制配送，降低庫存費用；進行原材料、零部件與產品的雙向配送；提高運輸工具的利用率。

4. 業務延伸

業務延伸是指向配送或物流以外的功能延伸。向上可以延伸到市場調查與預測、採購及訂單處理；向下可以延伸到物流諮詢、物流系統設計、物流方案的規劃與選擇、庫存控制決策建議、貨款回收與結算、教育與培訓等。結算功能，不只是物流費用的結算，還包括替貨主向收貨人結算貨款。關於需求預測功能，物流服務商應該對商品的需求進行預測，從而指導用戶訂貨。關於物流系統設計諮詢功能，第三方物流服務商要充當客戶的物流專家，為客戶設計物流系統，替它們選擇和評價運輸網、倉儲網及其他物流服務供應商。關於物流教育與培訓功能，通過向客戶提供物流培訓服務，可以培養其對物流中心經營管理者的認同感，提高客戶的物流管理水平，並將配送中心經營管理者的要求傳達給客戶，便於確立物流作業標準。

本章小結

　　配送是現代物流的一個重要職能。它是現代市場經濟體制、現代科學技術和現代物流思想的綜合產物，與人們熟知的送貨有著本質區別。配送是企業經營活動的重要組成部分，它能給企業創造更高的效益，是企業增強自身競爭力的重要手段。

第八章　現代物流配送中心

學習目標

(1) 掌握配送中心的概念；
(2) 掌握配送中心的類型；
(3) 掌握配送中心的基本作業。

開篇案例

沃爾瑪的配送中心

沃爾瑪誕生在1945年的美國。在它創立之初，由於地處偏僻小鎮，幾乎沒有哪個分銷商願意為它送貨，於是不得不自己向製造商訂貨，然後再聯繫貨車送貨，效率非常低。在這種情況下，沃爾瑪的創始人山姆·沃爾頓決定建立自己的配送組織。1970年，沃爾瑪的第一家配送中心在美國阿肯色州的一個小城市本頓維爾建立，這個配送中心供貨給4個州的32個商場，集中處理公司所銷商品的40%。

沃爾瑪配送中心的運作流程是：供應商將商品的價格標籤和UPC條形碼（統一產品碼）貼好，運到沃爾瑪的配送中心；配送中心根據每個商店的需要，對商品就地篩選、重新打包，從「配區」運到「送區」。

由於沃爾瑪的商店眾多，每個商店的需求各不相同，這個商店也許需要這樣一些種類的商品，那個商店則有可能又需要另外一些種類的商品，沃爾瑪的配送中心根據商店的需要，把產品分類放入不同的箱子當中。這樣，員工就可以在傳送帶上取到自己所負責的商店所需商品。那麼在傳送的時候，他們怎麼知道應該取哪個箱子呢？傳送帶上有一些信號燈，有紅的、綠的、還有黃的，員工可以根據信號燈的提示來確定箱子應被送往的商店，並拿取這些箱子。這樣，所有的商店都可以在各自的箱子中拿到需要的商品。

在配送中心內，貨物成箱地被送上激光制導的傳送帶，在傳送過程中，激光掃描貨箱上的條形碼，全速運行時，只見紙箱、木箱在傳送帶上飛馳，紅色的激光四處閃射，將貨物送到正確的卡車上，傳送帶每天能處理20萬箱貨物，配送的準確率超過99%。

20世紀80年代初，沃爾瑪配送中心的電子數據交換系統已經逐漸成熟。到了20世紀90年代初，它購買了一顆專用衛星，用來傳送公司的數據及其信息。這種以衛星技術為基礎的數據交換系統的配送中心，將自己與供應商及各個店面實現了有效連接，沃爾瑪總部及配送中心任何時間都可以知道每個商店現在有多少存貨，有多少貨物正

在運輸過程當中，有多少貨物存放在配送中心等；同時還可以瞭解某種貨品上周賣了多少，去年賣了多少，並能夠預測將來能賣多少。沃爾瑪的供應商也可以利用這個系統直接瞭解自己昨天、今天、上周、上個月和上年的銷售情況，並根據這些信息來安排組織生產，保證產品的市場供應，同時使庫存降低到最低限度。

由於沃爾瑪採用了這項先進技術，配送成本只占其銷售額的3%，其競爭對手的配送成本則占到銷售額的5%，僅此一項，沃爾瑪每年就可以比競爭對手節省下近8億美元的商品配送成本。20世紀80年代后期，沃爾瑪從下訂單到貨物到達各個店面需要30天，現在由於採用了這項先進技術，只需要2～3天，大大提高了物流的速度和效益。

從配送中心的設計上看，沃爾瑪的每個配送中心都非常大，平均占地面積大約有11萬平方米，相當於23個足球場。一個配送中心負責一定區域內多家商場的送貨，從配送中心到各家商場的路程一般不會超過一天的行程，以保證送貨的及時性。配送中心一般不設在城市裡，而設在郊區，這樣有利於降低用地成本。

沃爾瑪的配送中心雖然面積很大，但它只有一層，之所以這樣設計，主要是考慮到貨物流通的順暢性。有了這樣的設計，沃爾瑪就能讓產品從一個門進、從另一個門出。如果產品不在同一層就會出現許多障礙，如電梯或其他物體的阻礙，產品流通就無法順利進行。

沃爾瑪配送中心的一端是裝貨月臺，可供30輛卡車同時裝貨，另一端是卸貨月臺，可同時停放135輛大卡車。每個配送中心有600～800名員工，24小時連續作業；每天有160輛貨車開來卸貨，150輛車裝好貨物開出。

在沃爾瑪的配送中心，大多數商品停留的時間不會超過48小時，但某些產品也有一定數量的庫存，這些產品包括化妝品、軟飲料、尿布等各種日用品，配送中心根據這些商品庫存量的多少進行自動補貨。到現在，沃爾瑪在美國已有30多家配送中心，分別供貨給美國18個州的3,000多家商場。

沃爾瑪的供應商可以把產品直接送到眾多的商店中，也可以把產品集中送到配送中心，兩相比較，顯然集中送到配送中心可以使供應商節省很多錢。所以在沃爾瑪銷售的商品中，有87%左右是經過配送中心的，而沃爾瑪的競爭使物流成本降低達到50%的水平。由於配送中心能降低物流成本50%左右，這使得沃爾瑪能比其他零售商向顧客提供更廉價的商品，這正是沃爾瑪迅速成長的關鍵所在。

（育路物流師考試網：http://www.yuloo.com/wlks/）

第一節　配送中心概述

一、配送中心的概念

一般地說，配送中心是專門從事商品配送業務的物流部門，是通過轉運、分類、保管、流通和信息處理等作業，根據用戶的訂貨要求備齊商品，並能迅速、準確和廉價地進行配送的物流場所或組織。對於「配送中心」，國內外有不同的定義。

日本《市場術語辭典》對配送中心的定義是「一種物流結點，它不以儲藏倉庫這種單一的形式出現，而是發揮配送職能的流通倉庫，也稱為基地、據點或流通中心」。配送中心的目的是「降低運輸成本、減少銷售機會的損失，為此建立設施、設備並開展經營管理作業」。

日本《物流手冊》將配送中心定義為「從供應者手中接受多種大量貨物進行倒裝、分類、保管、流通加工和情報處理等作業，然後按照眾多需要者的訂貨要求備齊貨物，以令人滿意的服務方式進行配送的設施」。

中國物流專家王之泰在《物流學》中將配送中心定義為「從事貨物配備（集貨、加工、分貨、揀選、配貨）和組織對客戶的送貨，以高水平實現銷售或供應的現代流通設施」。

這個定義的要點有：

（1）配送中心的「貨物配備」工作是其主要的、獨特的工作，是由配送中心完成的。

（2）配送中心有的是完全承擔送貨，有的是利用社會運輸企業完成送貨，從中國國情來看，在開展配送的初期，用戶自提的可能性是不小的。所以，對於送貨而言，配送中心主要是組織者而不是承擔者。

（3）定義中強調了配送活動和銷售或供應等經營活動的結合，是經營的一種手段，以此排除了這是單純的物流活動的看法。

（4）定義強調配送中心是「現代流通設施」，著重於和以前的諸如商場、貿易中心、倉庫等流通設施的區別。在這個流通設施中以現代裝備和工藝為基礎，不但處理商流而且處理物流，是兼有商流、物流全功能的流通設施。

中國 2001 年 8 月頒布的國家標準《物流術語》將配送中心定義為：「配送中心是從事配送業務的物流場所和組織。它應基本符合下列要求：①主要為特定的客戶服務；②配送功能健全；③完善的信息網路；④輻射範圍小；⑤多品種，小批量；⑥以配送為主，儲存為輔。」

不論國內外如何認識配送中心，定義如何不同，但對於配送中心的現實功能和功能目的的認識都是一致的，就是配送中心是配送業務活動的聚集地和發源地，其功能和目的是按照客戶的要求為客戶提供高水平的供貨服務。至於配送中心是一種物流設施還是物流活動組織則要看配送中心的經濟功能定位。

二、配送中心的形成與發展

（一）配送中心的興起

對配送中心的認識，我們要看看配送中心的形成和發展。配送中心的形成及發展是有其歷史原因的，日本經濟新聞社的《輸送的知識》一書，將它說成是物流系統化和大規模化的必然結果。而《變革中的配送中心》一文中這樣講：「由於用戶在貨物處理的內容上、時間上和服務水平上都提出了更高的要求，為了順利地滿足用戶的這些要求，就必須引進先進的分揀設施和配送設備，否則就建立不了正確、迅速、安全、

廉價的作業體制。因此，在運輸業界，大部分企業都建立了正式的配送中心。」

在國外，發達國家為了實現物流合理化進行了積極的探索。面對物流狀況存在的許多問題，比如物流分散、道路擁擠、運輸效率低而流通費用高等，美國「20世紀財團」曾組織過一次調查，發現流通結構分散和物流費用的逐年上升，嚴重阻礙了生產發展和企業利潤率的提高。在這種形勢下，改變傳統的物流方式，採用現代化的物流技術，進一步提高物流合理化程度，成為企業界人士的共同要求；而零售業的多店鋪化、連鎖化及多業態化也對物流作業的效率提出了更高的要求。美國企業界人士受第二次世界大戰期間「戰時後勤」觀念與實踐的影響和啓發，率先把「戰時後勤」的概念引用到了企業的經營活動中，推進了新的供貨方式，將物流中心的裝卸、搬運、保管、運輸等功能一體化和連貫化，取得了很大成效。第二次世界大戰後美國、日本和西歐等經濟發達的國家為了適應經濟發展和商品流通的需要，在倉儲、運輸、批發等企業的基礎上發展了形態各異的配送中心，到20世紀80年代，這些配送中心已開始取代傳統的批發體系，成為商品流通體系中的重要環節。

在此以後，受多種因素的影響，配送中心開始有了長足的發展，配送已演化成以高新技術為支撐的系列化、多功能的供貨活動。這主要表現在以下幾個方面：①配送區域進一步擴大，例如以商貿為主的國家荷蘭，貨物配送的範圍已經擴大到了歐盟國家。②作業手段日益先進，普遍採用自動分揀、光電識別、條形碼等現代先進技術手段，極大地提高了作業效率。③配送集約化程度提高。據有關資料介紹，1986年，美國GPR公司共有送貨點3.5萬個，到1988年經過合併，送貨點減少到0.18萬個，減少幅度為94.85％；美國通用食品公司新建的20個配送中心取代了過去的200個倉庫，逐步以配送中心形成規模經濟優勢。④配送方式日趨多樣化。

20世紀90年代，中國為了促進流通方式向現代化發展，實現貿易國際化，也在不斷籌建和擴大配送中心，使其發揮重要的保障和仲介作用。尤其是在大型跨國零售連鎖集團和物流服務商紛紛搶灘中國物流與零售市場的過程中，配送中心更是受到眾多商家的青睞，那些外商也往往是以完善的物流體系為先導，以相應的配送中心建設為載體來搶灘著陸。

由此可見，配送中心是基於物流合理化和拓展市場兩方面逐步發展起來的。它是物流領域中社會分工，專業分工進一步細化後的產物。在新型的配送中心建立起來之前，配送中心現在承擔的有些職能是在轉運結點完成的。以後，一部分這類中心向純粹的轉運站發展以銜接不同的運輸方式和不同規模的運輸，一部分則增加了配送的職能，而後向更強的「配」的方向發展。

(二) 配送中心的發展趨勢

作為物流組織形式之一的配送中心，它連接著生產與消費，並以其多種物流功能，更好的經濟效益和社會效益蓬勃發展。它一頭連接生產，一頭連接銷售或消費，已經取代好的經濟批發企業，成為一種少環節、低成本、高效率的現代物流方式。

現代流通領域已將物流的現代信息技術（自動分類系統、自動揀選系統、自動倉儲系統、電子補貨系統等）廣泛應用於配送中心。通過採用先進的信息技術、優化配

送業務流程和與供應商、客戶間的業務銜接，可以實現配送作業的高效、低耗、即時與高質的服務，即時瞭解客戶的需求，來拉動整個物流作業與流程，並促進物流產業整體效益的提高。在先進的信息技術支持下，它已呈現出一系列現代化趨勢。

1. 倉儲自動化

配送中心通常採用自動化立體貨架和拆零商品揀選相結合的倉儲系統，大大提高了倉庫空間的利用率和存貨與取貨的準確性和快速性。

2. 裝卸機械化

配送中心全面採用叉車、托盤作業系統，配以蓄電池揀選搬運車，實現裝卸搬運作業機械化。

3. 配貨自動化

由於連鎖超市對商品的「拆零」作業需求越來越強烈，國外配送中心揀貨、拆零的勞動力已占整個配送中心勞動力的70%，因此，配送中心逐漸採用自動分類、自動揀選系統來完成配貨過程。

4. 補貨電子化

為了即時補進所需的貨物，配送中心採用了自動補貨系統，利用計算機技術來實現補貨的電子化，這樣既能與供應商即時交換信息，又減少了人工作業易發生的錯誤。

5. 商品數字化

對貨物採用條形碼與電子掃描技術，可以實現對貨物的自動檢測和監控，只要把訂單輸入計算機，商品存放的各種貨架上，相應貨格的貨位指示燈和品種顯示器，立刻顯示需揀選商品在貨架上的具體位置以及所需數量，作業人員便可以從貨格裡取出商品，放入揀貨週轉箱，然后啓動按鈕，貨位指示燈和品種顯示器熄滅，訂單商品配齊后進入理貨環節。

6. 流程無紙化

採用條形碼、掃描技術和EDI技術后，實現了流程無紙化，大幅度地降低了差錯率；採用無線通信的計算機終端，從收貨驗貨、入庫到拆零、配貨，全面實現條形碼和無紙化。

7. 作業智能化

計算機技術在物流上的應用已遠遠超出了數據處理和事務處理，已跨入職能管理的領域。例如，配送中心的配車計劃與車輛調度計算機管理軟件，在美國、日本等國家已商品化，它能大大縮短配車計劃編製時間，提高車輛的利用率，減少閒置及等候時間，合理安排配送區域和路線等。

8. 交流協同化

由於配送中心要與眾多的供應商以及客戶交換信息，作業的計劃與執行間的協調尤為重要，而協同的關鍵是實現信息共享，在採用Internet、電子商務和EDI等技術與手段后，就能緊密集成各自的信息系統和整合相互間業務流程，實現上下游間的協同運作。

三、配送中心在現代物流中的地位

（一）配送中心是物流功能系統化的體現

在配送中心，有配送、保管、裝卸搬運、包裝、流通加工及信息處理等作業，這正是物流各環節功能的集成與組合，是完整的物流功能系統化過程。配送中心通過現代信息技術，有效地將物流的各種功能整合在一起，使各種功能之間協調運作，均衡運行，形成了一個十分精細而科學的運行系統。配送中心中硬件與軟件的配合效能發揮充分，體現了物流功能系統化的特點，達到了相對完美的程度。

（二）配送中心的出現表明物流的發展進入了新階段

配送中心作為運輸的結點，把干線運輸與支線運輸銜接起來，把運輸的「線」變成了配送的「面」，把分散的物流結點編織成密密麻麻的「網」；配送中心把單一的運輸、保管、裝卸搬運、包裝、流通加工和信息通信有效地結合起來，由原來單一功能的提高，變成各項功能的整體發揮，使系統得到昇華。配送中心是物流整體系統功能的縮影，集中反應了現代物流的綜合效應和發展水平。配送中心使物流成本降低，效益增加，服務質量提高。也可以說配送中心的出現是物流產業的一大跨越，是物流管理進入新階段的具體表現。

（三）配送中心是現代物流技術的集成

配送中心的配送業務性強、路線穩定、流向合理，大大減少了交叉運輸、空間往返和迂迴、倒流等現象，節約了運輸成本，提高了運輸效率；進入配送中心的貨物，在一般情況下，大部分經過分類後，按不同運輸方向和不同客戶直接運走，小部分在配送中心的立體自動化倉庫中短暫保管；貨物週轉快，保管質量好，差錯率低；配送中心的貨物裝卸搬運、轉送、包裝、分類揀選、流通加工等自動化作業，效率高、速度快、精確度好。自動分類、分揀、條形碼識別、手持終端利用、計算機控制等技術，把電力學、機械學、物理學、動力學、光學等多種科學技術有機地結合在一起，這種現代科學的有效利用和高度集成，把物流提升到了一個嶄新的水平。

（四）配送中心是企業銷售競爭的重要手段

建立配送中心儘管需要投入較多的資金，但企業投資配送中心的熱情始終不減，配送中心的數量仍在不斷上升，究其原因，主要因為配送中心是企業銷售競爭的重要手段之一。

在日益激烈的競爭環境中，企業為了贏得客戶，滿足客戶日益強烈的多樣化、個性化需要，維持市場份額，不得不提高對客戶服務的質量和水平。而客戶在市場競爭中為了節約物流費用，要求供貨企業加大送貨頻率、減少送貨數量，更快速、更及時、更精細地送貨。因此，生產企業和流通企業只有通過建立更多的配送中心來解決這一矛盾。配送中心雖然投入大，但可以減少人工成本、降低配貨和送貨差錯率、避免運輸環節的浪費。同時，利用配送中心又能夠高速度、小批量、多批次地送貨，因而配送中心作為企業之間銷售競爭的一種手段，越來越受到重視。

四、配送中心的功能

配送中心是專業從事貨物配送活動的物流場所或經濟組織，它是集加工、理貨、送貨等多種職能於一體的物流結點，也可以說，配送中心是集貨中心、分貨中心、加工中心功能的綜合。因此，配送中心具有以下一些功能：

（一）存儲功能

配送中心的服務對象是生產企業和商業網點，如連鎖店和超市，其主要職能就是按照用戶的要求及時將各種配裝好的貨物送交到用戶手中，滿足生產需要和消費需要。為了順利有序地完成向客戶配送商品（或貨物）的任務，更好地發揮保障生產和消費需要的作用，通常，配送中心都建有現代化的倉儲設施，如倉庫、堆場等，存儲一定量的商品，形成對配送資源的保證。某些區域性大型配送中心和開展「代理交貨」配送業務的配送中心，不但要在配送貨物的過程中存儲貨物，而且它所存儲的貨物數量更大，品種更多。

（二）分揀功能

作為物流結點的配送中心，其客戶為數眾多，在這些眾多的客戶中，彼此之間存在著很大的差別。它們不僅經營性質、產業性質不同，而且經營規模和經營管理水平也不一樣。為滿足這些複雜用戶群的不同需求，有效地組織好配送活動，配送中心必須採取適當的方式對組織來的貨物進行分揀，然後按照配送計劃組織配貨和分裝，強大的分揀能力是配送中心實現按客戶要求送貨的基礎，也是配送中心發揮其分揀中心作用的保證，分揀功能是配送中心重要的功能之一。

（三）集散功能

在一個大的物流系統中，配送中心憑藉其特殊的地位和擁有的各種先進設備，完善的物流信息系統能夠實現將分散在各個生產企業的產品集中在一起，通過分揀、配貨、配裝等環節向多家用戶進行分送。同時，配送中心也可以把各個用戶所需的多種貨物有效地組合和配裝在一起，形成經濟、合理的批量，來實現高效率、低成本的商品流通。另外，配送中心在選址時也充分考慮了其集散功能，一般選擇商品流通發達、交通較為便利的中心城市或地區，以便充分發揮配送中心作為貨物或商品集散地的功能。

（四）銜接功能

通過開展貨物配送活動，配送中心能把各種生產資料直接送到用戶手中，另外通過發貨和儲存，配送中心又起到了調節市場需求、平衡供求關係的作用。現代化的配送中心如同一個儲水池，不斷地進貨、送貨，快速地週轉，有效地解決了產銷不平衡，緩解了供需矛盾，在產、銷之間建立起一個緩衝平臺，這是配送中心銜接供需兩個市場的另一個表現。可以說，現代化的配送中心通過儲存和集散貨物功能的發揮，體現了其銜接生產與銷售、供應與需求的功能，使供需雙方實現了無縫連接。

(五) 流通加工功能

配送加工雖是普通的，但往往是有著重要作用的功能要素，可以大大提高客戶的滿意程度。國內外許多配送中心都很重視提升自己的配送加工能力，通過按照客戶的要求開展配送加工，可以使配送的效率和滿意程度提高。配送加工有別於一般的流通加工，它一般取決於客戶的要求，銷售型配送中心有時也根據市場需求來進行簡單的配送加工。

(六) 信息處理功能

配送中心連接著物流干線和配送，直接面對著產品的供需雙方，因而不僅是實物的連接，更重要的是信息的傳遞和處理，包括在配送中心的信息生成和交換。

五、物流中心與配送中心

物流中心是從事物流活動的場所或組織，它主要是面對社會服務，具備完整的物流功能、完善的信息網路，輻射的範圍較大，涉及的商品品種較多，批量較大，存儲和吞吐貨物的能力較強，物流業務統一經營、管理。物流中心是綜合性、地域性、大批量的物流物理位移集中地，它把商流、物流、信息流、資金流融為一體，成為產銷企業的媒介。物流中心按照其功能不同可分為流轉中心、儲存中心、流通加工中心等。

配送中心作為物流中心的一種形式，其功能基本涵蓋了所有的物流功能要素。它是以組織配送性銷售或供應，實行貨物配送為主要職能的物流結點。在配送中心，為了能做好送貨的編組準備，需要採取零星集貨、批量進貨等種種資源的集散工作和對貨物分揀配備等工作，因此，配送中心也具有集貨中心、分揀中心的職能。為了更有效地、更高水平地送貨，配送中心往往還有比較強的流通加工能力。此外，配送還必須執行貨物配備后送達客戶的使命，這是和分揀中心只管分貨的重要不同之處。由此可見，如果說集貨中心、分貨中心、加工中心的職能還較為單一的話，那麼，配送中心功能則較全面、完整。也可以說，配送中心實際上是集貨中心、分貨中心、加工中心的綜合，並有了「配」與「送」的有機結合，這樣，配送中心作為物流中心的一種主要形式，有時可和物流中心等同起來。

第二節　配送中心的類型

配送中心是專業從事配送活動的經濟實體。隨著市場經濟的不斷發展和商品流通規模的日益擴大，配送中心的數量也在不斷增加。然而，在為數眾多的配送組織（或稱配送設施）中，由於各自的服務對象、組織形式和服務功能不一致，從理論上又可以把配送中心分成若干類型。總結歸納國內外配送中心的運作情況，現實中的配送中心大體上可以根據以下幾種情況分成不同的類型。

一、根據配送中心的經濟功能分類

1. 供應型配送中心

供應型配送中心即專門向某些用戶供應貨物、充當供應商角色的配送中心。在現實生活中,有很多從事貨物配送活動的經濟實體,其服務對象主要是生產企業和大型商業組織(超級市場或聯營商店),它們所配的貨物以原材料、元器件和其他半成品為主,客觀上起著供應商的作用。這些配送中心類似於用戶的后勤部門,故屬於供應型配送中心。在物流實踐中,那些接受客戶委託、專門為生產企業配送零件、部件以及專為大型商業組織供應商品的配送中心即屬於供應型配送中心。中國上海地區6家造船廠共同組建的鋼板配送中心和服務於汽車製造業的英國 HONnA 斯溫登配件中心、美國 SIEuKI、MoTQR 洛杉磯配件中心,以及德國 MA2nA、MoTQR 配件中心等物流組織均是供應型配送中心的典型代表。

由於供應型配送中心擔負著向多家用戶供應商品(其中包括原料、材料和零配件等)的任務,因此,為了保證生產和經營活動能正常運行,這種類型的配送中心一般都建有大型的現代化倉庫並存儲一定數量的商品。

2. 銷售型配送中心

以銷售商品為主要目的,以開展配送為手段而組建的配送中心屬銷售配送中心。這些配送中心為了提高商品的市場佔有率,採取了多種降低流通成本和完善其服務的辦法及措施,其中包括:代替客戶(或消費者)理貨、加工和送貨等,為用戶提供系列化、一體化的后勤服務(商品售前和售後服務)。與此同時,改造和完善了物流設施(如改造老式倉庫),組建了專門從事加工、分揀、揀選、配貨、送貨等活動的配送組織或配送中心。很明顯,上述配送中心完全是圍繞著市場行銷(銷售商品)而開展配送業務的。從本質上看,這種配送中心所從事的各種物流活動是服務(或從屬)於商品銷售活動的。因單位不同,銷售型配送中心又可細分成以下三種:

第一種是生產企業(或稱製造商)為了直接銷售自己的產品及擴大自己的市場份額而建立的銷售型配送中心。在國外,特別是在美國,這種類型的配送中心數量很多。據有關資料介紹,美國加工業的配送中心(如美國 Keebler 芝加哥配送中心、美國 Mary Kay 化妝品公司所屬的配送中心)均為這種類型的配送中心。

第二種是專門從事商品銷售活動的物流企業為了擴大銷售而自建或合作建立起來的銷售型配送中心。近幾年,在中國一些試點城市所建立或正在建立的生產材料配送中心多屬於這種類型的物流組織。

第三種是流通企業和生產企業聯合建立的銷售型配送中心。這種配送中心類似於國外的「共用型」配送中心。

3. 儲存型配送中心

這是一種儲存功能很強的配送中心。其主要是為了滿足三方面的需要而建立的。實踐證明,儲存一定數量的物資(包括原材料和半成品)乃是生產和流通得以正常進行的物質保障。從商品銷售的角度來看,在買方市場條件下,由於企業在銷售商品(包括生產企業自銷其產品)的過程中,不可避免地會出現遲滯現象,因此,客觀上需

要有儲存環節予以支持；而從生產的角度看，在賣方市場條件下，生產企業常常要存儲一定數量的生產資料，以保證生產連續運轉和應付急需。在這種情況下，同樣需要設立儲存環節予以支持；再從物流運動本身來看，大範圍、遠距離、高水平地開展配送活動（如開展即時配送），客觀上也要求配送組織儲存一定數量的商品。在實際生活中，有一些大型的配送中心，為了滿足上述要求，相繼改造和擴建了倉庫，並配置各種先進的設備，隨之形成了以儲存和配送商品為主要功能的物流組織。不難看出，儲存型配送中心是在發揮儲存作用的基礎上組織、開展配送活動的。這樣的配送中心多起源於傳統的倉庫。在國內外，這種類型的配送中心也不乏其例。中國物資儲運總公司天津物資儲運公司唐家港倉庫即是儲存型配送中心的雛形；在國外，瑞士 GIAB-GEIGY 公司所屬的配送中心，以及美國弗萊明公司的食品配送中心則是儲存型配送中心的典型。據專業刊物介紹，瑞士的配送中心擁有規模居世界前列的儲存倉庫，可存儲 4 萬個托盤。美國弗萊明公司的食品倉庫建築面積為 7 萬平方米，其中包括 4 萬平方米的冷藏庫、3 萬平方米的雜貨倉庫。

4. 流通型配送中心

這是一種只以暫存或隨進隨出方式運作的配送中心，基本上沒有長期儲存功能。這種配送中心的典型方式是：大量貨物整進並按一定批量零出，採用大型分貨機，進貨時直接進入分貨機傳送帶，分送到各用戶貨位或直接分送到配送汽車上，貨物在配送中心裡僅做少許停留。因此流通型配送中心充分考慮市場因素，在地理上定位於接近主要的客戶地點，可獲得從製造點到物流中心貨物集中運輸的最大距離，而向客戶的第二程零貨運輸則相對較短，從而便於以最低成本迅速補充庫存，其規模大小應取決於被要求的送貨速度、平均訂貨的多少以及單位用地成本。

二、根據物流設施的歸屬和服務範圍分類

1. 自用（或自有）型配送中心

這種類型的配送中心指的是：包括材料倉庫和成品倉庫在內的各種物流設施和設備歸一家企業或企業集團所有，作為一個物流組織，配送中心是企業或企業集團的一個有機組成部分。自然，這種隸屬某一企業集團的配送中心只服務於集團內部各個企業，通常，它是不對外提供配送服務的。前面講述的美國沃爾瑪商品公司所屬的配送中心即是公司獨資建立、專門為本公司所屬的連鎖店提供商品配送服務的自用型配送中心。目前，隨著經濟的發展，大多數自用型配送中心均已轉化成了公司型配送中心。

2. 公司型配送中心

顧名思義，這類配送中心是面向所有用戶提供后勤服務的配送組織（或物流設施），只要支付服務費，任何用戶都可以使用這種配送中心。從歸屬的角度說，這種配送中心一般是由若干家生產企業共同投資、共同持股和共同管理經營的實體。在國外，也有個別的公司型配送中心是由私人（或某個企業）投資建立和獨自擁有的。此外，據有關資料介紹，在美國，有的公司型配送中心的土地屬於某一方，而設施的興建和激光儀器管理工作是由專門的經營公司來承擔的。公司型配送中心的數量很多。在配送中心總量中，這種配送組織占相當大的比例。據介紹，在美國，約有 250 家公司型

配送中心，有的已經形成了網路、體系。

還有一種配送中心叫作「合作配送中心」。這種配送中心是由幾家企業合作興建、共同管理的物流設施。合作型配送中心多為區域性配送中心。

三、根據服務範圍和服務對象分類

1. 城市配送中心

城市配送中心亦即只能向城市範圍內的眾多用戶提供配送服務的物流組織。由於在城市範圍內，貨物的運距比較短，因此，這類配送中心在從事（或組織）送貨活動時，一般都使用載貨汽車。又由於使用汽車配送物資時機動性強、供應快、調度靈活，因此，在實踐中依靠城市配送中心能夠開展少批量、多批次、多用戶的配送活動，也可以開展「門到門」式的送貨業務。

因為城市配送中心的服務對象多為城市圈裡的零售商、連鎖店和生產企業，所以，一般來說，它的輻射能力都不太強。在物流實踐中，城市配送中心是採取與區域配送中心聯網的方式運作的。當前，中國一些試點城市所建立或正在建立的配送中心（如北京食品配送中心、無錫市各專業物資配送中心）絕大多數都屬於城市配送中心。在國外，很多配送中心也屬於城市配送中心。

2. 區域配送中心

這是一種輻射較強、活動範圍較大、可以跨省進行配送活動的物流中心。美國沃爾瑪公司屬下的配送中心、荷蘭 Nedlloyd 集團所屬的「國際配送中心」以及歐洲其他批發公司所屬的配送中心（如瑞典 NAG 公司所屬喬魯德市布洛配送中心）就是這種性質的物流組織。

區域配送中心有三個基本特徵：其一，經營規模比較大，設施和設備齊全，並且數量較多、活動能力強。如前所述，美國沃爾瑪公司的配送中心，建築面積有 12 萬平方米，投資 7,000 萬美元，它每天向分佈在 6 個州的 100 家連鎖店配送商品，經營的商品有 4 萬種；荷蘭的「國際配送中心」，其業務活動範圍更廣，該中心在接到訂單之后，24 小時之內即可將貨物裝好，僅用 3 天的時間就可把貨物運到歐盟成員國的客戶手中。目前，該中心不僅在國內外建立了許多現代化的倉庫，而且裝備了很多現代化的物流設備。其二，配送的貨物批量比較大而批次較少。比如，有的區域配送中心每週只為用戶配送 3 次貨物，但每次配送的貨物都很多。其三，在配送實踐中，區域配送中心雖然也從事零星的配送活動，但這不是它的主要業務。很多區域配送中心常常向城市配送中心和大的工商企業配送商品，因而，這種配送中心是配送網路或配送體系的支柱結構。

四、根據所經營貨物的種類劃分

1. 經營散裝貨物的配送中心

在國外，這類配送中心主要是合作配送中心。其職能是向加工廠提供諸如石油、汽油、原料等物資。該配送中心多設在鐵路沿線和沿海地區。中國的煤炭配送中心即屬上述類型。

2. 經營原材料（生產資料中的一種）的配送中心

它的任務是向生產企業配送諸如鋼材、木材、建材等物資。在發達國家，這類配送中心多以集裝箱的方式配送貨物。

3. 經營「件貨」的配送中心

這通常指的是配送製成品（如食品）的物流中心。實踐中，上述貨物也是用集裝箱和托盤來完成運送任務的。

4. 經營冷凍食品的配送中心

這類配送中心有加工、冷凍食品的功能。

5. 特殊商品配送中心

這是一種專門處理和運送一些特殊商品（如有毒物品，易燃、易爆物品，特殊藥品等）的配送中心。這些物流組織（或物流設施）通常都設置在人口稀少的地區，並且對所存放的商品須進行特殊的管理。

第三節　配送中心的基本作業

配送中心的效益主要來自「統一進貨、統一配送」。統一進貨的主要目的是避免庫存分散，降低企業的整體庫存水平。通過降低庫存水平，可以減少庫存商品占用的流動資金，減少為這部分占壓資金支付的利息和機會損失，降低商品滯銷壓貨費用。配送中心的作業流程設計要便於實現兩個主要目標：一是降低企業的物流總成本；二是縮短補貨時間，提供更好的服務。

配送中心的作業流程中的每一步都要準確、及時，並且具備可跟蹤性、可控制性和可協調性。綜合歸納為7項作業活動：①客戶及訂單處理；②進貨作業；③理貨作業；④裝卸搬運作業；⑤流通加工作業；⑥出庫作業；⑦配送作業。以下分別說明。

一、客戶及訂單處理

配送中心和其他經濟組織一樣，具有明確的經營目標和對象，配送中心的業務活動以客戶訂單發出的訂貨信息作為其驅動源。在配送活動開始前，配送中心根據訂單信息，對客戶的分佈、所訂商品的品名、商品特性和訂貨數量、送貨頻率和要求等資料進行匯總和分析，以此確定所要配送的貨物種類、規格、數量和配送時間，最后由配送中心調度部門發出配送信息（如揀貨單、出貨單等）。訂貨處理是配送中心調度、組織配送活動的前提和依據，是其他各項作業的基礎。

訂單處理是配送中心客戶服務的第一個環節，也是配送服務質量得以保證的根本。在訂單處理過程中，訂單的分揀和集中是重要的環節。訂單處理的職能之一是填製文件，通知指定倉庫將所訂貨物備齊，一般用分揀清單表明所需集中的商品項目，該清單的一聯送到倉庫管理人員手中。倉庫接到產品的出貨通知后，按清單揀貨、貼標，最后將商品組配裝車。

國外許多配送中心採用電子化方法將訂單直接傳送到企業，較為先進的方法是採

用EDI（電子數據交換）。在分揀方面，發展趨勢是通過計算機進行控制，這不但加快了訂單的分揀速度，也加大了分揀的準確性。

配送中心收到客戶訂單後，進行處理的主要作業有：

（1）檢查訂單是否全部有效，即訂單信息是否完全、準確。

（2）信用部門審查客戶的信譽。

（3）市場部門把銷售額記入有關銷售人員的帳目。

（4）會計部門記錄有關的帳目。

（5）庫存管理部門選擇和通知距離客戶最近的倉庫，分揀客戶的訂單，包裝備運，並及時登記公司的庫存總帳，扣減庫存，同時將貨物及運單送交運輸部門。

（6）運輸部門安排貨物運輸，將貨物從倉庫發運到收貨地點，同時完成收貨確認（簽收）。

二、進貨作業

配送中心進貨作業主要包括訂貨、接貨、驗收入庫三個環節。

1. 訂貨

配送中心收到並匯總客戶的訂單以後，首先要確定配送貨物的種類和數量，然後要查詢管理信息系統，看現有庫存商品有無所需的訂貨商品，如現貨數量滿足，則轉入揀貨作業；如果沒有現貨或現貨數量不足，則要及時向供應商發出訂單，提出訂貨。另外，對於流轉速度較快的熱門商品保證供貨，配送中心也可以根據需求情況提前組織訂貨，批量上最好是經濟批量。對於商流、物流相分離的配送中心，訂貨作業由客戶直接向供應商下達採購訂單，配送中心進貨工作從接貨作業開始。

2. 接貨

供應商在接到配送中心或用戶的訂單后，會根據訂單要求的品種數量組織供貨，配送中心則組織人力、物力接收貨物，按有關規定或合同中的事先約定驗收入庫。

三、理貨作業

理貨作業是配送中心的基本作業活動，主要完成貨物的儲存保管、庫存控制、盤點、揀選、補貨、再包裝等作業。

商品在庫保管的主要目的是加強商品養護，確保質量完好。同時要加強儲位合理化工作和儲存商品的數量管理工作。商品儲位可根據商品屬性、週轉率、理貨單位等因素來確定。儲位商品的數量管理則需依靠健全的商品帳務制度和盤點作業制度。商品儲位合理與否、商品數量管理精確與否將直接影響商品配送作業效率。

揀選是配送作業最主要的前置工作。配送中心接到配送指示后，及時組織理貨作業人員，按照出貨優先順序、儲位區別、配送車輛趟次、先進先出等方法和原則，把配貨商品整理出來，經復核人員確認無誤后，放置到暫存區，準備裝貨上車。

分揀作業的方法分為摘果式和播種式兩種，常用的是摘果式揀選。具體做法是揀貨員拉著揀貨箱在庫存架內巡迴走動，根據揀貨單上貨物在揀選區貨架上的位置，按揀貨單上確定的品種和數量揀取貨物並放入揀貨箱內。另外，一些大型配送中心採用

了自動分揀技術，利用自動分揀設備自動分揀，大大提高了揀貨作業的準確性和作業效率。

補貨作業是從保管區把貨物運送到揀選區的工作。補貨作業的目的是確保貨物能保質保量按時送到指定的揀選區。補貨的單位一般是托盤。揀選區存貨量的多少是決定補貨的重要因素。一般來講，補貨策略有三種形式：第一種是批次補貨，即每天由計算機系統計算出所需貨物的總揀選量，查看揀選區存貨量後，在揀選之前一次性補足，從而滿足全天揀貨量；第二種是定時補貨，即把每天分成幾個時點，當揀選區存貨量小於設定標準時，立即補貨；第三種是隨即補貨，即巡視員發現揀選存貨量小於設定標準時，立即補貨。

四、裝卸搬運作業

裝卸搬運作業是指裝貨、卸貨，實現貨物在配送中心不同地點之間的轉移等活動。裝卸、搬運是物流各環節連接成一體的接口，是配送、運輸、保管、包裝等物流作業得以順利實施的根本保證。

裝卸搬運作業活動的基本動作包括裝車（船）、卸車（船）、堆垛、入庫、出庫以及連接上述各項動作的短程輸送，是伴隨運輸和保管活動而產生的必要活動。物流作業流程中，從進貨入庫開始、儲存保管、揀貨、流通加工、出庫裝載直到配送到客戶手上，裝卸搬運活動是不斷出現和反覆進行的，它出現的頻率高於其他各項物流活動。每次裝卸搬運活動都要花費一定時間，因此，往往成為決定物流速度的關鍵。裝卸搬運活動所消耗的人力也很多，是物流活動中造成貨物破損、散失、損耗、混雜等損失的主要環節。所以裝卸搬運費用在物流成本中占很大比重。

由此可見，裝卸搬運活動是影響物流效率、決定物流技術經濟效果的重要環節。物流配送的合理化必須先從裝卸搬運系統著手，一般方法是在裝卸運作中採用有效的機械設備。目前使用的搬運機械大致可分為起重機類、輸送機類、提升絞車類、工業車輛類以及其他機器。

五、流通加工作業

配送中心加工作業屬於增值性活動，不具有普遍性。有些加工作業屬於初級加工活動，如按照客戶的要求，將一些原材料套裁；有些加工作業屬於輔助加工，比如對產品進行簡單組裝，給產品貼上標籤或套塑料袋等；也有些加工作業屬於深加工，食品類配送中心的加工通常是深加工，比如將蔬菜、水果洗淨、切割、過磅、裝袋等，加工成淨菜，或按照不同的風味進行配菜組合，加工成原料菜等配送給超市或零售店。

不同類型的配送中心會根據其配送商品的特性、用戶的要求、加工的可行性選擇是否進行配送加工作業，作業內容也不盡相同，通過加工作業可完善配送中心的服務功能。

六、出庫作業

出庫是指貨物離開貨位，經過備貨、包裝和復核、裝載至發貨準備區，同時辦理

完交接手續的過程。貨物出庫要根據「先進先出、推陳出新」的發貨原則，做到先進的先出、保管條件差的先出、包裝簡易的先出、容易變質的先出，對有保管期限的貨物要在限期內發出。

貨物發運質量直接影響到貨物流通的速度和安全運輸。按照「及時、準確、安全、經濟」的貨物發運原則，做到出庫的貨物包裝牢固，符合運輸要求，包裝標示和發貨標誌鮮明清楚；要單證齊全、單證相符；要手續清楚、貨物交接責任明確，確保貨物配送順利進行。

七、配送作業

配送作業就是利用車輛把客戶訂購的貨物從配送中心送到客戶手中的工作。

首先要制訂配送計劃。配送計劃制訂后，需要進一步組織落實，完成配送任務。配送計劃確定后，要將到貨時間、到貨品種、規格、數量及車輛型號通知客戶做好接車準備；同時向各職能部門下達配送任務，做好配送準備，然后組織配送發運。理貨部門要將各客戶所需的各種貨物進行分貨及配貨，然后進行適當的包裝並詳細標明客戶名稱、地址、送達時間以及貨物明細。按計劃將客戶貨物組合、裝車，運輸部門按指定路線運送各個客戶，完成配送作業。

交貨是配送活動最后的作業，它是把運送到客戶的貨物，按客戶要求，在指定地點卸車，辦理核查、移交手續等作業活動。如果客戶有退貨、調貨的要求，則應將退調商品隨車帶回，並完成有關單證手續。

本章小結

配送中心的作業，主要由商品到貨、保管、配貨、出庫、包裝、出貨及配送等作業組成，有些配送中心還具有商品的加工功能。物品的配送有其自身的流程，不同類型商品在配送中心的作業內容是有所區別的。配送中心的作業項目很多，因此必須對各個作業流程加強管理。

第九章　現代物流管理技術
—— MRP、JIT 和 ERP

學習目標

（1）掌握物料需求計劃（MRP）、閉環 MRP 的基本原理；
（2）掌握製造資源計劃（MRPII）的特點及其實施過程中的關鍵問題；
（3）掌握準時制生產方式（JIT）的基本原理和基本內容；
（4）掌握 ERP 的管理理念、系統構成以及與 JIT、MRPII 的區別；
（5）瞭解基於 TOC 理論的生產物流計劃與控制。

開篇案例

國內某家大型成套設備製造商的生產主管談到該企業的生產過程時，指出存在以下問題：

「我們製造的零部件中超過 50% 的都得延期完工。這樣必然會延誤最后交貨期。」

「我們得為那些延期交貨的產品和未完工的產品提供更多地方存放。」

「我們不得不延長計劃準備期，生產車間、總裝車間、輔助生產部門必須提前 6 周安排生產計劃和進行生產準備。」

「總裝車間經常等待，無人知道何時能完工交貨。客戶等得不耐煩，開始取消訂單。」

這家企業為了使生產線不至於停產，盡量提前生產一些零部件，以備急需。庫房裡很快就堆滿了各種零部件。企業的生產資金奇缺。會計師發現流動資金在半年中從 5,000 萬元急遽增加到 8,000 萬元。

他們大約有 20 多套產品在不同的生產線上同時生產，總裝這些產品需要的零部件大部分已經備好，但是因為都缺少一二個小部件，所以還未完工。

提前一個多月加班生產出來的零部件，由於生產中暫時不需要，只得再存入生產庫中，之所以加班突擊把它們生產出來，是因為它們在缺件表中，屬於已經誤期的零件，實際上總裝急需的該零部件只是其中的很少一部分。儘管他們知道加班生產出來的並非都是急需的，但他們不知道急需的是什麼，除非在總裝線上已經發現的缺件。等到他們知道急需的是什麼時，已經對最后交貨期產生了影響。

「因為長期加班突擊，生產工人極度疲勞。產品質量不穩定，生產設備過了維修期而無法安排計劃維修。帶病運轉的設備大量增加，維修工人必須增加。」

結果常常是這樣的：

企業的經理得到報告，他們的生產能力不夠，還需要增加新的生產設備；流動資金短缺，需要追加更多的資金；庫房不夠，需要新建庫房；生產人員短缺，需要增加熟練生產工人；某某訂單又得推遲交貨，因延誤交貨期，客戶取消了訂貨計劃。

這種問題不僅僅存在於中國的製造業企業，就連製造業發達的美國也存在同樣的問題。

在我們的印象中，美國的大型製造企業似乎都有雄厚的經濟實力和高效的運作體系，怎麼可能會出現這樣的問題？

美國解決問題的方案包括：

在早期，他們採用優先級法則來控制生產活動。比如從工序時間出發，把工序時間中最少的松弛時間、最早交貨時間等參數，輸入計算機中進行車間作業模擬，以觀察哪一種方案最好。

20世紀60年代，許多企業曾嘗試採用「車間作業管理系統」以期提高車間能力的利用率，解決「車間並沒有完成應該完成的任務」「車間設備工時利用率不高」「車間作業負荷不均衡」「車間能力不夠」等問題。

在一段時間內，許多企業自己嘗試開發實施一種旨在更好地利用車間能力負荷的應用系統——車間作業負荷平衡及優化系統，這種系統通過修改計劃日期保證均衡生產。

物料統管是指把物料採購、生產控制、庫存控制和其他物料管理功能集中起來，形成一個統一管理的組織形式，作為上面所分析問題的解決方案。

后來的實踐證明，這些方案都無法達到預期的目標。原因在於這些方案的設計者沒有真正認識到出現問題的根源在於這些企業的計劃問題。

絕大多數用來解決生產控制問題的方法，都沒有考慮到真正的問題是計劃問題。

（1）採用優先級法則來控制生產活動的人們竟沒有想到，在模擬中使用的交貨時間到底是否有效。如果交貨時間並不真正反應需求日期，這種模擬還有什麼意義？

（2）一些企業採用「生產作業管理系統」，是因「車間並沒有完成應該完成的任務」「車間設備工時利用率不高」「車間作業負荷不均衡」「車間能力不夠」等表面現象誤導了人們。實際上，這些問題並非是車間工作人員的問題，而是因為計劃安排無效，他們根本不知道什麼是應該完成的任務。

（3）採用「車間作業負荷平衡及優化系統」的人們在實踐中發現，該系統所依據的是不準確的計劃日期。

（4）物料統管的方案是必要的。這種解決方案使採購人員、生產控制人員、庫存控制人員一起工作，而不是相互扯皮，有利於解決物流過程的銜接問題。但是如果沒有有效的生產計劃作保證，這種方案只是治標而不治本。

1. 無效計劃的影響

美國人發現無效的計劃安排是使美國的製造企業競爭力下降的原因。

無效的計劃安排常常表現為加班生產趕進度。經常性的加班使得工人的工作效率下降，影響設備的正常維修和保養，造成設備故障率增加。

如果計劃安排是無效的，那麼採購人員就常常是在一種緊張的氣氛中工作。由於

採購緊缺物料是被動的，必須馬上完成任務，這樣會使工作人員忽視經濟效益評價、價格判斷、簽訂供貨協議以及與工程設計人員合作使產品符合企業控制標準等工作。

當計劃不能有效運行時，採購和退貨方面的交通運輸費與訂貨費也會增加。

2. 計劃失效的原因

為什麼企業會出現計劃無效的問題？因為不斷變化的環境使計劃的編製極為複雜和困難。

所有在企業中編製過計劃的人們都可能體會到，編製企業生產作業計劃最大的問題是複雜多變的環境！特別是產品結構比較複雜的離散製造企業，其生產計劃必須在企業內安排生產數以千百計的項目或從企業外採購數以千計的不同種類的零部件、原材料或最終產品等。

他們編製計劃的依據主要有兩個：一是市場預測，二是客戶訂貨合同。

在許多企業，生產計劃的編製是從市場預測開始的。他們一般根據本企業過去的統計數字，再考慮一些現在變動的因素，最後通過臆想的系數來調整，得出其市場預測的結果。問題是這些市場預測是很難做到準確的，實際執行的結果又會與原來預期的結果產生越來越大的偏差。例如某項作業遺漏了、提前或推後了，客戶需要提前交貨等。人們常常會在生產現場看到某些緊急下達的作業指令，其他計劃中的作業必須讓位於這些緊急作業。原訂計劃會被打亂，進而導致更多的緊急作業。

另外有很多企業是依據客戶合同編製生產作業計劃的，因此他們不會遇到預測不準的問題，只需要根據銷售部門已經落實的客戶訂貨合同開展生產作業計劃即可。但實際上這樣編製出來的生產計劃在執行過程中，仍然會有問題。例如，客戶修改了產品規格，要求提前交貨；已經發出的採購訂單不能按期交貨；供應商要改變規格等。這些都會使原定計劃失效。

為了解決無效計劃問題，美國製造業採用了 MRP 作為解決問題的方案。

MRP 應用的目的之一是進行庫存的控制和管理。按需求的類型可以將庫存問題分成兩種：獨立性需求和相關性需求。獨立性需求是指將要被消費者消費或使用的製成品的庫存，如自行車生產企業的自行車的庫存。這些製成品需求的波動受市場條件的影響，而不受其他庫存品的影響。這類庫存問題往往建立在對外部需求預測的基礎上，通過一些庫存模型的分析，制定相應的庫存政策來對庫存進行管理，如什麼時候訂貨、訂多少、如何對庫存品進行分類等。相關性需求庫存是指將被用來製造最終產品的材料或零部件的庫存。自行車生產企業為了生產自行車還要保持很多種原材料或零部件的庫存，如車把、車梁、車輪、車軸、車條等。這些物料的需求彼此之間具有一定的相互關係。例如一輛自行車需要有兩個車輪，如果生產 1,000 輛自行車，就需要 $1,000 \times 2 = 2,000$ 個車輪。這些物料的需求不需要預測，只需通過相互之間的關係來進行計算便可。在這裡自行車稱為父項，車輪稱為子項（或組件）。

20 世紀 60 年代計算機應用的普及和推廣，使人們可以運用計算機制訂生產計劃。美國生產管理和計算機應用專家首先提出了物料需求計劃（Material Requirement Planning, MRP），IBM 公司則首先在計算機上實現了 MRP 處理。

MRP 的基本思想是：由主生產進度計劃（MPS）和主產品的層次結構逐層逐個地

求出主產品所有零部件的生產時間、生產數量，把這個計劃叫作物料需求計劃。其中，如果零部件靠企業內部生產，需要根據各自的生產時間長短來提前安排投產時間，形成零部件投產計劃；如果零部件需要從企業外部採購，則要根據各自的訂貨提前期來確定提前發出各自訂貨的時間、採購的數量，形成採購計劃。切實按照這些投產計劃進行生產和按照採購計劃進行採購，就可以實現所有零部件的生產計劃，從而不僅能夠保證產品的交貨期，而且還能夠降低原材料的庫存，減少流動資金的占用。

第一節　物料需求計劃（MRP）

物料需求計劃（Material Requirements Planning，MRP）是20世紀60年代在美國出現，20世紀70年代發展起來的一種管理技術和方法。1970年，Joseph A. Orlicky、George W. Plossl和Olibers W. Wight三人在美國生產和庫存管理協會（American Production and Inventory Control Society，APICS）的學術年會上首先提出了物料需求計劃的概念和基本框架，並得到該協會的大力支持和推廣普及。

在供應鏈中，各個環節必須保持一定數量的庫存作為「緩衝器」，才可以保證供應鏈上的生產和銷售活動順利進行。雖然各種各樣傳統的統計庫存控制的方法不斷被開發和應用，但是它們都有一個共同的缺點，就是採用這些方法確定的庫存水平要麼大於要麼小於實際所需的庫存，總不能達到一致。特別是在需求不連續、時常變動或成塊間斷出現的情況下，這種不一致將會擴大。而當某物品的需求與其他物品的需求相關聯或是從其他需求派生出來的時候，該物品的需求有時呈現不連續、間斷地成塊出現的狀態。

把需求區分為獨立需求和從屬需求是非常重要的。所謂獨立需求是指外界或消費者對物品的需求；從屬需求是指物品的需求是從其他物品的需求中派生出來的需求。對於獨立需求可以採用傳統的預測方法來確定，如可採用經典的經濟批量模型等傳統的庫存管理方法來優化這些獨立需求物品的庫存；而對於從屬需求則必須通過供應鏈的下一個環節的需求水平進行計算。由於供應鏈上各個環節的需求是相互關聯的，而且這些從屬需求有時是以不連續的、經常變化的或成塊間斷的形式出現，傳統的庫存管理方法不能有效地解決這種情況下的庫存管理問題。對於企業整體而言，企業的庫存水平與企業的生產製造方式、銷售方式、採購方式和信息處理方式等有著密切的聯繫，因此，組成的各個成員企業間的合作與協調將是必由之路。

隨著庫存管理概念的變化和通信技術的發展，出現了許多能有效減少庫存、提高顧客服務水平的管理方法和管理技術，MRP便是其中之一。

一、MRP的概念

物料是一個廣義的概念，它不僅僅指原材料，而是包含材料、自製品（零部件）、成品外購件和服務（備品備件）這個更大範圍的物料。

物料需求計劃是根據主生產計劃所規定的產品類目，對所需零部件制訂的採購計

劃或生產計劃,其中列明所需的零部件的數量以及何時製造或採購,是對採購和生產活動進行直接控制的計劃。

對於各種物料的管理並非僅僅是對物料的庫存管理,還包括建立物料需求科學的、系統的計劃,協調和控制各部門的物料數量。在物料管理中,一方面要滿足生產過程中的物料需求,保證生產過程的連續進行而不發生中斷;另一方面又要控制物料儲備量的限度,減少所占用的流動資金,加速資金週轉,降低產品成本。

二、MRP 的原理

MRP 的基本原理是根據市場需求和預測來測定未來物料供應和生產的計劃與控制方法。對於龐大而複雜的生產系統,MRP 的制定與執行具有很高的難度,必須有強有力的計算機軟、硬件實行集中的控制,才能達到預想的效果。MRP 的邏輯原理如圖 9-1 所示:

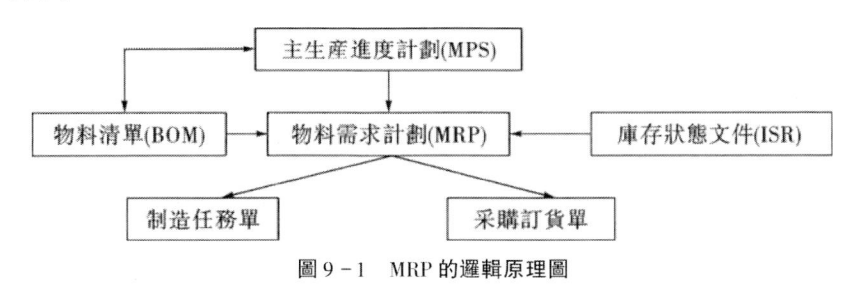

圖 9-1 MRP 的邏輯原理圖

由 MRP 邏輯原理圖可見,根據 MPS/BOM 和 ISR 的信息,物料需求計劃產生新產品投產計劃和採購計劃,生成生產任務單和採購訂貨單,再據此組織產品的製造和物料的採購。

三、MRP 的特點

(一)計劃的複雜性

MRP 計劃要根據主生產計劃、物料清單、庫存文件、生產時間和採購時間,來決定主生產品的所有零部件的需求數量、需求時間以及相互關係。簡單說來就是根據主生產計劃進度表上何時需要物料來決定訂貨和生產,從理論角度上分析,顯然是一種比較理想的方法。但是,在計算機應用之前,人工計算物料需要量得花上 6~13 周的時間,因此也只能按季度訂貨,這樣一來,MRP 也不一定比訂貨點法優越多少。人工數據處理的展開成為當時為許多公司所選用的一種經濟、高效的工具,這種物料清單列出了組件代號、描述以及每次組裝所需數量,並指出這些零件屬自製還是外購。用這種物料清單,計劃人員就能夠為下一批組裝數量訂貨。但是,在辦理一份訂單之前,計劃人員應知道每一期間對每一組件的全部需求,顯然,這樣的要求是非常苛刻的,管理實踐也很難做到精準。

然而,應用計算機之后,情況就大不相同了,計算物料需用量的時間縮短為 1~2

天，訂貨日期短，訂貨過程快。隨著計算機處理能力的增強，許多企業每個星期都重新研究訂貨量，根據實際情況進行計算，使訂貨期縮短為一個星期，這樣，物料的「需求期」變得更加明確。企業可以通過將主生產計劃輸入計算機，物料清單和庫存量分別存入數據庫，經過計算機的運算，就可以預測未來一段時間內什麼物料將會短缺。主生產計劃改變，物料需求計劃也會隨之調整，所以 MRP 的實施將會解決未來的物料短缺問題，降低庫存，節約成本。

（二）需求的重要性

在 MRP 系統中，需求的重要性明顯突出，其作用是無法替代的。同時，它也有著自身的獨特之處。在流通企業中，各種需要往往是獨立的。而在生產系統中，需求具有相關性。例如，根據訂單確定了所需產品的數量之後，由物料清單即可推算出各種零部件和原材料的數量，這種根據邏輯關係推算出來的物料數量稱為相關需求。不但品種數量有相關性，需求時間與生產工藝過程的決定也是相關的。

由於需求的相關性，MRP 的需求都是根據主生產計劃、物料清單和庫存文件精確計算出來的，品種、數量和需求時間都有嚴格要求，不可改變。

四、MRP 的基本構成

MRP 的基本結構包括 MRP 的輸入、MRP 的實施和 MRP 的輸出三個部分。其最終目的是解決下面三個問題：需求什麼，需求多少，何時需求。用其確定的所需物料的生產或訂貨日程和進度，保證生產進度的正常進行，同時花費最低的庫存成本。

（一）MRP 的輸入系統

MRP 的基本輸入系統主要由三部分組成：主生產計劃、物料清單和庫存狀態記錄。

1. 主生產計劃（Master Production Schedule，MPS）

主生產計劃是指在平衡企業資源和生產能力的基礎上，確定每一具體的最終產品在每一具體時間段內生產數量的計劃，制定產成品出廠時間和各種零部件的製造進度，它決定產成品與零部件在各個時間段內的生產量，包括產出時間、數量或裝配時間和數量等。

主生產計劃中的最終產品是指對於企業來說最終完成要出廠的完成品，它要具體到產品的品種、型號。這裡的具體時間段，通常以周為單位，也可以是日、旬、月。主生產計劃詳細規定生產什麼、何時產出，它是獨立需求計劃。主生產計劃根據客戶合同和市場預測，把經營計劃或生產大綱中的產品系列具體化，使之成為展開物料需求計劃的主要依據，起到從綜合計劃向具體計劃過渡、承上啟下的作用。如果制訂的主生產計劃得不到企業現有生產能力的支持，或者制訂的計劃超過了企業的生產能力，那麼這種生產計劃就失去了現實意義。

2. 物料清單（Bill of Material，BOM）

物料清單，也稱產品結構表。它反應新產品的層次結構，即所有零部件的結構關係和數量組成。根據 BOM 可以計算出物料需求的時間和數量，特別是相關需求物料的數量和時間，首先要使系統能夠知道企業所製造的產品的結構和所有要使用到的物料。

產品結構列出構成成品或裝配的所有部件、組件、零件等的組成、裝配關係和數量要求。它是 MRP 的基礎。通常它的表示方法有兩種：一種是樹狀結構（如圖 9-2），一種是表狀結構（如表 9-1）。

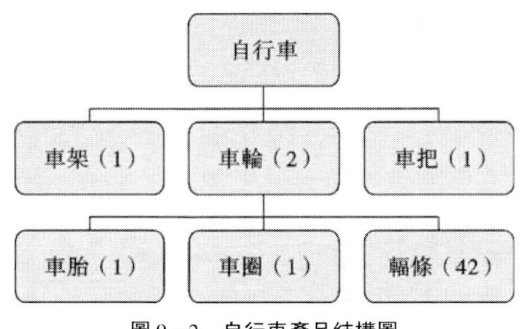

```
                    自行車
                      │
        ┌─────────────┼─────────────┐
     車架(1)       車輪(2)       車把(1)
                      │
              ┌───────┼───────┐
           車胎(1)  車圈(1)  輻條(42)
```

圖 9-2　自行車產品結構圖

為了便於計算機識別，必須把產品結構圖轉換成規範的數據格式，這種用規範的數據格式來描述產品結構的文件就是物料清單。它必須說明組件（部件）中各種物料需求的數量和相互之間的組成結構關係。表 9-1 就是一張簡單的與自行車產品結構相對應的物料清單。

表 9-1　　　　　　　　　　　　自行車產品的物料清單

層次	物料號	物料名稱	單位	數量	類型	成品率	ABC 碼	生效日期	失效日	提前期
0	CB950	自行車	輛	1	M	1.0	A	950101	971231	2
1	CB120	車架	件	1	M	1.0	A	950101	971231	3
1	CL120	車輪	個	2	M	1.0	A	950101	971231	2
2	LG300	車圈	件	1	B	1.0	A	950101	971231	5
2	GB890	車胎	套	1	B	1.0	A	950101	971231	7
2	GBA30	輻條	根	42	B	0.9	A	950101	971231	4
1	113000	車把	套	1	B	1.0	A	590101	971231	4

註：類型中「M」為自製件、「B」為外購件

MRP 系統將獨立需求產品展開為各個層次的從屬材料需求。這種展開是依據物料清單表示的原材料和零部件在製造加工過程中的工藝路線和數量關係推算出來的。很顯然，物料清單的微小差錯將會導致整個系統需求數據出錯。因此，全面準確的物料清單是保證 MRP 系統正常運作的前提條件，是現代計劃工作的基礎。

3. 庫存狀態文件（Inventory Status Records，ISR）

庫存狀態文件是指有關物料庫存水平的詳細記錄資料。這些資料包括原材料、零部件和產成品的庫存量、已訂未到貨和已分配但還沒有提取的數量、交貨週期、物料特性和用途、供貨商資料等。因為庫存在不斷變化，所以這些記錄也是動態的、變化的，需要及時更新。完整、正確、動態的庫存信息是保證 MRP 系統發揮作用、減少整

體庫存水平的保證。下面是必須記錄的一些具體數據：

（1）現有庫存量——在企業倉庫中實際存放的物料的可用庫存數量；

（2）計劃收到量（包括在途量）——根據正在執行中的採購訂單，在未來某個時段物料將要入庫或將要完成的數量；

（3）已分配量——尚保存在倉庫中但已被分配的物料數量；

（4）提前期——執行某項任務從開始到完成所消耗的時間；

（5）訂貨（生產）批量——在某個時間段向供應商訂購或要求生產部門生產某種物料數量；

（6）安全庫存量——為了預防需求或供應方面不可預測的波動，在倉庫中經常保持的最小庫存數量。

（二）MRP 的實施過程

MRP 的實施過程就是根據 MPS、BOM 和 ISR，通過計算求得每個時間段上各種物料的淨需求量，同時也確定訂貨數量、訂貨時間、訂貨批量和零部件的加工組裝時間等內容。

（1）總需求量的計算。根據 MPS、BOM 和 ISR 計算出每個時間段內各種材料的總需求量和需求的時間。

（2）淨需求量的計算：

$$淨需求量 = 毛需求量 + 已分配量 - 計劃收到量 - 現有庫存量$$

如果在時間段內總需求量小於該材料的有效庫存，則淨需求量為零。

（3）材料訂貨批量和指令發出時間的確定。在求出每個時間段的材料淨需求量後，就要根據材料自身的特點選擇採購訂貨的方式。訂貨的方式有定量和定期兩種，不同的企業會根據自己的實際情況來選擇訂貨方式和批量，在考慮供應商的情況和交貨時間的基礎上來確定物料的訂貨時間。

$$訂貨時間 = 計劃需求時間 - 作業加工時間$$

生產製造過程中，在參考生產能力和加工週期的基礎上確定材料的加工開始時間。

$$加工開始時間 = 計劃完成時間 - 作業加工時間$$

（4）制訂物料需求計劃。

（5）執行與控制。依據制訂好的物料需求計劃開始進行採購和生產等活動，並對其進行控制。

（三）MRP 的輸出過程

MRP 是一種極好的計劃與進度安排工具，它的最大優點是可以根據不可預見的意外情況重新安排計劃和進度。MRP 系統能及時發現物料的短缺與過量，以便採取措施阻止這種情況的發生。

MRP 系統提出的報告分為兩種：一種是基本報告，另一種是補充報告。基本報告主要包括計劃訂貨日程進程表、進度計劃的執行和訂貨計劃的修正調整及優先次序的

變更等內容。其中，計劃訂貨日程進度表包括將來的物料訂購數量、訂購時間、物料加工的數量和加工時間等；進度計劃的執行包括物料品種、規格、數量及到貨時間、加工結束時間等多個規定事項；訂貨計劃的修正調整及優先次序的變更包括到貨日期、訂貨數量的調整、訂單的取消、物料訂購優先次序的改變等事項。基本報告主要為採購部門的決策提供依據。

補充報告的內容主要有成果檢驗報告、生產能力需求計劃報告和例外報告。其中，成果檢驗報告包括物流成本效果、供應商信譽、是否按時到貨、材料質量、數量是否符合要求、預測是否準確等；生產能力需求計劃報告包括設備和人員的需求預測，工序能力負荷是否滿足需求等；例外報告是專門針對重大事項提出的報告，為高層管理人員提供管理上的參考和借鑑，例如，發生到貨時間延後嚴重影響生產進度造成重大損失時，就到貨延期產生的主要原因以及防範應變措施提出的報告。

制訂物料需求計劃：通過平衡、整合時間段內各個層次所有的物料需求數量、訂貨（或加工）批量、指令發出時間等，制訂出物料需求計劃，同時通過生產能力需求計劃對物料需求計劃進行調整。

第二節　閉環 MRP

20 世紀 60 年代，MRP 能根據有關數據計算出相關物料需求的準確時間與數量，但它還不夠完善，其主要缺陷是沒有考慮到生產企業現有的生產能力和採購條件的約束，因此計算出來的物料需求的日期有可能因設備和工時的不足而沒有能力生產，或者因原材料的不足而無法生產，同時它也缺乏根據計劃實施情況的反饋信息對計劃進行調整的功能。為了解決以上問題，MRP 系統在 20 世紀 70 年代發展為閉環 MRP 系統。閉環 MRP 系統除了物料需求計劃外，還將生產能力需求計劃、車間作業計劃和採購作業計劃也全部納入 MRP，形成一個封閉系統。

一、閉環 MRP 的原理與結構

MRP 系統的正常運行，需要有一個現實可行的主生產計劃，它除了反應市場需求和合同訂單以外，還要能力與資源均滿足負荷需要時，才能開始執行計劃。而要保證實施計劃就要控制計劃，執行 MRP 是用派工單來控制加工的優先級，用採購單來控制採購的優先級。這樣，基本的 MRP 系統進一步發展，把能力需求計劃和執行及控制計劃的功能也包括進來，形成一個環形回路，稱為閉環 MRP（如圖 9-3 所示），因此，閉環 MRP 成了一個完整的生產計劃與控制系統。

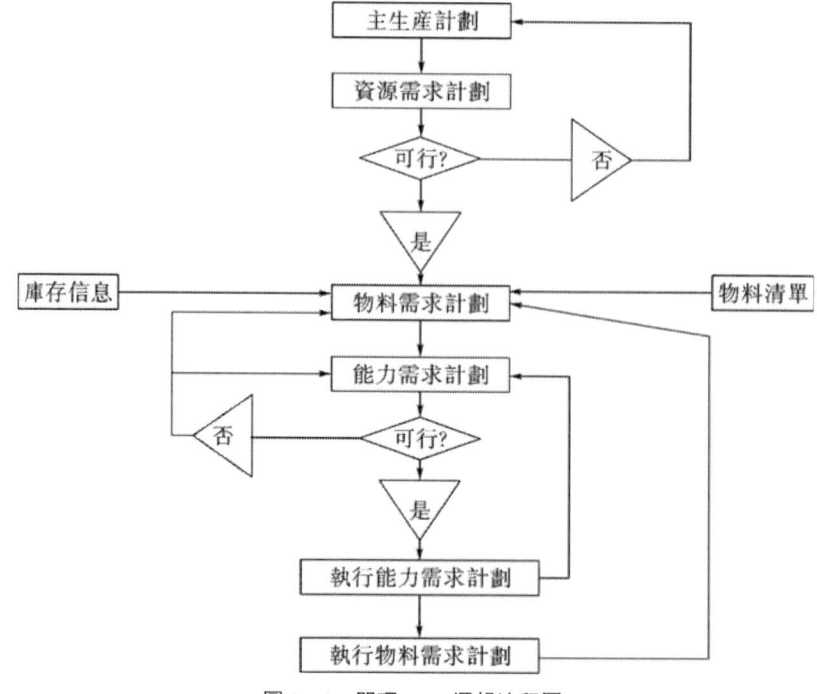

圖9-3 閉環MRP邏輯流程圖

二、能力需求計劃（Capacity Requirement Planning，CRP）

（一）資源需求計劃與能力需求計劃

在閉環MRP系統中，把關鍵工作中心的負荷平衡稱為資源需求計劃或粗能力計劃，它的計劃對象為獨立需求件，主要面向的是主生產計劃。把全部工作中心的負荷平衡稱為需求計劃，或稱為細能力計劃，而它的計劃對象為相關需求件，主要面向的是車間。由於MRP和MPS之間存在著內在的聯繫，所以資源需求計劃與能力需求計劃之間也是一脈相承的，而后者正是在前者的基礎上進行計算的。

（二）能力需求計劃的依據

1. 工作中心

它是各種生產或加工能力單元和成本計算單元的統稱。對於工作中心，都統一用工時來量化其能力的大小。

2. 工作日曆

這是用於編製計劃的特殊形式的日曆，它是由普通日曆除去每週雙休日、假日、停工和其他不生產的日子，並將日期表示為順序形式而形成的。

3. 工藝路線

這是一種反應製造某項「物料」加工方法及加工次序的文件。它說明加工和裝配

的工序順序、每道工序使用的工作中心、各項時間定額、外協工序的時間和費用等內容。

(三) 能力需求計劃的計算邏輯

閉環 MRP 的基本目標是滿足客戶和市場的需求，因此在編製計劃時，總是先考慮能力約束而優先保證計劃需求，然后再進行能力計劃。經過多次反覆運算，調整核實，才轉入下一個階段。能力需求計劃的運算過程就是把物料需求計劃訂單換算成能力求數量，生成能力需求報表。這個過程流程如圖 9-4 所示：

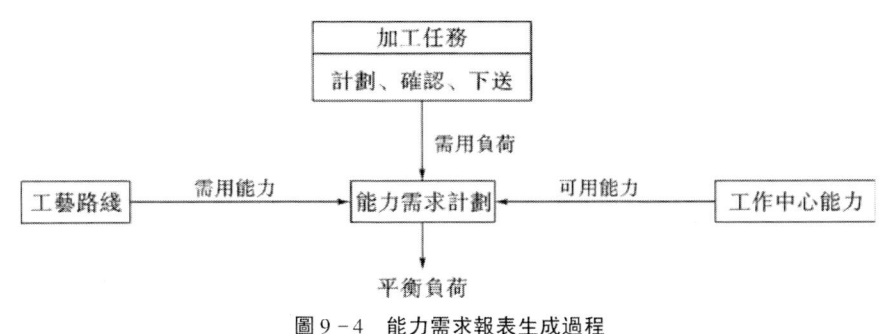

圖 9-4 能力需求報表生成過程

當然，在計劃時段中也有可能出現能力需求超負荷或低負荷的情況。閉環 MRP 能力計劃通常是通過報表的形式（直方圖是常用工具）向計劃人員報告，但並不是進行能力負荷的自動平衡，這個工作由計劃人員人工完成。

三、現場作業控制

各工作中心能力與負荷需求基本平衡後，接下來的一步就要集中解決如何具體地組織生產活動，使各種資源既能合理利用又能按期完成各項訂單任務，並將生產活動進行的實際情況及時反饋到系統中，以便根據實際情況進行調整與控制，這就是現場作業控制。它的工作內容一般包括以下幾個方面：

1. 車間訂單下達

訂單下達是核實 MRP 生成的計劃訂單，並轉換為下達訂單。

2. 作業排序

它是指從工作中心的角度控制加工工件的作業順序或作業優先級。

3. 投入產出控制

這是一種監控作業流（正在作業的車間訂單）通過工作中心的技術方法。利用投入/產出報告，可以分析生產中存在的問題，並採取相應的措施。

4. 作業信息反饋

它主要跟蹤作業訂單在製造過程中的運動，收集各種資源消耗的實際數據，更新庫存余額並完成 MRP 的閉環。

第三節　製造資源計劃（MRPII）

一、MRPII 的管理思想

　　閉環 MRP 系統的出現，使生產活動方面的各個子系統得到了統一。但這還不夠，因為在企業的管理中，生產管理只是一個方面，它所涉及的僅僅是物流，而與物流密切相關的還有資金流。這在許多企業中是由財務人員專門管理的，這就造成了數據的重複錄入與存儲，甚至造成數據的不一致。在全球競爭激烈的大市場中，製造業企業面臨越來越多的問題，其中很多問題已經是 MRP 所無法解決的。為解決這些問題，製造業開始尋求更優化的製造管理方法，MRPII 就是在這樣的背景下應運而生的。

　　20 世紀 80 年代，基於西方工業化國家的管理思想和管理方法的管理信息系統，通過物流與資金信息的集成，人們把生產、財務、銷售、工程技術、採購等各個子系統集成為一個一體化的系統，並稱為製造資源計劃（Manufacturing Resource Planning）系統，英文縮寫還是 MRP，為了區別於物料需求計劃（其縮寫也為 MRP）而記為 MRPII。MRPII 作為一種現代化的管理思想和方法，是現代管理技術、信息技術和計算機技術的綜合應用。MRPII 的管理思想正確反應了企業生產、供銷等管理活動與人、財、物等資源的內在邏輯關係，對企業管理有著廣泛的適用性。

　　隨著經營管理的不斷進步，MRPII 也得到了很大的發展和完善。現代的 MRPII 管理模式具有計劃的一貫性和可行性、管理系統性、數據共享性、動態應變性、模擬預見性、物流和資金流的統一性等特點。

　　MRPII 的基本思想就是把企業作為一個有機整體，從整體最優的角度出發，通過運用科學方法對企業各種製造資源和產、供、銷、財務各個環節進行有效的計劃、組織和控制，使它們得以協調發展，並充分發揮作用。MRPII 的邏輯流程如圖 9-5 所示。在流程圖的右側是計劃與控制的流程，它包含了決策層、計劃層和執行控制層，可以理解為經營計劃管理的流程；中間是基礎數據，要存儲在計算機系統的數據庫中，並且可以反饋調用，這些數據信息的集成，把企業各個部門的業務溝通起來，可以理解為計算機數據庫系統；左側是主要的財務系統，列出應收帳款、總帳和應付帳款。各條連接線表明信息的流向及相互之間的集成關係。

二、MRPII 管理模式的特點

　　MRPII 的特點可以從以下幾個方面來說明，每一項特點都含有管理模式的變革和人員素質或行為變革兩方面，這些特點是相輔相成的。

1. 計劃的一貫性與可行性

　　MRPII 是一種以計劃為導向的管理模式，計劃層次從宏觀到微觀、從戰略到戰術、由粗到細逐層優化，但始終保證與企業經營戰略目標一致。它把通常的三級計劃管理統一起來，即將計劃編製工作集中在廠級職能部門，車間班組只能執行計劃、調度和

图 9-5 MRPII 逻辑流程图

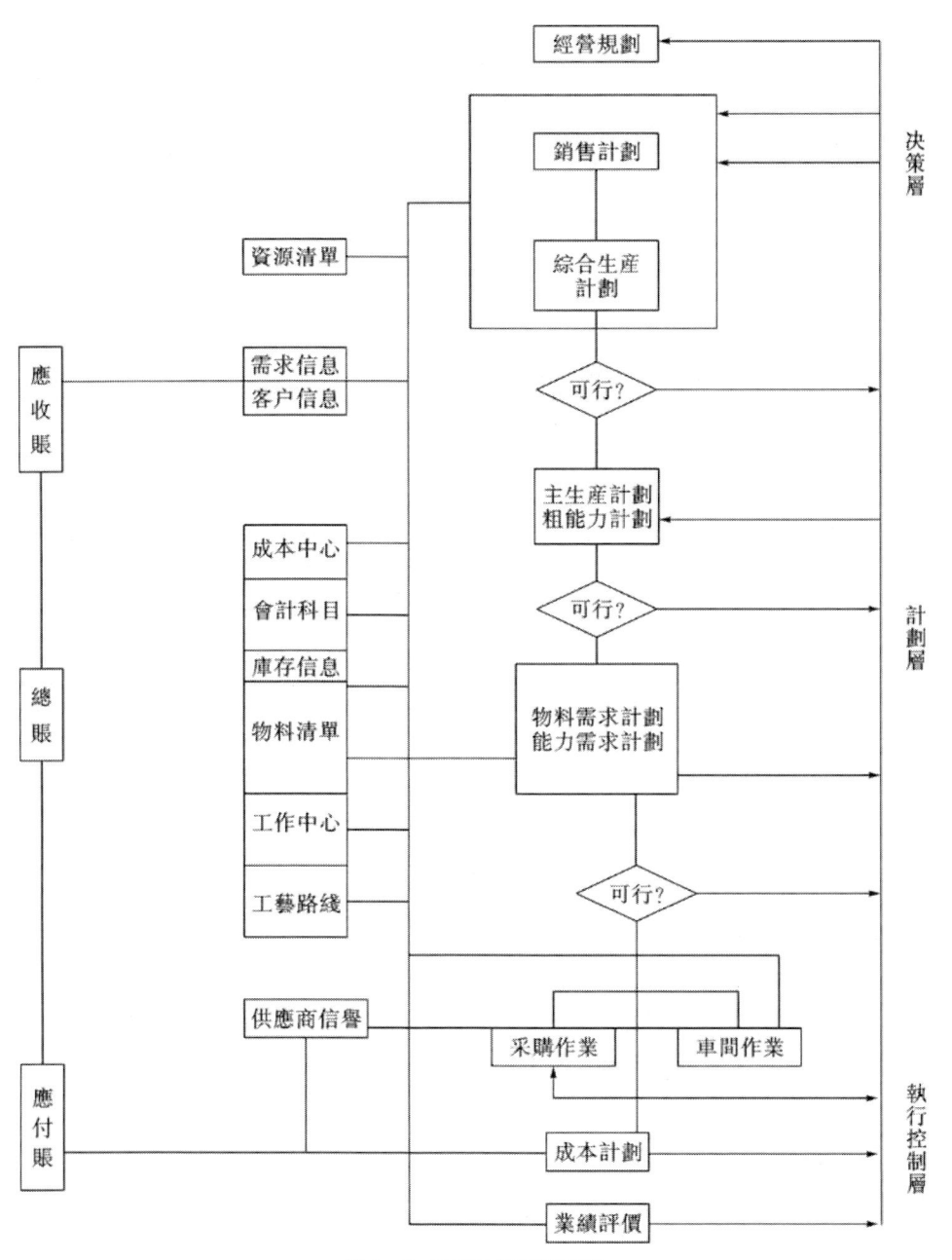

反馈信息。在计划下达前反复验证和平衡生产能力，同时根据反馈信息及时调整，处理好供需矛盾，保证计划的一贯性、有效性和可执行性。

2. 管理的系统性

MRPII 是一项系统工程，它把企业所有与生产经营直接相关的部门的工作连接成

一個整體，各部門都從系統整體出發做好本職工作，每個員工都知道自己的工作質量同其他職能的關係。這只有在「一個計劃」下才能成為系統，條塊分割、自行其是的局面應被團隊合作所取代。

3. 數據共享性

MRPII 是一種製造企業管理信息系統，企業各部門都依據同一數據信息進行管理，任何一種數據變動都能及時地反應給所有部門，做到數據共享。在統一的數據庫支持下，按照規範化的處理程序進行管理和決策，改變了過去那種信息不通、情況不明、盲目決策、相互矛盾的現象。

4. 系統的可調控性

MRPII 是一個閉環系統，它要求跟蹤、控制和反饋瞬息萬變的實際情況，管理人員可隨時根據企業內外環境條件的變化迅速作出回應，及時調整決策，保證生產正常進行。它可以及時掌握各種動態信息，保持較短的生產週期，因而有較強的應變能力。

5. 模擬預見性

MRPII 具有模擬功能。它可以解決「如果這樣……將會怎樣」的問題，可以預見在相當長的計劃期內可能發生的問題，事先採取措施消除隱患，而不是等問題已經發生了再花幾倍的精力去處理。這將使管理人員從忙碌的事務堆裡解脫出來，致力於實質性的分析研究，提供多個可行方案供領導決策。

6. 物流、資金流的統一

MRPII 包括了成本會計和財務功能，可以由生產活動直接生成財務數據，把實務形態的物料流動轉換為價值形態的資金流動，保證生產和財務數據一致。財務部門把及時得到的資金信息用於控制成本，通過資金流動狀況反應物料經營情況，隨時分析企業的經濟效益，參與決策，指導和控制經營和生產活動。

以上幾個方面的特點表明，MRPII 是一個比較完整的生產經營管理計劃體系，是實現製造企業整體效益提高的有效管理模式。

三、MRPII 系統實施過程中的幾個關鍵問題

1. 上層管理人員全力積極支持和參與，並準備好組織實施的領導機構，規劃好各項活動

由於 MRPII 系統對企業競爭優勢具有重大影響，最高管理層必須從戰略高度考慮其影響。高層管理者開始組織實施這項工作前必須弄清以下幾個問題：該系統增加企業競爭力嗎？它是否影響企業組織和文化？該系統實施的範圍是什麼？還可用其他更好的系統來滿足企業發展需要嗎？一旦決定，高層管理者必須介入 MRPII 系統實施過程中，配備強有力的領導機構，制定科學合理和穩妥的規劃，不斷監督項目的進程，積極解決利益、權力等衝突，讓不同組織中的每個人都具有共同努力方向和合作精神。MRPII 系統成功實施表明，其成功完全依賴最高管理層的強有力的支持。

2. 實施人員對現行企業管理業務流程清晰瞭解，成功進行管理業務流程再造

MRPII 系統實施研究表明，即使是最好的 MRPII 軟件系統也僅能滿足企業組織運行的 70% 的需要，企業必須改變它的業務流程以符合 MRPII 系統要求，或修改軟件以

適合企業組織的需要。一個先進成熟的 MRPII 系統，是建立在系統所遵循的最優運作實踐上的，修改軟件可能會使系統運行存在許多不確定問題，如科學合理性、升級換代等，增加系統壽命週期內實施總費用。實施 MRPII 系統涉及把企業現存的業務流程進行改造，在一個企業內所有的流程圖和對外接口必須符合 MRPII 系統模塊的要求。

3. 管理人員清晰知道採用 MRPII 系統可以提高供應鏈一體化的程度，而且每一環節的工作質量直接影響整個供應鏈的運行效率

實施 MRPII 系統與電子商務相結合的供應鏈管理企業，常常面臨貫穿供應鏈的各信息共享和控制問題。一方面，對企業外部環境而言，雖然各供應商極其關注共享和控制信息對象，但又不希望其競爭對手看到訂貨價格和數量等信息，擔心分享這些信息有損於它們的業務；另一方面，各業務單元所犯錯誤及工作波動影響會即時傳遞到其他環節，可能使原來所犯的錯誤波及整個企業價值鏈，企業需要信任其合作者，並相互協調和支持工作，才能使 MRPII 系統運行有效。

4. 聘用合適的諮詢顧問和機構是 MRPII 系統成功實施的重要保證

企業與軟件供應商之間存在直接的利益關係，但往往相互缺乏信任。用戶提出要求常常具有合理和不合理、現實和未來特徵，這需要第三者站在公正立場對其進行處理。MRPII 系統實施具有很強行業專業性、技術性和人際關係處理技巧，企業和軟件供應商很難有充裕時間和資源來配備所需的各方面專業人員，但諮詢公司可以提供相應諮詢人員。

5. 制訂詳盡的、科學合理的實施計劃，控制實施過程中項目實施的時間和資源

MRPII 系統涉及面很廣，系統以功能模塊形式開發，並存在相互處理邏輯關係，絕大多數企業可以分階段分模塊實施。實施的時間長短主要取決於以下因素：被實施的模塊數量、實施的範圍、修改軟件的程度以及其他應用軟件系統接口數量等。這需要企業制訂出科學合理的實施計劃，以協調相互關係和實現資源綜合利用。所需修改的軟件程序越多，實施軟件所需的時間就越長，維護它所需的費用就越高。若選擇更先進的管理技術，可減少實施的時間和提高工作效率。

6. 企業應選擇合適的員工參與 MRPII 系統的實施

目前，大多數諮詢公司一般都提供關於選擇內部員工參加項目的綜合綱領，企業應認真選擇參加項目工作的人員。對系統項目的需要缺乏正確的理解、企業實施人員沒有能力領導和參與，常常是 MRPII 系統項目失敗的主要原因。企業各級管理者應考慮到 MRPII 系統的實施是組織發展的關鍵步驟，應配備最好的員工參加項目實施。

7. 開展有效教育與培訓活動，真正認識到這項工作對整個系統正常運行的重要性

培訓員工和使員工適應 MRPII 系統是一項重要工作。企業員工是保證 MRPII 系統實施和正常運行的關鍵。絕大多數一線工人沒有經過培訓將不能適應新系統的要求，他們需要清楚他們的數據將怎樣影響公司的其他部門。培訓的內容主要是 MRPII 工作原理、技術要求和工作職責，如果員工缺乏計算機基礎知識或對計算機有恐懼感，這一「知識的傳播」將變得艱難。因此，培訓人員或諮詢人員在 MRPII 系統實施與運行過程中，需要不斷對員工進行培訓。企業應該通過不斷增加培訓機會，增強員工技術，提高員工工作責任心，以滿足企業和員工應對變化的需求。

第四節　準時制生產方式（JIT）

一、JIT 的產生和發展

　　JIT 的產生源於 1976 年爆發的全球石油危機及由此所引起的日益嚴重的自然資源短缺，這對於當時靠進口原材料發展經濟的日本衝擊最大。生產企業為提高產品利潤，增強公司競爭力，在原材料成本難以降低的情況下，只能從物流過程尋找利潤源，降低由採購、庫存、運輸等方面多產生的費用，這一思路最初為日本豐田汽車公司的豐田英二和大野耐以「看板」管理的方式提出，並應用到生產中去，取得了意想不到的效果。隨後，許多其他日本公司也採用這一管理技術，為日本經濟的發展和崛起做出了重要貢獻。

　　日本企業的崛起，引起西方企業界的普遍關注。西方企業家追根溯源，認為日本企業在生產經營中採用 JIT 技術和管理思想，是其在國際市場上取勝的基礎。因此，20 世紀 80 年代以來，西方經濟發達國家十分重視對 JIT 的研究和應用，並將它應用於生產管理、物流管理等方面。有關資料顯示，現在絕大多數美國企業都應用 JIT。因為 JIT 已從最初的一種減少庫存水平的方法，發展成為一種內涵豐富，包括特定知識、原則、技術和方法的管理科學。

二、JIT 的基本原理

　　JIT 是針對傳統的大量生產而言的，它打破了傳統的金字塔式的分層管理模式，將產品開發、生產和銷售結合起來，使松散脫節的生產各部門緊密地結合起來。它的基本思想就是杜絕在生產待工、多餘勞動、不必要搬運、加工不合理、庫存及不良品返修等方面的浪費，以降低生產成本，達到零故障、零缺陷、零庫存。

　　JIT 的基本原理是以需定供。它的基本思想可用一句話來概括，即「只在需要的時候，按需要的量，生產需要的產品」，這種生產方式的核心是追求一種無庫存或使庫存達到最小的生產製造系統，為此而開發了包括「看板」在內的一系列具體方法，並逐漸形成了一套獨具特色的生產經營體系。即供方根據需方的要求，將物品配送到指定的地點，不多送也不少送，不早送也不晚送，所送品種要個個保證質量，不能有任何廢品。具體來說，就是系統的上一道工序的加工品種、數量和時間由下一道工序的需求決定，零部件供應商的品種、數量和交貨時間由生產組裝的進度需要來決定，從而做到生產過程的每一個階段或工序，在製品的移動以及供應商的交貨均能符合時間和數量的要求，即在適當的時間供應所需的數量。理論上說，這樣就意味著在生產的每一個階段或工序上都不會出現閒置的零部件，從而就不會產生庫存，因此，JIT 往往被稱為零庫存生產方式。實際上，在實踐中做到絕對零庫存是不可能的，但是 JIT 強調及時服務、過硬品質、消除浪費和庫存減少到盡可能低的水平。JIT 原理雖然簡單，但是內涵豐富，具體有四個方面。

(1) 品種配置上，保證品種有效性，拒絕不需要的品種；
(2) 數量配置上，保證數量有限性，拒絕多餘的數量；
(3) 時間安排上，保證所需時間，拒絕不按時的供應；
(4) 質量管理上，保證產品質量，拒絕次品和廢品。

三、JIT 的構成

JIT 著眼的是整個生產過程，而不是個別或幾個工序。其基本理念是徹底清除浪費，採用拉動的概念，通過及時化和目標管理使庫存減少到盡可能低的水平，主要包括消除質量檢測環節和返工現象，消除零件不必要的移動和消滅庫存等方面。

(一) 實現準時生產的關鍵是實現及時供應

企業在實施 JIT 時，一個重要環節就是減少庫存、縮短生產週期，要做到這兩點，採購及供應的管理至關重要。事實上，控制、減少原材料的庫存，縮短原材料的交貨週期，在原材料供應過程中實施 JIT 即及時供應，相對企業內部實施 JIT 生產來說見效更快，而且實施起來更容易。這一方面能為本企業實施 JIT 打下基礎，另一方面也能推動企業整體供應鏈的優化。準時供應的目的是降低原材料庫存、縮短原材料交貨週期，其基本出發點就是要將庫存由「下游」轉移到「上游」，即從本企業轉移到供應商處。供應商為了保證供應、滿足顧客的需要，要麼保持適量的成品庫存，要麼改變工作方法，也採取 JIT 生產，隨時通過生產及時將產品供應給顧客，並將原材料庫存的壓力進一步傳遞給「上游」供應商。因此，要在供應商與企業之間開展準時供應的基本思路是：將本企業的原材料庫存壓縮到最低甚至取消庫存，說服供應商提高送貨率，減少每次送貨量，並盡量做到隨要隨到、要什麼送什麼。

(二) 均衡化生產和標準作業是 JIT 生產制的重要手段

均衡化生產就是要求同一生產線上每日均衡地生產多種多樣的產品，企業產品的種類越多，均衡化生產就越繁雜，越難實現。為了消除生產高低起伏不定的現象，防止生產過量和工序過快，不僅生產的數量和品種要均衡化，計劃也要均衡化，並且具有靈活性，即應使現場易於改變生產計劃和熟悉改變了的計劃。均衡化生產計劃可分為兩個階段：第一階段是根據年度內月需求變化所做的調整制訂出月度生產計劃，以決定各廠各工序的日平均生產量；第二階段是根據月內每日需求變化所做的調整，制訂出每日各種產品投入的順序計劃。為實現生產週期的縮短，可由單件流動的生產來實現或靠縮短小批量生產作業變換時間來實現，各種部門部件都可以單件流動生產，但在衝壓、鑄造、鍛造等工序可實行約一天用量的小批量生產，可通過盡量縮短作業變換時間來縮短生產週期，以實現適時、均衡、高效生產。

標準作業是在標準時間內，一個作業者擔當的一系統多種作業內容標準化而成的「作業配合」，以完成在標準時間內單位產品所需的全部加工作業。標準作業包含週期時間、作業程序、標準手頭存貨量三要素。週期時間是指生產一件工件或單位產品需要的時間；作業程序是指操作工人加工工件時、運送工件、在機器上裝卸工件、按時間先後順序進行作業的程序；標準手頭存貨量是指工序內開展作業所必需的待加工的

數量。標準作業是使單件流動生產成為可能的前提。

(三) 作業人員的彈性配置

在勞動費用越來越高的今天，降低勞動費用是降低成本的一個重要方面。達到這一目的的方法是「少人化」。所謂少人化，是指根據生產量的變動，彈性地增減各生產線的作業人數，以及盡量用較少的人力完成較多的生產。這裡的關鍵在於能否將生產量減少了的生產線上的作業人員數減下來。這種「少人化」技術不同於傳統的生產系統中的「定員制」，是一種全新人員配置方法。實現這種少人化的具體方法是實施獨特的設備布置，以便能夠在需求減少時，將作業所減少的工時集中起來，以削減人員。但從作業人員的角度來看，這意味著標準作業中的作業內容、範圍、作業組合以及作業順序等的一系列變更。因此，為了適應這種變更，作業人員必須是具有多種技能的「多面手」。

(四) 實現 JIT 的重要手段——看板管理

看板管理作為一種生產管理的方式，在生產管理史上是非常獨特的，看板管理也可以說是 JIT 生產方式最顯著的特點，但絕不能把 JIT 生產方式與看板管理等同起來。看板只有在工序一體化、生產均衡化、生產同步化的前提下才有可能運用。如果錯誤地認為 JIT 生產方式就是看板管理，不對現有的生產管理方法作任何變革就單純地引進看板管理，是不會起到任何作用的。所以，在引進 JIT 生產方式以及看板管理技術時，最重要的是對現存的生產系統進行全面改革。

1. 看板的機能

(1) 生產以及運送的工作指令。看板中記載著生產量、時間、方法、順序以及運送量、運送時間、運送目的地、放置場所、搬運工具等信息，從裝配工序逐次向前工序追溯，在裝配線將所使用的零部件上所帶的看板取下，再去前工序領取。「后工序領取」以及「合時適量生產」就是這樣通過看板來實現的。

(2) 防止過量生產和過量運送。看板必須按照既定的運用規則來使用，規則是「沒有看板不能生產，也不能運送」。根據這一規則，看板數量減少，則生產量也相應減少。由於看板所表示的只是必要的量，因此通過看板的運用能夠做到自動防止過量生產以及適量運送。

(3) 進行「目視管理」的工具。看板的另一條運用規則是「看板必須在實物上存放」，前工序按照看板取下的順序進行生產。根據這一規則，作業現場的管理人員對生產的優先順序能夠一目了然，易於管理。並且只要見到看板，就可知道后工序的作業進展情況、庫存情況等。

(4) 改善的工具。在 JIT 生產方式下，通過不斷減少看板數量來減少在製品的中間儲存。在一般情況下，如果在製品庫存較高，即使設備出現故障、不良品數目增加也不會影響到后工序的生產，所以容易把這些問題掩蓋起來。而且即使有人員過剩，也不易察覺。根據看板的運用規則之一「不能把不良品送往后工序」，后工序所需得不到滿足，就會造成全線停工，由此可立即使問題暴露，從而可以立即採取改進措施來解決問題。這樣，通過改進活動不僅使問題得到瞭解決，也使生產線的「體質」不斷

增強，帶來了生產率的提高。JIT生產方式的目標是要最終實現無儲存生產系統，而看板提供了實現這個目標的有效工具。

2. 看板的種類

看板的種類如下：①在製品看板，包括工序內看板和信號看板。②領取看板，包括工序間看板、對外訂貨看板和臨時看板。

四、質量保證體系

通常認為，質量與成本之間是一種負相關關係，即要提高質量，就得花人力、物力來予以保證。但在JIT生產方式中，卻一反常態，通過將質量管理貫穿於每一工序之中來實現提高質量與降低成本的一致性，具體方法是「自動化」。這裡所講的「自動化」是指融入生產組織中的這樣兩種機制：①使設備或生產線能夠自動檢測不良產品，一旦發現異常產品或不良產品可以自動停止設備運行的機制。為此，在設備上開發、安裝了各種自動停止裝置和加工狀態檢測裝置。②生產第一線的設備操作工人發現產品或設備的問題時，有權自動停止生產的管理機制。依靠這樣的機制，不良產品一出現馬上就會被發現，防止了不良產品的重複出現或累積出現，從而避免了由此可能造成的大量浪費。而且，一旦發生異常，生產線或設備就立即停止運行，比較容易找到發生異常的原因，從而能夠有針對性地採取措施，防止這類異常情況的再發生，杜絕類似不良產品的再生產。這裡值得一提的是，通常的質量管理方法是在最後一道工序對產品進行檢驗，盡量不讓生產線或加工出現停止。但在JIT生產方式中，卻認為這恰恰是使不良產品大量出現或重複出現的「元凶」。因為發現問題後不立即停止生產的話，問題得不到暴露，以後難免會出現類似的問題，同時還會出現「缺陷」的疊加現象，增加最後檢驗的難度。而一旦發現問題就使其停止，並立即對其進行分析、改進，久而久之，生產存在的問題就會越來越少，企業的生產素質就會逐漸增強。

五、生產的現場管理方法

僅僅對生產流程予以持續的改進，還不足以實現準時化生產，還要進一步改進生產流程中的個別活動，以便更好地配合改進的生產流程。在沒有庫存或低庫存情況下生產過程的可靠性至關重要。要保證生產的連續性，必須減少生產準備時間，減少機器檢修、待料的停工時間，減少廢品的生產。因此，必須在實施準時生產方式中開展以「5S」、定置管理、全面生產維修（TPM）、目視管理等為內容的系統改進，從而將JIT的精神灌輸給現場每個人，並得以在生產中全面實施。

（一）「5S」法

「5S」法又稱「五常法」，即常整理、常整頓、常清掃、常清潔和常修養。常整理就是經常清理有用、無用的東西，並將無用的東西處理掉；常整頓就是將有用的東西有秩序地放在應該放置的地方，以便隨時使用，用完后立即放回原處；常清掃就是經常清掃自己的工作場所；常清潔就是永遠保持自己工作場所的整潔及有序；常修養就是培養操作人員自覺維持現場整潔的習慣。

對全體員工進行「5S」理念培訓，接著將工廠區域依據責任範圍進行劃分，確定檢查考核制度，然后從清理清潔開始正式展開。清潔不僅僅是打掃衛生，隨時維持生產現場所有區域、場所（包括設備、工具本身）的整潔則是清潔中最簡單而又最不容易做到的。首先，工作地面、臺面、牆面等要乾淨，設備、設施、工具、量具、工位器具要內外整潔並處於良好的狀態；其次，各種設備設施、場地區域、產品及原材料、在製品等要標示清楚、狀態明顯，並以不同的油漆顏色、字標、掛牌、印章或貼紙等統一格式予以區分、註明；最后，清潔意味著設備、工具、量具等應潤滑良好、計量校準正確等。

（二）定置管理

定置管理就是對生產現場進行定置，讓所有的東西如設備、原材料、各工序在製品、廢品、返工品、待檢品、輔助材料、工具、工位器具、量檢具、工藝文件、質量記錄、生產基礎設施等各就各位——將它們固定在應有的位置以供隨時使用。定置要同工藝流程的合理佈局與改進結合起來，工藝流程應盡量縮短工序間距離，避免物流「迂迴」及回流、逆流。對組裝線，應用工業工程技術，通過工序作業分析和工序平衡將原來的機群式作業改變為流水線，將不同產品的換型夾具等採取平面定置的方式重新佈局，這樣不僅大大縮短生產週期，降低在製品或成品庫存，還將大大縮短更換產品型號的時間，極大地提高生產的柔性。生產計劃、生產進度、質量狀態等要用圖表、看板、顯示板等隨時更新並顯示出來，做到一目了然。

（三）全面生產維修（TPM）

TPM 是消除停機時間最有力的措施，包括例行維修、預測性維修、預防性維修和立即維修四種維修方法，它的目標是零缺陷、無停機時間。要達到此目標，必須致力於消除產生故障的根源，而不僅僅是處理好日常出現的問題。工人不僅要對自己所生產的產品的質量、產量負責，還要對設備的日常養護、維修負責，同時注意設備的定期維修、檢查、易損件更換等，使設備故障停機率降低到最低，以防患於未然，避免生產因設備故障而停頓。力求做到減少設置、調試時間，提高標準的模架、定位銷以減少換模、裝模時間；保證設備設置與調試時相應的材料與工具到位；強化設置調試人員的培訓，使其工作規範化、動作標準化；採用快速接頭，對相應的水、電、汽等管線使用不同的顏色標示；在首次設置與調試過程中相關的設計、製作人員要共同參與。

（四）目視管理

所謂目視管理，是指生產現場的所有工作人員具有及時發現生產過程中出現的問題、查明原因並加以改善的責任和能力。具體的方法是在生產線每道工序上安裝具有紅、黃、綠三種顏色的指示燈：綠燈亮表示生產線作業正常；黃燈亮表示該工序作業進度落后，需要支援，同時就會有其他員工來支援，消除作業瓶頸；紅燈亮表示出現異常情況，要求停止生產線作業，找出原因並加以改善，這樣就不會造成其他工序繼續作業而導致出現大量產成品等待庫存的現象。同時，各個工序共同協作來解決問題，

能賦予員工高度的責任心，有利於發揮團隊精神，防止出現不良品，避免發生在庫製成品庫存等。

六、JIT 成功實施的條件與步驟

(一) JIT 實施的條件

1. 完善的市場經濟環境，信息技術發達

要有效地實施 JIT，必須有良好的經濟環境，市場體制完善。這樣供應鏈上的企業就能按照市場規則運作，確保在理念上的一致。另外，實施 JIT，信息技術是關鍵；假如沒有先進的信息技術作支撐，就無法確保信息準確、及時和可靠地傳遞，JIT 的思想就不能有效地落實。

2. 嚴格拉動的概念

JIT 要求嚴格按照拉動的概念，以最終需求為起點，以后道作業向前道作業按看板所示信息提取材料（商品），前道作業按看板所示信息進行補充生產。在生產流程的安排上，要求生產製造過程（可推廣到整個供應鏈）保持標準化，即生產製造過程安定化、標準化和同步化，保證從原材料到成品的整個過程暢通無阻，不出現瓶頸現象。這樣，不僅可以滿足顧客的要求，提高服務水平，而且可以實現低水平的庫存，降低成本。

3. 重視人力資源的開發和利用

JIT 要求重視人力資源的開發和利用，這包括對員工進行培訓使其掌握多種技能，同時要求給予作業現場員工處理問題的權力，做到不將不良品移送給下道作業，確保產品的質量，實現零缺陷。JIT 還要求企業的所有員工（包括管理者）具有團隊精神，共同協作解決問題。

4. 小批量生產

JIT 要求小批量生產。小批量生產的優勢在於能減少在製品庫存，降低產成品庫存，節約庫存空間，易於現場管理，當發生質量問題時，容易查找和重新加工。在生產進度安排上允許有一定的彈性，可按要求進行調查，對市場需求的變化能作出迅速及時的反應。同時，小批量生產要求在變換產品組合時，生產線的切換程序簡便化和標準化，進而使生產切換速度加快，為此要求供應商能小批量、頻繁、及時地供貨。

5. 與供貨商建立長期可靠的夥伴關係

JIT 要求與供貨商建立長期可靠的合作夥伴關係。JIT 要求供應商在需求的時間提供需求的數量。具體說，就是要求供應商能小批量、頻繁地運送，嚴格遵守交貨時間。同時要求供應商能對訂貨的變化作出及時、迅速的反應，具有彈性，因此，必須選擇少數優秀的供應商，並與它們建立長期可靠的合作夥伴關係，分享信息資源，共同協作解決問題。

6. 高效率、低成本的物流運輸方式

JIT 要求高效率、低成本的物流運輸裝卸方式，要求供應商小批量、頻繁運送。但是小批量、頻繁運送將增加運輸成本。為了降低運輸成本，JIT 要求積極尋找集裝機會

（Consolidation Opportunity）。進貨集裝運送（Inbound Consolidation Delivery）是指把來自多個供應商的小批量集中起來作為一個運輸單位進行運送的方法，這樣不僅可保證按時交貨，還可節約運輸成本。另外，需要採用使小批量物品的快速裝卸變得容易的設備。

7. JIT 要求企業最高管理層的大力支持

與認為庫存是經營所必需的傳統管理思想不同，JIT 視庫存為企業負債，認為庫存是浪費。採用 JIT 要求對企業整體進行改革甚至重建，這需要大量資金投入和時間消耗，也存在著較大的風險。如果沒有最高決策層的支持，企業不可能採用 JIT，即使採用了，也可能由於部門間不協調或投入資源不足而不能充分發揮 JIT 的優勢。因此，JIT 要求企業最高層的大力支持。

(二) JIT 實施的步驟

建立 JIT 系統需要很長的時間，同時需要企業文化和管理方式發生巨大的變革。實施 JIT 系統的步驟如下：

1. 進行準備工作

實施 JIT 系統的第一步就是要進行人員培訓。企業高層管理人員對 JIT 系統的支持是實施 JIT 的首要條件，因此首先必須讓他們深刻理解和領會 JIT 思想的實質，明確各自的職責。其次就是對工人進行培訓和激勵，使企業全員都參與 JIT 系統的建設。

2. 實行全面質量管理

全面質量管理是與 JIT 系統緊密聯繫的。JIT 系統的各個環節，需要在全面質量管理的思想指導下，才能做到協調一致。也只有在全面質量管理的作用下，才能在每個環節把好質量關，使之盡力實現「零缺陷」，進而實現「零庫存」。

3. 對現行系統進行分析

在實施 JIT 系統之前，首先要對現行的製造系統進行仔細分析和解剖，找出現行系統存在的缺陷與不足，明確改進目標。

4. 工藝和產品設計

實施 JIT 要求企業的生產工藝流程具有很強的柔性。目前一些高科技企業成功地把 JIT 與柔性製造系統（FMS）結合在一起，創造了巨大的經濟效益。JIT 要求盡可能地採用標準件以降低 JIT 生產系統的複雜性。

5. 使供應商成為 JIT 系統的一部分

供應商能否及時向企業提供優質的材料是 JIT 系統運行的條件。把企業 JIT 系統與供應商的 JIT 系統連接在一起，使供應商成為企業 JIT 系統的一部分，將有利於保證物料供應的及時性和可靠性。

6. 不斷改善

JIT 生產系統是一個需要不斷改進和完善的開放系統。理想的 JIT 系統的最高目標是「零機器調整時間」「零庫存」「零設備故障」，而這些目標的實現是以企業各項工作不斷改進和完善為前提的，因而 JIT 是一個永不停止的過程。

七、JIT 與 MRPⅡ 的區別與聯繫

（一）JIT 生產方式的特點

1. 零庫存

用戶需要多少就供應多少，不會產生庫存，不佔用流動資金。

2. 最大節約

用戶不需要的商品就不用訂購，可避免商品擠壓、過時質變等不良品浪費，也可避免裝卸、搬運以及庫存等費用。

3. 零廢品

JIT 能最大限度地限制廢品流動所造成的損失。廢品只能停留在供應方，不可能配送給客戶。

JIT 具有普遍意義，既適用於任何類型的製造業，也適用於服務業中的各種組織。對於發展初期的電子商務，尤可採用和吸收 JIT 技術，以降低物流成本，使物流成為電子商務中的重要利潤源。

（二）JIT 與 MRPII 的區別與聯繫

MRPII 是美國人提出的適用於大批量生產的管理模式和方法，而 JIT 卻是由日本人發明的適用於精益生產的管理技術，這兩者的區別與聯繫如表 9-2 所示：

表 9-2　　　　　　　　　　JIT 和 MRPII 的區別與聯繫

項目	JIT	MRPII
庫存	一種不利因素，應盡一切努力減少庫存	一種資產，用來預防預測的誤差、機床的故障、供貨商延期交貨等。其目的是要控制適量的庫存
批量	僅生產立即需求的數量，對自製件與外購部件都只下達最小的需求補充量	用某種公式來計算批量，一般對庫存費用和生產準備費用進行折中考慮，用某個公式修正得到最佳批量
生產準備時間	使生產準備時間最少。要求最快地更換刀卡具以對生產率的影響最小，或是具備已經完成生產準備的機床。迅速地更換工卡具以實現多批次、小批量生產	用某種公式來計算時間，一般對庫存時間和生產準備時間進行折算考慮，用某個公式修正得到最佳生產時間
在製品庫存	取消等待加工隊列。當出現等待加工隊列時，確定發生的原因，並糾正它。在製品庫存減少時，說明這一糾正過程是正確的	是需要的投資，當上道工序發生問題時，在製品庫存可保證持續地生產
供貨商	合作者。他們是協同工作的一部分。把供應商看成是自己的擴展部分	是有矛盾的甲乙關係。一般有多個供貨來源，這是一種典型的在供貨商間挑撥矛盾以從中獲利的方法
質量	廢品為零。如果質量不是 100% 合格，則生產就處於困難狀態	允許一些廢品。記錄實際廢品數，並用一些公式來預測廢品數

表 9-2（續）

項目	JIT	MRPII
設備維修	設備穩定並有效地運行。設備的故障要減少至最少	設備維修是必需的。由於允許在製品庫存，所以這個問題不是關鍵
提前期	使提前期壓縮。銷售、採購及生產管理簡化，所以提前期壓縮	提前期越長越好

JIT 追求盡善盡美，比如在廢品方面，追求零廢品率；在庫存方面，追求零庫存。可以這樣說，JIT 的目標是一種理想的境界。和 MRPII 相比，后者更多地考慮了製造業的普遍情況，考慮了較多的不確定因素。在處理這兩個不同的理論體系方面，正確的態度是將兩者結合起來，依靠 MRPII 奠定基礎，逐漸達到 JIT 的水平。

第五節　企業資源計劃（ERP）

隨著全球經濟一體化的不斷深化，全球市場格局、居民消費結構和消費水平都發生了深刻的變化，產品呈現出多樣化、個性化、系統化和國際化的特徵，這更加大了企業生產與管理的難度。單一改善離散製造環境和流程環境的 MRPII 已經無法滿足企業多元化和跨地區的全球化經營管理的要求。伴隨網路通信技術的迅速發展和廣泛應用，解決問題的出路就是在企業與市場之間建立起有效的閉環系統，形成「面向顧客化生產」，要迅速回應顧客的需求、盡快實現供應鏈製造（Supply Chain Manufacturing），重新定義供應商、製造商和分銷商的業務關係，從產品開發的並行工程發展到各個實體業務的同步運行。

一、企業資源計劃（Enterprise Resource Planning，ERP）的產生和發展

ERP 是從 MRPII 發展、演變而來的。1990 年，在美國 Gartner Group 公司分析員 L. Wylie 編寫的《ERP：設想下一代 MRPII》（*A Vision of the Next-Generation MRPII*）的分析報告中，針對當時某些軟件公司有一些新的軟件包問世，需要制定對傳統的 MRPII 軟件評價的內容，並把具有這些新內容的軟件包稱為 ERP。為此，Gartner Group 公司擬定了評價核對表（Check List），分技術和功能兩個方面。技術方面的主要內容支持多數據庫及軟件數據庫集成，包括採用圖像用戶界面（GUI）、關係數據庫、第四代程序語言、客戶機/服務器體系結構。而功能方面主要是從企業經營管理拓展的角度來考察系統，如多行業（離散/流程/分銷）、多幣種（跨國經營）、生產報告/分析報告圖形化、內部集成（設計/核心業務系統/數據採集）、外部集成（客戶信息、電子採購）。而把達到這些要求的管理信息系統稱為 ERP。

20 世紀 90 年代，Gartner Group 公司以《ERP：設想定量化》（*Quantifying the Vision*）為題發表的會議報告用了大量的篇幅比較詳盡地闡述了 ERP 的理念和對今后 3～5 年發展的預測，深刻闡明了 ERP 的實質和定義，是 ERP 發展歷史上的一篇極其重要並具有

較高分析水平的文獻，使人們對 ERP 的概念有了全新的認識。從功能遠景來看，ERP 要涉及整個供應鏈上所有的製造商、供應商和顧客，因而使生產製造可以更高效地運行。通常通過系統來平衡各個部門或實體的價值標準。製造業將成為 ERP 活動的軸心，並使供應鏈上的所有支持單位能夠像同步工程一樣向業務流程同步化轉變。為了實現「面向客戶」，應把供應商和客戶當成企業製造流程的組成部分，搬開部門之間的「路障」，使客戶直接同分銷商、製造商甚至供應商溝通，從而縮短從客戶下達訂單到完工交貨的週期。這是因為企業如果不能靈活地成為客戶的夥伴，將難以生存。

ERP 除了功能方面的擴展（其中有許多是與 MRPII 相同的部門）以外，重要的是通過業務流程重組實現管理的預見能動性。對 ERP 的功能要求實現了「管理整個供應鏈」，權衡供應鏈上各個實體的價值，實現對製造、財務、客戶、分銷和供應的業務流程管理。

在信息技術所起的作用方面，ERP 特別強調面向對象技術，強調通用的界面、數據交換架構和連接，強調開放性和便於用戶使用。在互聯網技術的應用剛剛開始時，有不少新技術在那時還是無法預見的。在 ERP 應用集成方面將圍繞數據庫和中間技術來開展。因此，ERP 的範圍既包括不同類型的製造業的內部信息集成，也擴展企業外部信息系統。它在企業資源最優化配置的前提下，整合企業內部主要或所有經營活動，包括財務會計、管理會計、生產計劃及管理、物料管理、銷售與分銷等主要功能模塊，以達到效率化經營的目標。

二、ERP 研究的發展趨勢

ERP 代表了當代最先進的企業生產經營管理模式與技術。隨著先進製造技術、信息技術等的不斷發展，現行的 ERP 將不斷進化。具體發展趨勢如下：

（1）ERP 將與製造執行系統（MES）、車間層操作控制系統（SFC）更緊密地結合，形成即時化的 ERP/MES/SFC 系統；

（2）ERP 的供應鏈管理功能將更強，並進一步面向全球化市場環境；

（3）ERP 將更好地支持多種不同的製造方式，包括流程製造方式；

（4）ERP 將包含基於知識的市場預測、訂單處理與生產調度、約束調度功能，具有更強的企業優化能力；

（5）ERP 的工作流程管理功能也將進一步增強，並能支持企業經營過程的重構；

（6）在技術方面，ERP 將以客戶/服務器分佈式結構、面向對象方法和 Internet 等為核心技術；

（7）當前一些 ERP 軟件的功能已經遠遠超出了製造業的應用範圍，成為一種適應性強、具有廣泛應用意義的企業管理信息系統，將來 ERP 會進一步從製造部門擴展到全球經濟的各個行業；

（8）ERP 的不斷發展與完善，最終將導致支持全球化企業合作與敏捷製造、虛擬企業經營的集成化企業管理系統的產生。

三、ERP 的基本原理

(一) ERP 的基本思想

ERP 是在物料需求計劃（MRP）和製造資源計劃（MRPII）的基礎上發展起來的更高層次的管理信息系統。ERP 並不像 MRPII 那樣能給出明確的定義，但從管理思想上看，ERP 是在供應鏈的基礎之上擴展了管理的範圍。ERP 將企業流程看作一個緊密連接的供應鏈，其中包括供應商、製造工廠、分銷網路和客戶等；將企業內部劃分為幾個相互協同作業的支持子系統，如財務、市場行銷、生產製造、質量控制、服務維修、工程技術等，還包括競爭對手的監視管理。通過對供應鏈上所有環節進行有效的管理，來加速企業的信息流程，提高反應速度，改善決策品質，從管理的深度上為企業提供更豐富的功能和工具。

(二) ERP 的顯著特徵

1. ERP 是供應鏈管理（Supply Chain Management）的信息集成系統

ERP 所要達到的一個最基本的目的是將客戶、銷售商、供應商、協作單位等納入企業的資源系統，組成企業的基本供應鏈，按客戶不斷變化的需求同步組織生產，時刻保持產品的高質量、多樣化和柔性。當前企業之間的競爭已不再是一個企業對另一個企業的競爭，而是發展成了企業的供應鏈之間的競爭。任何企業都是供應鏈中的一個節點，既是供應商的顧客，又是顧客的供應商。企業從供應商處獲取價值，通過自己的生產而增值，然後把價值傳給顧客。如果把供應鏈概念引申，企業內部也有類似的供應鏈。物資部門是供應商的顧客，又是生產部門的供應商；生產部門是物資部門的顧客，又是銷售部門的供應商；銷售部門是生產部門的顧客，又是客戶的供應商。所以，任何部門都既是供應商又是顧客，都是整條供應鏈中的一員。

現代化企業為了追求利潤最大化，通過收入最大化和成本最小化來擴大利潤的理念，無疑是正確的，但是拚命地壓低供應商的價格、提高顧客的價格的方式，卻嚴重傷害了供應鏈上的其他環節，破壞了供應鏈的平衡。事實證明，這樣的策略已經落伍。只有將供應商、顧客等納入統一的供應鏈中來，跨越企業的圍牆，建立一個跨企業的協作平臺，以追求和分享市場機會，這樣才能達到雙贏或者多贏的局面。因此，基於供應鏈管理的 ERP 現代化管理信息系統覆蓋了從供應商到顧客的全過程，真正以一種清楚的理解和探索的方法去建立供應鏈，去創造和重塑有著巨大潛力的利益相關者的共同價值。

2. 業務流程重組（Business Process Reengineering，BPR）是 ERP 的重要組成部分

企業業務流程重組對經營過程進行徹底的重新構思、根本性的重新設計，以達到成本、質量、服務和速度等關鍵性能方面顯著的提高。ERP 與企業業務流程重組是密切相關的。在企業供應鏈上，信息、物料、資金等通過業務流程才能流動，業務流程決定了各種流的速度和流量。為了使企業的業務流程能夠預見並適應內外環境的變化，企業的業務流程必須進行改革，這項改革不只局限於企業內部，它把供應鏈上的所有關聯企業與部門都包括進來，是對整個供應鏈的改革。ERP 的概念和應用已經從企業

內部擴展到企業需求市場和供應市場的整個供應鏈的業務流程和組織機構的重組。

3. ERP 發展的最終目的是實現整個產業系統增值

在企業供應鏈上，除資金流、物流、信息流外，根本的是要有增值流。各種資源在供應鏈上流動，應是一個不斷增值的過程，在此過程中 ERP 要求消除一切無效勞動。在供應鏈的每一個環節都做到價值增值，因而供應鏈的本質是增值鏈（Value Add Chain）。從形式上看，客戶是在購買企業提供的商品或服務，但實質是在購買商品或服務帶來的價值。供應鏈上每一環節增值與否、增值的大小都會成為影響企業競爭力的關鍵因素。各個企業的供應鏈又組成了錯綜複雜的整個產業系統的供應鏈，ERP 發展的最終目的就是使整個系統內的供應鏈達到最合理的增值。因此，ERP 的發展趨勢應由單個企業供應鏈的管理轉向整個產業系統供應鏈的研究與管理。

四、應用 ERP 的主要優勢

（一）系統運行集成化

ERP 系統是對企業物流、資金流、信息流進行一體化管理的系統，其應用將跨越多個部門甚至多個企業。系統運行之後，將會實現集成化應用，建立完善的數據庫體系和信息共享機制。

（二）企業組織結構優化

ERP 的應用首先是優化企業組織結構，減少管理層級，規範企業的內部管理，這就必將增強對整個市場的敏感程度及對市場的反應速度，降低管理成本，大大提高企業對市場的應變能力。

（三）降低企業的綜合經營成本

ERP 的應用可以降低企業的綜合經營成本。如庫存管理系統可以為企業建立動態的合理庫存，在不出現庫存短缺的情況下，盡量減少庫存；採購管理系統可以為企業縮短採購提前期，建立更為合理的科學採購週期，從而減少資金占用週期和短貨情況；銷售管理系統可以為企業決策者提供每天或某段時間各類物品的銷售情況、客戶應收帳款情況，為企業採購、庫存提供科學的依據。更為重要的是，ERP 整合了企業集團的綜合優勢，加強了企業內各部門、各子公司之間的相互協調，使之有機地結合在一起。這樣就避免了企業各部門之間各自為政、盲目決策情況的出現，減少了管理上的失誤，減少了企業內部因為不協調而出現的資源（包括人力、物力、財力等）浪費。

（四）監控動態化

ERP 系統的應用，將為企業提供豐富的管理信息，並可以根據管理需要，利用系統提供的信息資源設計出動態監控體系，及時反饋和糾正管理中存在的問題。對於大型企業及企業集團來說，ERP 的應用可以強化總公司對各部門、各子公司財務經營情況的監管力度，避免了企業內部監管不力造成的損失。同時，ERP 的應用能充分發揮集團優勢，可以低成本擴展銷售網點，建立覆蓋面更為廣闊的銷售服務網路，從而達到低成本擴大銷售市場的目的。

(五) 信息共享化

應用 ERP 可以使企業內部各子公司之間、各部門之間、企業與客戶之間實現充分的信息共享。企業可以為客戶提供高層次的信息化服務，加強企業與客戶之間的有機聯繫，從而贏得客戶、贏得市場。

(六) 管理改善持續化

ERP 系統的應用和企業業務流程的優化，將會使企業的管理水平明顯提高。企業可以依據管理諮詢公司提供的企業管理評價指標體系對企業管理水平進行綜合評價，瞭解企業管理水平的改善程度。而評價的過程和結果並不是企業最終的目的，為企業建立一個可以不斷進行自我評價和不斷改善管理的機制，才是真正的目的。可以說，企業實施 ERP 系統管理，能使企業由過去靜態的、片面的、孤立的管理變成動態的、全面的、網路化的理性管理，從而使企業成為一個有機整體，提高企業的盈利能力。

五、ERP 與 MRPII 的關係

(一) MRPII 是 ERP 的一個核心子系統

在 ERP 中，MRPII 只是其中對生產製造進行管理的一個子系統，它和其他功能子系統一起把企業所有的生產場所、行銷系統、財務系統結合在一起，可以實現全球範圍內多工廠、多地點的跨國經營運作。這樣，企業就超越了以物料需求為核心的生產經營管理範疇，能夠更有效地安排自己的產、供、銷、人、財、物，實現以客戶為中心的經營戰略。

MRPII 作為生產計劃與控制模塊，是 ERP 系統不可缺少的核心系統。MRPII 將生產活動中的銷售、財務、工程技術等主要環節集成為一個系統，是覆蓋企業生產製造活動所有領域的一種綜合計劃制訂工具。MRPII 通過周密的計劃，有效地利用各種資源，控制資金占用、縮短生產週期、降低成本、提高生產率，實現了企業綜合生產計劃的制訂，便於即時作出各種決策。

(二) 應用環境的擴展

傳統的 MRPII 系統把企業劃分為幾種典型的生產方式來進行管理，如重複製造、批量生產、按訂單生產等，對每一種類型都有一套管理標準。近年來，各企業為了適應市場的變化，快速占領市場，獲得高回報率，就必須實現柔性製造，轉向多角化經營。很多企業的生產方式都是「多品種小批量生產」和「大批量生產」並存，因此，針對離散製造環境和流程環境的 MRPII 系統已無法為企業帶來經營與管理的高效。而 ERP 系統則可以很好地支持和管理混合型製造環境，滿足企業的這種多角化經營的需求。並且在 ERP 系統中，增加了許多 MRPII 的即時特徵，減少了作業批量和轉換時間。

(三) 模擬分析和決策支持的擴展

MRPII 的即時性較差，一般只能作月度分析，基本上是一種事後、事中控制。而 ERP 系統強調企業的事中和事前控制能力，它是在管理事務及信息集成處理的基礎上

為企業計劃和決策提供多種模擬功能和財務決策支持系統，使之能對每天發生的事情進行分析；同時可以使設計、計劃、製造、質量控制、銷售、運輸等計劃及時滾動，保證這些作業順利執行；它的財務系統也將不斷地收到來自所有業務過程、分析系統和交叉功能子系統發出的信息，監控整個業務過程，快速作出決策；另外它還具有決策分析功能。

(四) 技術支持的擴展

網路通信技術的廣泛應用，使 ERP 系統得以實現供應鏈信息集成，加快了信息的傳遞速度，加強了即時性，擴大了業務的覆蓋面和信息的交換量，提高了信息的通暢性，增強了企業的競爭優勢，促進了企業業務流程、信息流程和組織結構的改革，推動了 ERP 通過網路信息對內外環境的變化作出能動的反應，為企業進行信息的即時處理和決策提供極其有利的條件。

六、ERP 的基本功能模塊

ERP 是將企業所有資源進行集成管理，簡單地說是將企業的三大流，即物流、資金流、信息流進行全面一體化管理的信息系統。它的功能模塊已不同於以往 MRP 和 MRPII，它不僅可用於生產製造企業的管理，而且可以引入一些非生產製造型、公益事業的組織進行資源計劃和管理。在企業中，一般的管理主要包括製造（計劃、製造）、物流管理（分銷、採購、庫存管理）和財務管理（會計核算、財務管理），這三大系統相互之間有相應的接口，需要集成在一起對企業進行管理。另外，隨著社會對人力資源管理的重視，越來越多的 ERP 廠商將人力資源管理納入 ERP 系統，其由此成為一個重要的組成部分。本書以典型的生產製造企業為例介紹 ERP 的功能模塊。

(一) 財務管理模塊

企業中財務管理是極其重要的，所以在整個 ERP 系統中它是不可或缺的一部分。ERP 中的財務模塊與一般的財務軟件不同，作為 ERP 系統中的一部分，它和系統的其他模塊有相應的接口，能夠相互集成。例如，它可將由生產活動、採購活動輸入的信息自動計入財務模塊生成總帳、會計報表，取消了繁瑣的憑證輸入過程，幾乎完全替代了傳統的手工操作。一般的 ERP 軟件的財務部分分為會計核算與財務管理兩大塊。

1. 會計核算

會計核算的主要職能是核算、反應和分析資金在企業經濟活動中的變動過程及其結果。它由總帳、應收帳、應付帳、現金、固定資產、多幣制等部分構成。

(1) 總帳模塊。它的功能是處理記帳憑證輸入、登記，輸出日記帳、一般用細帳及總分類帳，編製主要會計報表。它是整個會計核算的核心，應收帳、應付帳、固定資產核算、資金管理、工資核算、多幣制等各模塊都以其為中心來互相傳遞信息。

(2) 應收帳模塊。它是指企業應收的由於商品拖欠而產生的正常客戶欠款帳，它包括發票管理、客戶管理、付款管理、帳務分析等功能。它和客戶訂單、發票生成業務相聯繫，同時將各項事件自動生成記帳憑證，導入總帳。

(3) 應付帳模塊。應付帳是企業應付購貨款等帳，它包括發票管理、供應商管理、

支票管理、財務分析等。它能夠和採購模塊、庫存模塊完全集成以替代過去瑣碎的手工操作。

（4）現金管理模塊。它主要是對資金流入流出的控制以及零用現金及銀行存款的核算。它包括對硬幣、紙幣、支票、匯票和銀行存款管理。在 ERP 中提供了票據維護、票據打印、付款維護、銀行清單打印、付款查詢、銀行查詢和支票查詢等先進的功能。此外，它還和應收帳、總帳等模塊集成，自動產生憑證，導入總帳。

（5）固定資產核算模塊。此模塊完成對固定資產的增減變動以及折舊、有關基金計提和分配的核算工作。它能夠幫助管理者對目前固定資產的現狀有所瞭解，並能通過該模塊提供的各種方法來管理資產，以及進行相應的會計處理。它的具體功能有：登錄固定資產卡片和明細帳、計算折舊、編製報表以及自動編製轉帳憑證，並轉入總帳。它和應收帳、成本、總帳模塊集成。

（6）多幣制模塊。這是為了適應當今企業的國際化經營，對外幣結算業務的要求增多而產生的。多幣制將企業整個財務系統的各項功能以各種幣制來表示和結算，客戶訂單、庫存管理及採購管理等也能使用多幣制進行交易。多幣制和應收帳、應付帳、總帳、客戶訂單、採購等各模塊都有接口，可自動生成所需數據。

（7）工資核算模塊。該模塊自動進行企業員工的工資結算、分配、核算以及各項相關費用的計提。它能夠登錄工資、打印工資清單及各類匯總報表、計提各項與工資有關的費用、自動做出憑證，導入總帳。這一模塊是和總帳、成本模塊集成的。

（8）成本模塊。它將依據產品結構、工作中心、工序、採購等信息進行產品的各種成本的計算，以便進行成本分析和規劃，還能用標準成本或平均成本法進行成本比較分析。

2. 財務管理

財務管理的功能主要基於會計核算的數據，再加以分析，從而進行相應的預測、管理和控制活動。它側重於財務計劃、控制、分析和預測。

(二) 生產製造管理模塊

這一部分是 ERP 系統的核心所在，它將企業的整個生產過程有機地結合在一起，使得企業能夠有效地降低庫存，提高效率。同時各個原本分散的生產流程自動連接，也使得生產流程能夠前後連貫地進行，而不會出現生產脫節，耽誤生產交貨時間。生產控制管理是一個以計劃為導向的先進的生產管理方法。企業首先需要確定總生產計劃，再經過系統層層細分，下達到各部門去執行，生產部門以此組織生產，採購部門按此採購等。

1. 主生產計劃（MPS）

這是根據生產計劃、預測和客戶訂單的輸入來安排將來的各週期中應提供的產品種類和數量的進度計劃，它是一個將生產計劃轉為產品計劃並在平衡了物料和能力的需要后可以得到的精確的進度計劃。它是企業在一段時期內安排的總活動，是一個穩定的計劃，是通過對生產計劃、實際訂單和對歷史銷售分析預測后獲得的。

2. 物料需求計劃（MRP）

在主生產計劃決定最終產品的生產數量後，再根據物料清單，把整個企業要生產的產品的數量轉變為所需生產的零部件的數量，並比照現有庫存量得到還需加工多少、採購多少零部件的最終數量。

3. 能力需求計劃（RCP）

它是在得出初步的物料需求計劃之後，將所有工作中心的總工作負荷與工作中心的能力平衡後所產生的詳細工作計劃，用以確定生成的物料需求計劃以企業生產能力來衡量是否可行。能力需求計劃是一種短期的、當前實際應用的計劃。

4. 車間控制

這是隨時間變化的動態作業計劃，它是將作業分配到具體各個車間，然後再進行作業排序、作業管理、作業監控。

5. 產品數據管理

在編製計劃中需要許多生產基本信息，即製造標準，包括零件、產品結構、工序和工作中心都需要以唯一的代碼在計算機中加以識別。

（1）零件代碼是對物料資源的管理，對每種物料給予的唯一的代碼識別；

（2）物料清單是定義產品結構的技術文件，是用來編製各種計劃的基礎文件；

（3）工序是描述加工步驟及製造和裝配產品的操作順序，它包含加工順序，指明各道工序的加工設備及所需的額定工時和工資等級等；

（4）工作中心是由相同或相似工序的設備和勞動力組成的進行生產進度安排、核算能力、計算成本的基本單位。

（三）物流管理模塊

1. 分銷管理

銷售管理包括對產品的銷售計劃、銷售地區、銷售客戶各種信息的管理和統計，並可對銷售數量、金額、利潤、績效、客戶服務作出全面分析。分銷管理模塊大致有以下三方面的功能：

（1）客戶信息管理和服務。它能建立一個客戶信息檔案，進行分類管理，進而進行有針對性的客戶服務，以便最有效地保留老客戶、爭取新客戶。在這裡，要特別提到的是最近新出現的客戶關係管理（CRM）軟件，ERP與它的結合必將大大增加企業的效益。

（2）對銷售訂單的管理。銷售訂單是ERP的入口，所有的生產計劃都是根據它下達並安排生產的。銷售訂單的管理貫穿在產品生產的整個流程之中。它包括：客戶信用審核及查詢（客戶信用分級，用來審核訂單交易）；產品庫存查詢（決定是否要延期交貨、分批發貨或用代用品發貨等）；產品報價（為客戶作不同產品的報價）；訂單輸入、變更及跟蹤（訂單輸入後，變更的修正及訂單的跟蹤分析）；交貨期的確認及交貨處理（決定交貨期和發貨事務安排）。

（3）對銷售的統計與分析。系統根據銷售訂單的完成情況，依據各種指標作出統計，比如客戶分類統計、銷售代理分類統計等，再就這些統計結果對企業實際銷售效

果進行評價。

2. 庫存控制

用來控制庫存物料的數量，以保證有穩定的物流支持正常的生產，同時又是最小限度地占用資本。它是一種相關的、動態的、真實的庫存控制系統。它能夠結合、滿足相關部門的要求，隨時間變化動態地調整庫存，精確地反應庫存現狀。這一系統的功能有：

（1）為所有的物料建立庫存，決定何時訂貨採購，同時作為採購部門進行採購的依據，作為生產部門執行生產計劃的依據。

（2）收到訂購物料，經過質量檢驗后入庫。當然，生產的產品也同樣要經過檢驗才能入庫。

（3）收發料的日常業務處理工作。

3. 採購管理

確定合理的訂貨量、優秀的供應商，保持最佳的安全儲備。能夠隨時提供訂購、驗收的信息，跟蹤和催促外購或委託外加工的物料，保證貨物及時到達。建立公司檔案，用最新的成本信息來調整庫存成本。

（四）人力資源管理模塊

以往的ERP系統基本上都是以生產製造及銷售過程（供應鏈）為中心的。近年來，企業內部的人力資源管理越來越受到企業的關注，並被視為資源之本。人力資源作為一個獨立的模塊，被加入到了ERP系統中，它和ERP中的財務、生產系統組成了一個高效的、具有高度集成性的企業資源系統。它與傳統方式下的人事管理有著根本的不同。

1. 人力資源計劃的輔助決策

此功能對於企業人員、組織結構編製的多種方案進行模擬比較和運行分析，並輔之以直觀的圖形評估，輔助管理者作出最終決策。制定職務模型，包括職位要求、升遷路徑和培訓計劃，根據該職位員工的資格和條件，系統會提出一系列的職位變動或升遷建議。進行人員成本分析，可以對過去、現在、將來的人員成本作出分析及預測，並通過ERP集成環境，為企業成本分析提供依據。

2. 招聘管理

人才是企業最重要的資源。有了優秀的人才，才能保證企業持久的競爭力。人才是招聘來的，所以對人才招聘的管理很重要。ERP系統可以進行招聘過程的管理，優化招聘過程，減少業務工作量；同時對招聘的成本進行科學管理，從而降低招聘成本；為選擇聘用人員的崗位提供輔助信息，並有效地幫助企業進行人力資源的管理。

3. 工資核算

工資核算功能模塊能根據公司跨地區、跨部門、跨工種的不同工資結構及處理流程顯示與之相適應的工資核算動態；同時具有核算功能，通過和其他模塊的集成，根據要求自動調整工資結構及數據。

4. 工時管理

工時管理根據本國或當地的日曆，安排企業的運作時間及勞動力的作息時間；運用運程考勤系統，可以將員工的實際出勤狀況記錄到主系統中，並把員工的工資、獎金有關的時間數據導入工資系統和成本核算中。

5. 差旅核算

系統能夠自動控制差旅申請、批准和報銷整個流程，並且通過集成環境將數據導入財務成本核算模塊中去。

(五) ERP 的擴展功能模塊

一般 ERP 軟件提供的最重要的三個擴展功能模塊是：供應鏈管理（SCM）、客戶關係管理（CRM）以及電子商務（E-Business，EB）。

1. 供應鏈管理（SCM）模塊

SCM 是將從供應商的供應商到顧客的顧客的物流、信息流、資金流、程序流、服務和組織加以整合化、即時化、扁平化的系統。SCM 系統可分為三個部分：供應鏈規劃與執行系統、運送管理系統、存儲管理系統。

2. 客戶關係管理（CRM）模塊

CRM 是用來管理與客戶有關的活動，它能從企業現存數據中挖掘關鍵的信息，自動管理現有顧客和潛在顧客的數據。CRM 通過分析、整合企業的銷售、行銷及服務信息，協助企業提供客戶化的服務及實現目標行銷的理念，以此可以大幅改善企業與客戶的關係，帶來更多的銷售機會。目前，提供前端功能模塊的 ERP 廠商數、相關的功能模塊數都不多，且這些廠商幾乎都是將目標市場鎖定在金融、電信等擁有顧客數目眾多、需要提供後續服務多的幾個特定產業。

3. 電子商務（EB）模塊

產業界對電子商務的定義存在分歧。電子商務一般具有共享企業信息、維護企業間關係以及產生企業交易行為三大功能的遠程通信網路系統。有學者進一步將電子商務分為企業與企業間（B2B）、企業與個人（消費者）間（B2C）的電子商務兩大類。目前，ERP 軟件供應商提供的電子商務應用方案主要有三種：一是提供可外掛於 ERP 系統下的 SCM 功能模塊，如讓企業依整合、即時的供應鏈信息去自動訂貨的模塊，以協助企業推動企業間的電子商務；二是提供可外掛於 ERP 系統的 CRM 功能模塊，如企業建立經營網路商店的模塊，以協助企業推動其與個人間的電子商務；三是提供仲介軟件來協助企業整合前后端信息，使其達到內外信息全面整合的境界。

七、ERP 與電子商務

(一) 電子商務

電子商務是企業通過 Internet 來拓展要素市場和消費市場、採購投入口以及銷售產出口或服務的一種全新交易模式。它不僅追求網站點擊率，還追求網點交易率、企業整體競爭力和經濟效率。它有如下特點：一是商品和貨幣的數字化或符號化；二是交易過程的電子化、無紙化和購買行為的個性化；三是市場的網路化、一體化和邊際化；

四是超越時空，異地交易。企業使用電子商務非常重要。因為它可以減少流通環節、降低交易成本，加快資金週轉和庫存週轉；提高市場行銷能力，拓展國內外市場；方便客戶信息記錄，改善客戶服務體系，增強客戶關係管理；促進企業從面向生產的管理轉向面向市場的管理。

在電子商務中，B2B 是發展的重點。作為一個開發的交易平臺，它突破了地域、時空的限制和市場機會的壁壘，加快了信息流動的進程，簡化了傳統模式下層層流轉的方式，減少了部分中間環節，降低了交易成本，使企業的業務流程發生了巨大的變化，企業只需非常低的成本即可建立全球市場，給傳統的商務模式帶來了巨大的衝擊。

(二) ERP 與電子商務相輔相成

電子商務與 ERP 有著千絲萬縷的聯繫：網上接到一個訂單，企業的生產系統如何作出反應？網上售出一件產品，企業的財務系統怎樣記帳？B2B 的每一個動作都會與 ERP 發生聯繫，可以說 ERP 系統建設得如何，將直接影響到 B2B 的成功與否。電子商務的發展迫切需要后臺 ERP 的有力支持，需要確定是通過中間軟件還是在原有的基礎上增設模塊，只要企業內部的前后端無縫整合可行，實現網路化的訂單輸入和報價就成為可能，相當於原來對銷售人員開放的前端軟件延伸到了網路上。企業的現實客戶或潛在客戶只要從網路界面上獲得相關信息（產品目錄、單價、折扣和庫存），就可決定是否下訂單。客戶從網路上輸入的訂單正如銷售人員輸入的訂單一樣，這些信息可立刻傳輸到后臺 ERP，ERP 經過計算，把訂單總價、訂單號碼和折扣金額等信息再傳回網路界面，客戶收到信息后，就可隨時通過呼叫中心繼續追蹤這筆訂單。

電子商務的發展，也使企業管理的內涵得到了延伸，除了傳統的財務、庫存、銷售、採購、生產等管理以外，涉及整個企業價值鏈的許多環節也被要求進入管理範疇。客戶關係管理系統是一個實例。隨著市場競爭的日益加劇，企業的產品和服務本身已很難分出絕對優劣，誰能把握客戶需求，誰就能取得競爭優勢。客戶、供應商以及合作夥伴連成一片的價值鏈已經成為企業間競爭的核心，包括供應商和合作夥伴的關係管理和發掘，拓展了傳統 ERP 的概念和範疇。

(三) ERP 和電子商務的關係剖析

1. 基於供應鏈的兼容性

企業中存在三種流：物流、資金流和信息流。信息流反應了物資和資金流動前、流動中和流動后的狀況。與三種流對應分別存在三條供應鏈：物資鏈、資金鏈和信息鏈。市場行銷部通過網路 ERP 軟件及時準確地掌握客戶訂單信息，並按時間、地點、客戶統計出產品的銷量和銷售速度，然后對這些數據進行加工和分析，從而對產品需求的市場前景作出預測。同時把產品需求結果反饋給計劃與生產部門，以便安排某種產品的生產和相應投入品的購進。

電子商務主要涉及採購與銷售業務，因此應設立兩個新部門——網上信息採購部和網上銷售部，使企業原有物流和資金流分別增加一個入口和出口，並成為新物流與資金流的一部分。同時通過組織結構和業務流程的重組，電子商務可以納入供應鏈中，但網上模式中客戶的訂單、企業的採購單由網上形成和交付，貨幣收支也通過網路

進行。

2. 側重點的差異

ERP 系統作用於企業的整個業務流程，它的應用層次有三個：決策層的數據查詢與綜合分析、中間層的管理與控制、作業層的業務實現。而電子商務主要在於作業層的業務實現以及採購和銷售業務的網上實現，也包括為市場行銷提供網上輔助手段，如網上廣告發布、網上消費問卷調查等。

3. 應用的互補性

根據中國企業目前的條件，企業在引進電子商務時，不完全拋棄傳統的採購與銷售模式，而是兩種模式、兩個系統共同存在、互為補充。當然，今后網上模式會越來越占優勢。

(四) 電子商務與 ERP 的整合實現

電子商務與 ERP 的整合需要有業務流程重組配合，同時也要求應用軟件各模塊合理劃分和有機集成。在實現兩者的整合時，ERP 方面應優先考慮採購、生產計劃、市場行銷、銷售、庫存、財務等與物流、資金流密切相關的模塊；電子商務方面應考慮網站管理模塊、網上銷售模塊、網上採購模塊和網上資金管理模塊，把兩者的模塊集成到一起，構成一個新的系統。整合系統要為今后模塊的擴充留有接口，在系統設計時要充分考慮到以下方面：

（1）傳統銷售模式和網上銷售都必須對同一產品庫存進行減量，兩種模式下的銷售都必須反應到市場行銷部，並在市場行銷部進行匯總，為市場需求分析提供數字依據；

（2）傳統採購模式和網上採購模式都必須對同一投入品庫存進行定量，兩種模式下的採購額都必須反應到計劃與生產部，並在該部門進行匯總，為市場提供分析數據；

（3）兩種模式可以共享投入品編號或產品編號數據庫、供應商數據庫、客戶數據庫和其他相關數據庫；

（4）兩種模式下的資金收入與支出，包括應收應支，都必須反應到財務部，在財務部進行匯總，並作財務指標分析。

由上可知，在兩種模式並存的情況下，如果電子商務與 ERP 不進行整合，就很難保證物流、資金流和信息流的有機統一，也很難保證數據的一致性、完善性和準確性。

八、企業間 ERP 互聯實現全程電子商務

不同的軟件使用不同的操作平臺和數據庫系統，內部數據的格式也各有不同。這樣的企業間的商務數據交流，如訂單收發、往來帳核銷、產品數據交換、庫存對帳、生產計劃協同，都必須加入手工處理，速度降低和差錯增加也就不可避免了。怎樣使不同的 ERP 產品實現低成本高效率的互通呢？不同的情況有不同的解決方案：

（1）建立和使用一種適合大多數軟件的數據標準格式，這些格式包括上面提到的訂單、發票、庫存實務、產品數據等。

（2）在 ERP 用戶端安裝數據轉換軟件，從企業 ERP 軟件數據庫中提取要發送的數

據並轉換成標準格式數據，通過互聯網發送。接受方收到標準格式的數據，仍然通過相應的數據轉換軟件輸入數據庫，實現數據的互通。

（3）數據的傳輸以數據包的形式採用電子郵件傳輸，大大降低實用技術難度和使用成本，數據包技術將數據在發送前封裝起來可以避免數據被竊或出錯。

（4）對尚未實施 ERP 系統的企業，可以運用一個簡單數據界面直接生成標準格式的數據，通過數據發送程序發送。在收到數據的同時，也可以報表形式打印，以此消除使用 ERP 的企業和未使用 ERP 的企業之間的交流障礙，降低企業間電子商務的技術門檻，同時對於未使用 ERP 系統的企業也是一種推動和促進，使企業能夠在近日將 ERP 提上議事日程。

（5）在互聯網上建立數據交貨中心，實現數據的共享和緩存。規模較小的企業可通過 WEB 方式訪問數據，實現網上訂單，與使用 ERP 系統的企業平等地進行網上交易。

總之，ERP 系統在電子商務的推廣過程中起到的作用是巨大的，互聯性將大大發揮 ERP 系統的功效，並將使更多的企業納入其中。

九、ERP 的實施

實施 ERP 系統帶來的企業經營手段的進步和巨大的經濟效益令人向往。ERP 系統的正確實施，有助於加強企業在不斷變化的市場環境中的競爭能力，使企業獲得更高的客戶滿意度。然而，ERP 系統要深入、有效地解決企業經營中現存的和潛在的問題，從而給企業帶來巨大的收益。

ERP 系統的實施並不是單純的軟件的應用，而是一個需要考慮到企業發展策略、企業轉變管理模式、企業業務流程和企業信息技術四個方面的企業變革過程。ERP 系統的實施必須建立在企業對持續變革過程有明確的認識並決心付諸行動的基礎上，必須始終不斷地進行企業改革的活動，並把企業策略、人力資源與組織重構、業務流程、信息技術這四個企業經營管理的關鍵因素和業務集成的思想和方法貫穿始終，以保證新的管理觀念能夠通過 ERP 系統來體現，同時也要有效地保證 ERP 系統實施能順利地進行。也就是說，ERP 系統的實施就是企業的持續改革，企業必須認識到，只有持續的改革，才是 ERP 系統的生命力所在，才是企業不斷走向成功的根本保證。ERP 系統的實施步驟如下：

（一）策略制定

策略制定需要運用從國內外相關行業的應用案例中獲得的寶貴經驗及專業知識，從行業和市場的內部機制入手，對企業進行深入的「診斷」，幫助企業認識可能面對的挑戰，分析競爭勢態，發掘有創意的、行之有效的企業經營策略，用來指導企業及其業務流程的變革。只有通過確定近期的企業發展和經營戰略目標，企業才能發現自身存在的問題，才能知道自己需要的到底是什麼，才能以此確定企業的運作策略和業務構架。這樣，ERP 系統的實施才有發展的基礎和成功的前提。

（二）信息技術規劃和軟件選擇

信息技術投資是企業的戰略性投資，而信息技術的發展更是日新月異。因此，把

握信息技術發展的脈搏，考慮企業未來發展的切實需求，制定一個使用但不至於浪費、成熟且有未來可擴展性能和發展潛力的、積極而周密的信息技術規劃，就成為企業信息技術投資能夠在其生命週期內提供良好服務的基礎。

信息技術規劃的任務是根據策略制定階段確定企業的發展戰略和目標，確定相應的信息技術基礎架構，包括能夠滿足企業發展需求的業務應用架構、能夠支持企業應用架構並符合信息技術發展趨勢的技術架構、能夠滿足應用和技術架構要求的網路架構、能夠管理和維護以及應用以上基礎架構的組織。

依據信息技術規劃進行 ERP 軟件選擇。但在購買和實施 ERP 系統之前，企業必須瞭解各個業務功能的需求和存在的問題哪些是主要的，哪些是次要的，企業希望未來的信息技術基礎架構和 ERP 系統幫助自己解決什麼樣的問題，什麼樣的 ERP 軟件更適合自己的專業。

在對這些問題作出明確回答以前，進行信息技術投資、採購 ERP 軟件產品，將會給企業帶來無法挽回的損失。有些企業就是因為沒有進行必要的信息技術規劃和軟件選擇工作，在軟件投入使用以後才發現所選的軟件不能很好地滿足企業的需要，造成進退兩難的局面。

軟件選擇就是通過以下的工作，為企業選擇能夠為實現企業戰略目標提供支持的、符合信息技術基礎架構要求的 ERP 軟件產品作為企業改革的一種有效的工具。ERP 軟件產品的選擇應考慮以下因素：

（1）確定企業各項業務的優化流程；

（2）確定企業業務需求及優先級；

（3）確定適合企業需求的軟件選擇指標（包括軟件功能、軟件技術、供應商狀況及軟件成本等方面的指標）和權重；

（4）充分利用全球信息資源和行業經驗，瞭解軟件產品的基本狀況；

（5）評價候選軟件對企業業務需求的滿足程度；

（6）對候選軟件進行綜合評估。

進行信息技術規劃和軟件選擇工作的另一個重要目的是：在企業各級員工中，對實施 ERP 系統的目的、意義、內容和步驟以及實施過程中可能面對的問題和困難達成一個共識。因為目前市場上任何一種 ERP 軟件產品都是考慮了某種通用性能的套裝軟件。企業在進行 ERP 選擇時，必須從整個業務流程的角度統籌考慮業務需求和軟件功能之間的匹配。選定的軟件總會存在有的業務部門滿意而有的業務部門不滿意的情況。於是，通過軟件選擇的過程，讓公司各個業務部門都能明確地瞭解將來所選軟件的情況和企業的整體需求，從而在心理上對將要實施的 ERP 系統和具體使用過程中可能遇到的問題和困難做好準備就顯得非常重要。

（三）ERP 系統的應用

ERP 系統的應用即是在前兩個階段的基礎上，結合企業的具體運作，針對所選擇的 ERP 軟件的要求和特性，將兩者進行有機的融合，也就是在企業業務流程的各個環節上展開具體的工作，如軟件初始化設置、數據準備和轉換、模擬企業優化後的模型、

應用指導和培訓、用戶實用手冊編製、軟件試運行和上線等。同時，在這個階段還需要對企業的業務流程進行系統的優化。

（1）應用過程的計劃性。ERP系統的應用根據需要實施軟件模塊和企業規模的不同，所需時間也不相同。而且應用過程不但要占用企業的大量資金，還要占用企業大量的人力。於是，做好系統應用過程計劃就很重要，要明確地計劃具體的實施步驟和階段性的工作範圍。同時還要在長期實施經驗的基礎上，根據不同軟件產品內部不同的邏輯關係，安排各模塊應用的前后順序，以做到既能按時、按質、按預算地完成系統應用工作，又能合理地配置各項資源。

（2）實施過程的控制。良好的計劃在執行過程中還必須有一個與之配套的監控機制，包括：①項目質量計劃的確定。項目質量計劃是對項目進行中涉及項目最終質量的各個過程和相關因素進行系統確認、管理與評價的總體安排，用以保證企業管理層的期望得到滿足，顯在和潛在的質量問題得到確認、控制和解決，質量作業和有關的規定標準和計劃得到落實。②系統應用過程的定期檢查。在應用過程中需要定期地進行企業中、高管理層會議來檢查整個項目是否按預定的計劃進行，是否存在影響項目進行的主要困難和障礙，從而對項目實施計劃進行必要的和適當的調整。③項目投入和產出的控制。在系統應用的各個階段和時點上將會有很多項目成果的產出和預期所需的要求，如何控制好這些因素，也是影響項目進行的關鍵要素。

（3）人員的培訓和管理。由於ERP系統的實施和將來的使用對員工來說是一個全新的工作環境，企業員工必須學習新的工作技能，因此，為了將來ERP系統的順利使用，實施階段的員工培訓是必需的。這些培訓除了關於ERP軟件的培訓外，另一個重要的培訓方面是逐漸改變整個企業員工的工作思維方式和先進的管理理念。因此，如何管理好整個培訓進程，真正做到學有所用，這是企業在實施階段需要認真考慮的。

（4）企業業務流程系統的優化。前面我們一直在不斷地強調企業改革的重要性，並且由於企業使用ERP系統後的業務流程和原來相比有了很大的改變，因此在ERP系統實施過程中的「策略制定」和「信息技術規劃及軟件選擇」所進行的企業業務流程優化工作，必須在這個階段再進行與具體軟件產品的功能契合的進一步的調整和優化工作，使其成為企業員工在日常工作中拿來能用、簡單實效的作業指導流程。從另一個角度說，也就是將企業的改革落實到企業業務管理工作的每一個具體環節。它所涉及的步驟有：①審閱前期企業高層所制定的優化業務流程；②討論每個具體業務流程如何與軟件的各個具體業務功能結合；③制定出相應的精確的作業流程，並和各個相關部門人員討論；④修改業務流程，並最終確認；等等。

（5）企業內部的溝通和協調。企業原有的業務流程是分佈在各個智能部門中的，為了適應新的流程化企業工作方式，企業應進行整體改革，消除企業內部在新的工作方式下思想和行為上的壁壘。在此階段中為企業內部建立溝通和協調機制，並就各方面問題進行充分的、及時的協調，就成為系統應用工作有效進行的重要因素。因此，需要明確企業內部各部門之間、各管理層次之間進行溝通的方式、內容和頻率，並使之制度化。

第六節　基於 TOC 理論的生產物流計劃與控制

一、TOC 理論的基本思想

TOC 理論把企業看作一個完整的系統，認為任何一種體制都至少有一個約束因素。猶如一條鏈子，是鏈條中最薄弱的那個環節決定著整個鏈條的作用一樣，正是各種各樣的制約（瓶頸）因素限制了企業出產產品的數量和利潤增長。因此，基於企業在實現其目標的過程中現存的或潛伏的制約因素，通過逐個識別和消除這些約束，使得企業的改進方向和改進策略明確化，從而更有效地實現其「有效產出」目標才是最關鍵的。

二、TOC 理論的核心內容

1. 重新建立企業目標和作業指標體系

TOC 理論認為，一個企業的最終目標是在現在和將來實現價值最大化。衡量生產系統的作業指標應該有三種：①有效產出，是指企業在某個規定時期通過銷售獲得的貨幣；②庫存，是指企業為了銷售有效產出，在所有外購物料上投資的貨幣；③運行費用，是指企業在某個規定時期為了將庫存轉換為有效產出所花費的貨幣。

2. 尋找系統資源的瓶頸約束

TOC 理論認為，在生產系統中，有效產出最薄弱的環節決定著整個系統的產出水平。因此，任何一個環節只要它阻礙了企業更大程度地增加有效產出，或約束了庫存和運行費用的節約，那麼它就是一個「約束」。所以，找出系統的瓶頸（約束），充分利用瓶頸，由非瓶頸配合瓶頸，打破瓶頸，再找一個新瓶頸，如此反覆，別讓惰性成為最大的約束，也就是應持續不斷地進行改進。

3. 以物流中心實施企業計劃

TOC 根據不同類型的物流特點，對企業進行分類，從而為企業準確識別各自的薄弱環節或者「約束」提供幫助，並且對其實施有針對性的計劃與控制。

4. 進行系統化管理的九條管理準則

TOC 理論認為企業堅持以下原則，可以為企業實現有效產出：

（1）瓶頸控制了庫存和有效產出；
（2）非瓶頸資源的利用程序不由其自身決定，而是由系統的約束決定；
（3）瓶頸上一個小時的損失則是整個系統的一個小時的損失；
（4）非瓶頸資源節省的一個小時無益於增加系統的有效產出；
（5）資源的「利用」和「活力」不是同義詞；
（6）編製作業計劃時考慮資源的約束，提前期是作業計劃的結果，而不是預定值；
（7）平衡物流，而不是平衡生產能力；
（8）運輸批量不一定等於加工能力；

(9) 批量大小應該是可變的，而不是固定的。

三、TOC 計劃與控制方法

TOC 理論認為，一個企業的計劃與控制的目標就是尋求顧客的需求與企業能力的最佳配合，對約束環節進行有效的控制。一旦一個被控制的工序（瓶頸）建立一個動態的平衡，其餘的工序應相應地與這一被控制的工序同步，而實現方法是以「鼓—緩衝器—繩」系統設計的。

（1）TOC 理論把主生產計劃（MPS）比喻為「鼓」，根據瓶頸資源的可用能力確定物理量，作為約束全局的「鼓點」，控制在製品庫存量。從計劃和控制的角度來看，「鼓」反應系統對約束資源的利用。所以，對約束資源應編製詳細的生產作業計劃，以保證對約束資源進行充分合理的利用。

（2）所有瓶頸和總裝工序前要有「緩衝器」，以保證起制約作用的瓶頸資源得以充分利用，實現企業最大的產出。一般說來，「緩衝」分為「庫存緩衝」和「時間緩衝」。前者是將所有的物料比計劃提前一段時間提交，以防隨機波動以及機器故障，且以約束資源上的加工時間長度作為計量單位。其長度可憑觀察與實驗，經過必要的調整確定。后者是保證在製品其位置、數量的確定原則同「時間緩衝」。

（3）所有需要控制的工作中心如同用一根傳遞信息的「繩子」牽住的隊伍，按同一節拍，也就是在保持均衡的在製品庫存，保持均衡的物料流動條件下進行生產。由於「約束」決定著生產線的產出節奏，而在其上游的工序實行拉動式生產，等於用一根看不見的「繩子」把「約束」與這些工序串聯起來，有效地使物料依照產品生產計劃快速地通過非約束作業，以保證約束資源的需要。所以，「繩子」控制著企業物料的進入，起到傳遞作用。即驅動系統的所有部分按「鼓」的節奏進行生產，通過「繩子」系統的控制，使得約束資源前的非約束資源均衡生產，加工批量和運輸批量的減少，可以減少提前期以及在製品庫存，而同時又不使約束資源停工待料。在 DBR 的實施中，「繩子」是由一個涉及原材料到各車間的詳細作業計劃來實現的。

（4）識別企業的真正約束（瓶頸）所在是控制物流的關鍵，在「鼓－緩衝器－繩」系統中，「鼓」的目標是使產出率最大。緩衝器的目標是對瓶頸進行保護，使其生產能力得到充分利用。「繩子」的目標是使庫存最小。一般說來，當需求超過能力時，排隊最長的機器就是「瓶頸」。如果管理人員知道一定時間內生產的產品及其組合，就可以安排物料清單，計算需要生產的零部件。然后，按零部件的加工路線及工時定額，算出機床的任務工時，將任務工時與生產能力工時比較，負荷最高、最不能滿足需要的機床就是瓶頸。找出瓶頸之後，可以把企業裡所有的加工設備劃分為關鍵資源和非關鍵資源。

（5）基於瓶頸約束建立產品生產計劃，建立產品生產計劃（Master Schedule）的前提是使受瓶頸約束的物流達到最優，因為瓶頸約束控制著系統的「鼓的節拍」，即控制著企業的生產節拍和銷售率。為此，需要按有限能力法進行生產安排，在瓶頸上擴大批量，設置「緩衝器」。對非約束資源安排作業計劃，則按無限能力倒排法，使之與約束資源上的工序相同。

①設置「緩衝器」進行監控，以防止隨機波動，使約束資源不至於出現等待任務的情況。

　　②對企業物流進行平衡，使得進入非瓶頸的物料為瓶頸的產出率所控制（即「繩子」）。

本章小結

　　本章主要討論了企業生產物流計劃與控制的內容。生產物流計劃與控制就是根據計劃期內規定的產品的品種、數量、期限，具體安排物料在各工藝階段的生產進度，並使各環節上的在製品的結構、數量和時間協調。而對生產物流進行控制則主要體現在物理量的進度控制和在製品管理方面。由於多品種小批量生產類型正成為現代企業生產製造的發展趨勢，本章就基於現代企業先進生產製造模式中的物流進行對比分析。

　　先進製造管理模式中的物流計劃與控制隨著信息技術的不斷進步，物料需求計劃MRP、閉環MRP、MRPII也得到了很大的發展和完善。先進製造管理模式具有計劃的一貫性和可行性、管理系統性、數據共享性、動態應變性、模擬預見性、物流和資金流的統一性等特點。如JIT生產方式的基本理念是徹底消除浪費，採用拉動的概念，通過及時化和目標管理使庫存減少到盡可能低的水平。主要包括消除質量檢測環節和返工現象、消除零件不必要的移動和零庫存等方面。

　　ERP與電子商務的整合建立全程電子商務。ERP系統的採購、生產計劃、市場行銷、銷售、庫存、財務等功能模塊以及與物流、資金流密切相關的模塊、與電子商務的網站管理模塊、網上銷售模塊、網上採購模塊和網上資金收購模塊集成起來，構成一個全新的管理信息系統。

　　TOC理論把企業看作一個完整的系統，認為企業系統中最薄弱的那個環節（「瓶頸」）決定著整個生產計劃鏈條，正是「瓶頸」環節限制了企業出產產品的數量和利潤增長。因此，應基於企業在實現其目標的過程中存在或潛在的制約因素，逐個識別和消除這些約束（「瓶頸」），從而更有效地實現其「有效產出」目標是最關鍵的環節。

第十章　現代物流信息管理

學習目標

(1) 懂得物流信息化在物流發展中的重要性；
(2) 掌握物流信息系統開發、管理模式；
(3) 掌握物流信息條碼技術、射頻識別技術；
(4) 瞭解信息系統規劃及發展趨勢。

開篇案例

蘇寧電器：IT 支撐下的螺旋式突破

「在蘇寧電器螺旋式發展的背後，一直有著信息化的不斷突破和創新。信息化已經成為蘇寧電器企業發展的重要支撐，企業發展的每次突破都有一個信息系統的支撐。」蘇寧電器總裁孫為民這樣評價信息化在蘇寧電器發展中的地位。

作為一家中國 A 股上市企業，蘇寧電器利用信息化手段加強企業內部控制、提高內外溝通、降低企業的營運成本、提高企業的競爭力，為股東帶來盡可能多的價值。投資者選擇一只股票、選擇一家企業，除了看行業的基本面之外，更要瞭解企業內在的管理運作。蘇寧不盲目發展，店面的中心與店面建設同步配套，信息系統成為支撐蘇寧連鎖發展的關鍵投入點之一。

蘇寧電器在信息化應用管理的內容上，全面實現信息化應用集成。先後引用了基於 SAP 的 ERP、CRM、SOA、WMS、TMS、Call Center、B2B、B2C 系統，實現了業務流程的標準化管理，降低了工作中對人的依賴，提高了管理效率以及管理執行力度。

通過各類先進的應用系統實現了上游供應商、內部員工、下游消費者三位一體的全流程信息化管理，並在多媒體三級網路架構的基礎上形成了具有蘇寧電器特色的信息化集成應用體系。

目前，蘇寧已經形成在南京、上海、北京、廣州、深圳等大中型城市建立 800 多家連鎖店、75 個物流基礎、300 個售后服務網點，企業員工達 2 萬人，覆蓋 280 多個城市的綜合銷售網路。

信息系統支撐了這麼龐大、多緯度地區的人員管理，實現了所有終端、所有員工的全程在線，在強大的信息系統支撐下，每天處理上百萬條內部流程、近 10 萬個採購訂單、100 萬筆銷售數據、10 萬個客服電話、10 萬條服務短信，將蘇寧電器專業化、標準化、制度化、信息化發展理念深入到每一個角落。

2008 年，蘇寧電器新進地級以上城市 26 個，新開連鎖店 210 家，實現營業總收入

498.97 億元，比上年同期增長了 24.27%。而在信息軟件開發方面，2008 年增加了 5,778.4 萬元人民幣的投入，共完成各類大型應用項目 34 個，有效地支撐著內部資源整合和管理效率的提升。

1. 內控：利用 SOA

從財務預算管理、費用管理到供應商服務管理、終端客戶服務管理以及內部人力資源管理等方方面面，蘇寧電器利用 SOA 實現了共享服務統一管理，加強了企業的內部控制。共享服務統一管理，也就是將共同的重複的流程從企業個體中抽出，轉移到一個共享服務中心（SSC），同時實現在共享服務中心分享稀有的資源，給企業帶來高效率和規模經濟優勢，使得企業個體可以用更多的時間完成高附加值的任務。

在對供應商服務中，所有的供應商發票（包括經銷和代銷供應商）都集中在共享服務中心進行處理，這樣就提高了發票處理的效率，提高了發票處理的及時性和準確性。所有的供應商資質文件原件都通過掃描系統掃描到總部進行審核，以此來統一操作供應商資質審核的標準，提高了對供應商選擇的控制。所有的採購合同也都通過掃描系統掃描到總部實施合同數據化，保證供應商的合同數據化一定要有書面簽訂的合同，以增強對返利費用收取的控制。除此之外，蘇寧電器還重新設計了多項流程，例如從終端收款、資金入帳、資金監控到收入核對的整個流程，提升了資金入帳的及時性和準確性，加強了總部對各個分（子）公司營業網點的即時監控，使整個流程做到了透明、高效和可控。還重新設計和規範了提貨卡業務的流程，並結合多帳戶管理的要求，使提貨卡業務做到了全國購買、全國使用、集中管理和集中核算。

「服務是蘇寧的唯一產品，也是蘇寧差異化競爭能力的重要一環。」孫為民說。蘇寧電器自 1990 年開始創業，至今已有 19 個年頭，蘇寧電器服務過的用戶也數以億計，「將寶貴的客戶資源轉變為生產力是蘇寧最重要的任務之一。」因此，在精細化行銷與全方位主動服務的趨勢下，蘇寧引進了一套 ERM 平臺，一方面實現了統一的客戶信息管理，同時通過多個維度細分客戶群體，以提供差異化的服務，推進主動服務，改變被動服務的現狀。通過深度的數據挖掘，建立多維度的數據模型，通過呼叫中心與 CRM 的集成，達到統一介入、單點服務、一個電話解決一切。

蘇寧電器目前已經形成了覆蓋 280 多個城市的綜合銷售網路。在分支機構、員工隊伍、管理層級不斷增加的情況下，也對整個集團的日常經營管理提出了更多的要求，為了匹配集團經營上的高速發展，保證集團能夠實施統一標準的人力資源管理和服務，蘇寧電器建立了人力資源管理系統，並納入了統一的共享服務平臺。這一系統實現了人力資源業務橫向關聯、縱向貫通，全面覆蓋人力資源的「選、用、育、留」各個環節，同時加強了總部與各地公司及終端之間的人事業務縱向銜接，提高了人力資源管控的能力。由於實現了所有員工及人事業務在統一平臺上的集中管理、動態即時的在線過程控制，有效地提高了集團人力資源管理的效率和質量，通過系統能夠對人力資源各項關鍵績效指標進行即時全面的關注，實現了整個集團人事管理從定性到定量管理的轉變。

通過共享服務中心，蘇寧電器利用規模效益削減成本，將業務流程及數據進行標準化，並提高服務水平。

2. 溝通：與上游無縫對接

「在與上游供應商的溝通途徑中，我們採用了 B2B 的方式。」孫為民說。通過 B2B 電子商務技術手段，蘇寧電器與供應商的供應鏈從流程到信息都實現了協同管理。從採購訂單、到發貨、入庫、發票、遠程認證、實物發票簽收、結算清單、付款、對帳等主幹流程和環節，都在 B2B 平臺上實現了全面的整合，雙方都可以即時在線查詢和互動。

B2B 系統由三部分組成：公共平臺、B2B 功能模塊和增值服務。

第一部分，公共平臺提供了 B2B 平臺中的基本功能，如協議轉換、訪問權限管理等；第二部分則包括 Rosettanet 所支持的業務流程管理、業務文檔管理等；第三部分，增值服務則提供了對內和對外的服務功能。

利用 B2B 平臺的向上溝通，蘇寧電器實現了與電器供應商的完全自動化訂單和全面的協同，目前，蘇寧已經與三星、海爾、摩托羅拉等大型企業建立了這種直聯的 B2B 供應鏈合作關係，供應商可以進入蘇寧的系統裡，隨時查看自己商品的銷售進度和庫存情況，減少業務溝通成本，極大地提高了供應鏈效率、降低了交易成本、提高了庫存水平，並縮短了供應週期、增加了企業的利潤。

3. 戰略：專業化、信息化物流

對於零售企業來說，物流是其順暢運作、良性發展的關鍵，從採購、存儲、配送到售後服務，零售企業各個業務環節都要有高效的物流系統來保障。物流體系的建設同樣也是蘇寧連鎖經營戰略的核心內容之一。目前，蘇寧在加緊第三代信息化物流基地的建設，它採用全自動、機械化的立體倉儲系統的集成方案，通過庫內立體化倉庫系統、機械化運輸系統、WMS 及 TMS 倉庫管理信息系統的實施，將建成國內電器連鎖行業最先進的物流中心之一，成為蘇寧電器新一代物流系統的運作和發展的標誌性工程。

第三代物流中心與之前物流中心的不同之處在於，它採用二級配送模式：一級配送分撥服務，負責將各類商品從區域大庫分撥運送到區域內的所有二級城市；二級配送服務，由區域內二級城市物流配送服務中心將商品全面分撥配送到千家萬戶；而之前的第二代物流中心採用的是三級配送模式——一級配送到市、二級配送到店、三級配送到戶。在第三代物流中心中重點應用的信息技術包括 WMS（倉庫管理軟件）和 TMS（運輸管理軟件）。

通過 WMS 系統，實現訂單管理、庫存管理、收貨管理、揀選管理、盤點管理、移庫管理，實現管理條碼化，倉庫作業即時監控，通過 RF、監控設備相結合；通過 TMS 系統，提高配送服務回應時間，提高車輛資源利用率，降低運輸成本，將電子地圖、GPS 全面用於零售等配套的服務行業，實現準時化配送。

目前，蘇寧電器已經建成的第三代物流中心為江蘇物流中心，正在建設的是瀋陽物流中心，即將建設的包括北京、無錫、成都、徐州以及重慶物流中心等。第三代物流中心將承擔起物流中心所在的城市周邊地區連鎖店銷售商品的長途調撥（300 千米範圍內）；門店配送、零售配送（150 千米範圍內）；所在城市市場需求的管線配送、支架配送等。建成之後，可以滿足 50 億～100 億元的年商品週轉量的作業要求。

目前已經建成的江蘇物流中心按照「專業化分工、標準作業、模塊化結構、層級化管理」的標準建設。在南京建立了輻射 150 千米範圍內的城市配送，倉庫面積 4.6 萬平方米，充分應用機械化、自動化、信息化的現代物流設備及系統，存儲能力高達 300 萬臺套，日作業能力達 3 萬臺套，支持銷售額 300 億元。

在零售行業中，沃爾瑪利用強大的信息技術構建起了它的零售帝國。在信息化方面，蘇寧雖然還不能與沃爾瑪相比，但是它已經走在了行業的前頭，蘇寧比競爭對手早邁出的一步，也許會成為蘇寧未來壯大的基石。

案例思考

1. 業務流程標準管理的含義及其優點是什麼？
2. 根據案例資料理解什麼是 SOA，其有哪些優點？
3. 結合案例，簡要說明信息技術對於企業物流管理的重要性。

第一節　物流信息綜述

「信息」一詞有著很悠久的歷史，早在兩千多年前的西漢，即有「信」字的出現。「信」常可作消息來理解。作為日常用語，「信息」經常是指「音訊、消息」的意思，但至今信息還沒有一個公認的定義。

信息是物質、能量及其屬性的標示。

信息是確定性的增加。

信息是事物現象及其屬性標示的集合。

信息以物質介質為載體，是傳遞和反應世界各種事物存在方式和運動狀態的表徵。

信息是物質運動規律的總和，信息不是物質，也不是能量。

信息是客觀事物狀態和運動特徵的一種普遍形式，客觀世界中大量地存在、產生和傳遞著以這些方式表示出來的各種各樣的信息。

信息論的創始人香農認為：「信息是能夠用來消除不確定性的東西。」

信息相關資料：圖片信息（又稱作訊息），又稱資訊，是一種消息，通常以文字或聲音、圖像的形式來表現，是數據按有意義的關聯排列的結果。信息由意義和符號組成。文獻是信息的一種，即通常講到的文獻信息。信息就是指以聲音、語言、文字、圖像、動畫、氣味等方式所表示的實際內容。

信息是抽象於物質的映射集合。

信息是有價值的，就像不能沒有空氣和水一樣，人類也離不開信息。因此人們常說，物質、能量和信息是構成世界的三大要素。所以說，信息的傳播是極具重要與有效的。

信息是事物的運動狀態和過程以及關於這種狀態和過程的知識。它的作用在於消除觀察者在相應認識上的不確定性，它的數值則以消除不確定性的大小，或等效地以新增知識的多少來度量。雖然有著各式各樣的傳播活動，但所有的社會傳播活動的內

容從本質上說都是信息。

一、信息的特徵

1. 可識別性

信息是可以識別的。識別又可分為直接識別和間接識別；直接識別是指通過感官的識別，間接識別是指通過各種測試手段的識別。不同的信息源有不同的識別方法。

2. 可存儲性

信息是可以通過各種方法存儲的。

3. 可擴充性

信息隨著時間的變化，將不斷擴充。

4. 可壓縮性

人們對信息進行加工、整理、概括、歸納就可使之精練，從而濃縮。

5. 可傳遞性

信息的可傳遞性是信息的本質等徵。

6. 可轉換性

信息可以由一種形態轉換成另一種形態。

7. 特定範圍有效性

信息在特定的範圍內是有效的，否則是無效的。

二、物流信息

物流過程是一個多環節（子系統）的複雜系統。物流系統中的相互銜接是通過信息予以溝通的，基本資源的調度也是通過信息的傳遞來實現的。因此，物流信息是物流系統的重要組成內容。

1. 物流信息的含義

物流信息是反應物流各種活動內容的知識、資料、圖像、數據、文件的總稱。物流信息管理就是對物流信息資源進行統一規劃和組織，並對物流信息的收集、加工、儲存、檢索、傳遞和應用的全過程進行合理控制，從而使物流供應鏈各環節一致，實現信息共享和互動，減少信息冗余和錯誤，輔助決策支持，改善客戶關係，最終實現信息流、資金流、商流、物流的高度統一，達到提高物流供應鏈競爭力的目的。

2. 物流信息的分類

物流信息是與企業的物流活動同時發生的。物流的各種功能是為了使運輸、保管、裝卸、配送圓滿化必不可少的條件。在物流活動中，按照所起的作用不同，將物流信息分類如下：

(1) 訂貨信息；

(2) 庫存信息；

(3) 生產指示信息（採購指示信息）；

(4) 發貨信息；

(5) 物流管理信息。

一般來說，在企業的物流活動中，按照顧客的訂貨要求，接受訂貨處理是物流活動的第一步。因此，接受訂貨的信息是全部物流活動的基本信息。接著，根據發貨信息把貨物移到搬運的地方準備發貨。商品庫存不足時，製造商將接受訂貨的信息和現有商品的庫存信息進行對照，根據生產指示信息安排生產；在銷售業中按照採購指示信息安排採購。物流管理部門進行管理和控制物流活動，必須收集交貨完畢的通知，並將物流成本、費用、倉庫、車輛等物流設施的機械工作率等信息作為物流管理信息。

3. 物流信息的特徵

物流信息一般具有廣泛性、聯繫性、多樣性、動態性、複雜性等特徵，主要表現如下：

（1）物流信息涉及多方面，而且絕對量多；
（2）高峰時與平時的信息量差別很大；
（3）每天發生信息的單位（每一件的大小）並不大，但範圍涉及廣；
（4）信息發生的來源、處理場所、轉達對象、分佈地區很廣；
（5）要求與商品流通的時間相適應；
（6）和商流、生產等本企業內其他部門的關係密切；
（7）在貨主與物流業者及有關企業之間，物流信息相同，各連接點的信息再輸入情況較多；
（8）有不少物流系統的環節同時兼辦信息的中轉和轉送，貫穿於生產經營活動的全過程。

4. 物流信息的主要內容

物流信息包括伴隨物流活動而發生的信息和在物流活動以外發生的但對物流有影響的信息，主要包括以下幾方面的信息：

（1）貨源信息

貨源的多少是決定物流活動規模大小的基本因素，它既是商流信息的主要內容，也是物流信息的主要內容。

（2）市場信息

直接的貨源信息對制訂物流計劃、確定月度以至年度的運輸量和儲存量指標能起現實的微觀效果。但是為了從宏觀上進行決策的需要，還必須對市場動態進行分析，注意掌握有關的市場信息。

（3）運輸信息

運輸能力的大小對物流活動能否順利開展有著十分密切的關係。運輸條件的變化，如鐵路、公路、航空運力運量的變化，會使物流系統對運輸工作和運輸路線的選擇發生變化，這些會影響到交貨的及時性及費用是否增加。

（4）企業物流信息

企業物流信息是指由企業產生的物流信息。不同類型的企業會產生不同的物流信息。

三、信息與物流信息的關係

物流作為一種與商品實體空間位移相關聯的經濟活動，在物質資料生產和流通過程中發揮著重要的作用。物流信息是物流活動中各個環節生成的信息，一般是隨著從生產到消費的物流活動而產生的信息流，與物流過程中的運輸、保管、裝卸、包裝等各種職能有機結合在一起。信息是事物內容、形式及其發展變化的反應。物流信息和運輸、倉儲等各個環節關係密切，起著相當於人的大腦的神經中樞的作用。

可以根據不同的標準對信息進行不同的分類。這些標準有：信息的來源、信息的穩定程度、信息的管理職能、信息的管理層次。

1. 內部信息與外部信息

這是按信息的來源劃分的。內部信息是在企業的經營、管理過程中，從企業內部得到的信息，常常用於管理及具體業務工作中；外部信息來自企業的外部環境，這類信息往往參與企業的高層決策。

2. 固定信息與流動信息

這是按信息的穩定程度劃分的。固定信息也稱靜態信息，指在一定時間內相對穩定不變、可供各項管理工作重複使用的信息，如定額標準、規章制度、合同文件；流動信息也稱動態信息，是指隨著生產經營活動不斷更新的一類信息，它反應某一時刻生產經營的實際情況。流動信息具有明顯的時效性。

3. 市場信息、生產信息、物流信息、技術信息、經濟信息、人事信息

這是按信息的管理職能劃分的。市場信息反應市場供需狀況；生產信息產生於生產過程中；物流信息產生於物流過程中；技術信息是企業的技術部門提供的；經濟信息反應企業的經濟狀況、經營狀況、資金使用情況；人事信息反應企業的人事編製、員工狀況。

4. 高層管理信息、中層管理信息、基層管理信息

這是按管理的層次劃分的。高層管理是企業的最高領導所做的工作，其主要任務是根據對企業內、外的全面情況的分析，制定長遠目標及戰略。這種管理工作需要大量的企業內、外部信息。中層管理的任務是根據高層管理確定的目標，具體安排系統所擁有的各種資源，訂出資源分配計劃及進度表，組織基層單位來完成計劃，它所要求的信息大多是系統內部的中短期決策信息。基層管理的主要任務是按照中層管理制訂的計劃，具體組織人力、物力去完成。基層管理信息主要來自企業基層及其具體業務部門，涉及的往往是業務工作或技術工作。

物流主要是信息溝通的過程，物流的效率依賴於信息溝通的效率。同時物流信息對整個物流系統起著相互銜接的作用，對物流活動起支持作用。

第二節　物流信息管理

一、物流信息管理概述

物流信息是反應物流各種活動內容的知識、資料、圖像、數據、文化的總稱，從而使物流供應鏈各個環節協調一致，實現信息共享和互動，減少信息錯誤，輔助決策支持，改善客戶關係，最終實現信息流、資金流、商流、物流的高度統一，達到提高物流供應鏈競爭力的目的。

物流信息管理是運用計劃、組織、指揮、協調、控制等基本職能對物流信息收集、檢索、研究、報導、交流和提供服務的過程，並有效運用人力、物力和財力等基本要素以期達到物流管理的總體目標的活動。

二、物流信息管理的目的

隨著經濟發展，國內物流業近幾年也有了長足進步。確切地說，物流是國家經濟的血脈，對經濟建設起著重大作用。國內的部分物流公司迅速崛起，業務能力越來越強，經驗也有所累積。但與此同時，管理難度加大。為了能得到進一步發展，必須對客戶提供更完善的服務，增加業內的競爭力。

物流信息管理作為一個動態發展的概念，其內涵和外延不斷隨著物流實踐的深化和物流管理的發展而不斷發展。物流信息的目的在於實現庫存適量化、縮減庫存開支、提高搬運作業效率、實現合理運輸、降低運輸成本、提高運輸效率，使接受訂貨和發出訂貨更為省力，提高訂單處理的精度，防止發貨和配送差錯，即時反應物流市場變化並作出及時反應等實現物流各個環節、各個部門與各個企業之間的完美銜接和合作，實現物流資源的合理調配和使用，保證一體化物流供應鏈管理的完成，達到以客戶為中心，以市場為基礎的物流目標。

三、物流信息管理的內容

1. 信息政策制定

為了實現不同區域、不同國度、不同企業、不同部門間物流信息的相互識別和利用，實現物流供應鏈信息的通暢傳遞與共享，必須確定一系列共同遵守和認同的物流信息規則或規範，這就是物流信息政策的制定。如信息的格式與精度、信息傳遞的協議、信息共享的規則、信息安全的標準、信息存儲的要求等，這些是實現物流信息管理的基礎。

2. 信息規劃

這是指從企業或行業的戰略高度出發，對信息資源的管理、開發、利用進行長遠發展的計劃，確定信息管理工作的目標與方向，制定出不同階段的任務，指導數據庫系統的建立和信息系統的開發，保證信息管理工作有條不紊地進行。

3. 信息收集

這是指應用各種手段、通過各種渠道進行物流信息的採集，以反應物流系統及其所處環境情況，為物流信息管理提供素材和原料。信息收集是整個物流信息管理中工作量最大、最費時間、最占人力的環節，操作時應注意把握以下要點：首先，收集工作前要進行信息需求分析。明確瞭解企業各級管理人員在進行管理決策和開展日常管理活動過程中何時、何處以及如何需要哪些信息，確定信息需求的層次、目的、範圍、精度、深度等要求，實現按需收集，避免收集的信息量過大，造成人、財、物的浪費，或收集的信息過於狹窄影響使用效果等。其次，收集工作要具有系統性和連續性。要求收集到的信息能客觀地、系統地反應物流活動的情況，並能隨一定時間的變化，記錄經濟活動的狀況，為預測未來物流發展提供依據。再次，要合理選擇信息源。信息源的選擇與信息內容及收集目的有關，為實現既定目標，必須選擇能提供所需信息的最有效信息源。信息源一般較多，應進行比較，選擇提供信息數量大、種類多、質量可靠的信息源，建立固定信息源渠道。最后，信息收集過程的管理工作要有計劃，使信息收集過程成為有組織、有目的的活動。

4. 信息處理

信息處理工作，就是根據使用者的信息需求，對收集到的信息進行篩選、分類、加工及儲存等活動，加工出對使用者有用的信息。信息處理的內容如下：

（1）信息分類及匯總。按照一定的分類標準或規定，將信息分成不同的類別進行匯總，以便信息的存儲和提取。

（2）信息編目（或編碼）。所謂編目（或編碼）指的是用一定的代號來代表不同的信息項目。用普通方式（如資料室、檔案室、圖書室）保存信息則需進行編目，用電子計算機保存信息則需確定編碼。在信息項目、信息數量很大的情況下，編目及編碼是將信息系統化、條理化的重要手段。

（3）信息儲存。應用電子計算機及外部設備的儲存介質，建立有關數據庫進行信息的存儲，或通過傳統的紙質介質如卡片、報表、檔案等對信息進行抄錄存儲。

（4）信息更新。信息具有有效的使用期限，失效的信息需要及時淘汰、變更、補充等，才能滿足使用者的需求。

（5）數據挖掘。信息可區分為顯性信息和隱性信息；顯性信息是可用語言明確表達出來的、可編碼化的信息，隱性信息則存在於人頭腦中的個人行為、世界觀、價值觀和情感之中，往往很難以某種方式直接表達出來或直接發現，也難於傳遞與交流，但隱性信息具有可直接轉化為有效行動的可能性，其價值可能高於和廣於顯性信息。因此，為了充分發揮信息的作用，需要對顯性信息進行分析、加工和提取等，挖掘出隱藏在後面的隱性信息，這就是數據挖掘的任務。數據挖掘包括數據準備、數據挖掘、模式模型的評估與解釋、信息鞏固與應用等幾個處理過程。首先通過數據準備對數據庫系統中的累積數據進行處理，包括選擇、淨化、推測、轉換、縮減等操作，然後進入數據挖掘階段，依據有關目標、選取相應算法參數、分析數據，得到形成隱性信息的模式模型，並通過模式模型的評估與解釋，依據評估標準完成對模式模型的評估，剔除無效、無用的模式模型，最后在隱性信息的鞏固與運用中，對形成模式模型的隱性信息做一致性檢查，消

除其中的矛盾與衝突，然后運用數據分析手段對挖掘出的信息做二次處理，形成專業化、可視化、形象化的數據表現形式，這個過程是一個不斷循環、反饋、完善的過程。

四、信息傳遞

信息傳遞是指信息從信息源發出，經過適當的媒介和信息通道傳輸給接收者的過程。信息傳遞方式有許多種，一般可從不同的傳遞角度來劃分信息傳遞方式。①從信息傳遞方向看，有單向信息傳遞方式和雙向信息傳遞方式。單向信息傳遞是指信息源只向信息接收源傳遞信息，而不雙向溝通交流信息；雙向信息傳遞是指信息發出者與信息接收者共同參與信息傳遞，雙方相互交流傳遞信息，信息流呈雙向交流傳遞。②從信息傳遞層次看，有直接傳遞方式和間接傳遞方式。兩種傳遞方式的區別是在信息源與信息接收者之間信息是直接傳遞還是經其他人員或組織進行傳遞。③從信息傳遞時空來看，有時間傳遞方式和空間傳遞方式。信息的時間傳遞方式指信息的縱向傳遞，即通過對信息的存貯方式，實現信息流在時間上的連續傳遞；空間傳遞方式指信息在空間範圍的廣泛傳遞。由於現代通信技術的發展，電視傳真、激光通信、衛星通信等手段，為信息的空間傳遞創造了條件。④從信息傳遞媒介看，有人工傳遞和非人工的其他媒體傳遞方式。

五、信息服務與應用

服務與應用是物流信息資料重要的特性，信息工作的目的就是將信息提供給有關方面使用。物流信息的服務工作主要內容有以下幾方面：

1. 信息發布和傳播服務

按一定要求將信息內容通過新聞、出版、廣播、電視、報紙雜誌、音像影視、會議、文件、報告、年鑒等形式予以發表或公布，便於使用者收集、使用。

2. 信息交換服務

通過資料借閱、文獻交流、成果轉讓、產權轉移、數據共享等多種形式進行信息的交換，以起到交流、宣傳、使用信息的作用。

3. 信息技術服務

信息技術服務包括數據處理、計算機、複印機等設備的操作和維修及技術培訓、軟件提供、信息系統開發服務等活動。

4. 信息諮詢服務

信息諮詢服務包括公共信息提供、行業信息提供、政策諮詢、管理諮詢、工程諮詢、信息仲介、計算機檢索等，實現按用戶要求收集信息、查找和提供信息，或就用戶的物流經營管理問題，進行有針對性的信息研究、信息系統設計與開發等，幫助用戶提高管理決策水平，實現信息的增值和放大，以信息化水平的提高帶動用戶物流管理水平的提高。

六、物流信息系統

物流信息系統是企業管理信息系統的一個重要子系統，是對與企業物流相關信息

進行加工處理來實現對物流的有效控制和管理，並為物流管理人員及其他企業管理人員提供戰略及運作決策支持的系統。物流信息系統是提高物流運作效率、降低物流總成本的重要基礎設施。

1. 物流信息系統所涉及的主要經營活動

物流信息系統管理兩類活動流中的信息，即調控活動流和物流運作活動流。調控活動包括企業總體的安排調度與需求計劃，具體為戰略計劃、能力計劃、物流計劃、生產計劃和採購計劃等。上述計劃在物流中的具體實施就構成企業主要的增值活動，正是這些增值活動為企業帶來利益。儘管調控活動中的各項計劃工作是相對獨立的，計劃週期也各不相同，但如果各項計劃出現不一致、失調或扭曲，就會造成運作的低效率和庫存的過量或短缺。調控活動流程是整個物流信息系統構架的支柱。物流運作活動包括訂單的生產與跟蹤、庫存配置、產成品在分銷設施之間和分銷設施與顧客指定地點之間的運輸、採購等。

庫存管理直接與調控信息流和物流運作信息流相聯繫，是兩大信息流的集成與結合部分。

以顧客實際需求驅動的庫存管理稱為回應式管理，典型的如重訂貨點（Reorder Point）法；基於預測的庫存管理稱為計劃式管理，典型的如分銷資源計劃（DRP）。計劃驅動的庫存管理模式更接近於調控計劃層面，而回應式庫存管理模式更接近於物流運作活動層面。

2. 物流信息的主要內容

物流信息系統概括地說包括三個部分，即輸入、數據庫管理、輸出。系統的基本功能是進行物流信息處理，主要目標是為企業物流系統的計劃和運作提供決策支持。

3. 物流信息系統的功能結構

通過信息系統管理物流，可以有效地提高整個物流的靈活性。物流的靈活性是指一個企業的物流運行可以適應多種內部及環境的變化。

七、物流信息管理的基本職能

1. 倉儲管理

使用倉儲管理系統（WMS）管理倉庫的收發、擺補貨、移庫、盤點等，同時 WMS 還可以進行庫存分析及財務系統集成。先進的 WMS 還能幫助企業實現逆向物流，並適應企業產品推遲策略對配送中心的管理需求。

2. 運輸管理

使用運輸管理系統（TMS）優化運輸模式組合，尋求最佳運輸路線。TMS 還可以實現在途物品的跟蹤，並在必要時調整運輸模式，實現車隊管理、運輸計劃、調度與跟蹤以及與運輸商的電子數據交換等。

3. 訂單管理

訂單管理系統是從客戶處接受訂單、準備貨物、明確交貨時間、交貨期限、剩余倉庫管理等作業系統。辦理接受訂貨手續是交易活動的始發點，所有物流活動均從接受訂單開始。為了迅速準確地將商品送到，必須準確迅速地辦理接受訂單的各種手續，

高效有序地處理各種訂單。

4. 財務管理

財務管理包括應收帳款管理、應付帳款管理、費用核算等。

5. 代碼及參數管理

實體代碼化是信息系統的基礎，代碼設計與管理是信息系統的一個重要組成部分，設計一個好的代碼方案對於系統的開發和使用極為有利。它可以使許多計算機處理變得十分方便，也使事務處理工作變得簡單。同樣，系統設置的參數化也使得系統變得靈活、易於維護。

6. 報表管理

報表管理包括採購、銷售、配送、庫存、成本、毛利等與經營有關的業務報表。

7. 計劃管理

計劃管理在整個物流系統中承擔著指導全局的重要作用，是物流業務的控制與協調中心，因此與其他模塊之間存在非常複雜的關係。計劃管理包括採購計劃、補貨計劃、配送計劃等業務管理。

8. 資源管理

這是指充分發揮人力和設備資源的潛力、改進生產率、建立員工培訓系統、績效評估系統、設備檔案和技術性能評估系統。

9. 客戶關係管理

建立對客戶和供應商的全面管理系統，要保存客戶和供應商的基本信息，還要保存以往企業對客戶、供應商對企業的服務、銷售信息，還可以設置客戶、供應商的商品信息。

第三節　物流信息技術

所謂物流信息技術，是指運用於物流各環節中的信息技術。根據物流的功能及特點，物流信息技術包括計算機技術、網路技術、信息分類編碼技術、條碼技術、射頻識別技術、電子數據交換技術、全球定位系統（GPS）、地理信息系統（GIS）等。

一、條碼技術

條碼技術是在計算機技術和信息技術的基礎上發展起來的一門集編碼、印刷、識別、數據採集和處理於一身的新興技術。條碼技術的核心內容是利用光電掃描設備識讀條碼符號，從而實現機器的自動識別，並快速準確地將信息錄入到計算機進行數據處理，以達到自動化管理的目的。

（一）條碼的概念

條碼是由一組粗細不等、黑白或彩色相間的條、空及相應的字符、數字、字母組成的標記，用以表示一定的信息。它是用光電掃描閱讀設備識讀並實現數據輸入計算機的一種特殊代碼，如圖 10-1 所示。

圖 10-1　商品條碼符號圖形

條碼中的條、空分別由深淺不同且滿足一定光學對比度要求的兩種顏色（通常為黑白色）來表示。條為深色，空為淺色。這組條、空和相應的字符代表相同的信息。前者用於機器識讀，后者供人直接識讀或通過鍵盤向計算機輸入數據使用。這種由條、空組成的數據編碼很容易被翻譯成二進制數。這些條和空可以有各種不同的組合方法，從而構成不同的圖形符號，即各種符號體系，也稱為碼制，適合於不同的場合。

（二）商品條碼

商品條碼是在流通領域中用於標示商品的全球通用條碼，該代碼是一種模塊組合型條碼，分為標準版商品條碼（13位）和縮短版商品條碼（8位）。商品條碼是現實商品管理信息化、現代化的重要手段。

1. 商品條碼的代碼結構

標準版商品條碼所表示的代碼由13位數字組成，其結構如表10-1所示：

表 10-1　　　　　　　　　　標準商品條碼結構

結構種類	廠商識別標示	商品項目代碼	校驗碼
結構一	X_{13} X_{12} X_{11} X_{10} X_9 X_8 X_7	X_6 X_5 X_4 X_3 X_2	X_1
結構二	X_{13} X_{12} X_{11} X_{10} X_9 X_8 X_7 X_6	X_5 X_4 X_3 X_2	X_1
結構三	X_{13} X_{12} X_{11} X_{10} X_9 X_8 X_7 X_6 X_5	X_4 X_3 X_2	X_1

註：X_i（i=1, 2, 3, …, 13）表示從右至左的第 i 位數字代碼

2. 商品條碼的符號結構

標準版商品條碼符號由前置碼、左側空白區、起始符、左側數據符、中間分隔符、右側數據符、校驗符、終止符、右側空白區及供人識別的字符組成，如圖10-2所示：

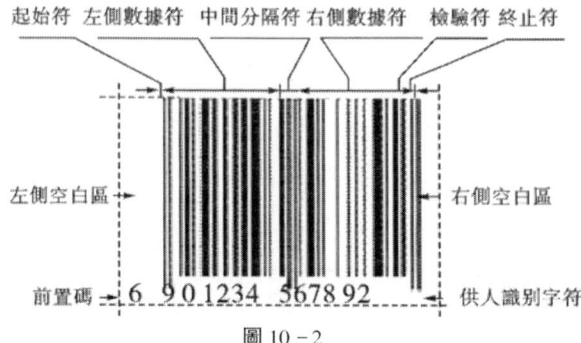

圖 10-2

（三）二維條碼

二維條碼是用某種特定的幾何圖形按一定規律在平面分佈的黑白相間的圖形上記錄數據符號信息的一種條碼技術。在代碼編製上巧用構成計算機內部邏輯基礎的「0」「1」比特流的概念，使用若干個與二進制相對應的幾何形體來表示文字數值信息，通過圖像輸入設備或光電掃描設備自動識讀以實現信息的自動處理。它具有條碼技術的一些共性：每種碼制有其特定的字符集；每個字符佔有一定寬度；具有一定的校驗功能。同時還具有對不同行的信息自動識別的功能，以及處理圖形旋轉變化等特點。

1. 二維條碼的類型

二維條碼的研究在技術路線上從兩個方面發展：一是在一維碼的基礎上向二維碼方向擴展；二是利用圖像識別原理，採用新的幾何形體和結構設計出二維碼制。

堆積式二維碼在實現原理、結構形狀、檢校原理、識讀方式等方面繼承了一維碼的特點，識讀設備與條碼印製兼容一維條碼技術。但由於行數的增加，行的鑑別、譯校算法與軟件不完全和一維條碼相同。

點陣碼是用幾何形狀為實心圓，以矩陣的形式組成。在矩陣相應元素位置上，用「1」表示原點的出現，「0」表示沒有原點出現。原點的排列組合確定了條碼所代表的意義，矩陣點陣就可以轉換為矩陣的二進制字陣，經過譯碼解碼反應出所代表的信息。點陣碼是建立在計算機圖像處理技術、組合編碼原理等基礎上的一種新型圖形符號自動識讀處理碼制。

2. 二維條碼的特點

（1）信息容量大。根據不同的條空比例每平方英吋（1平方英吋＝6.451,6平方厘米。下同）可以容納 250~1,100 個字符。在國際標準的證卡有效面積上（相當於信用卡面積的 2/3，約為 76mm×25mm），二維條碼可以容納 1,848 個數字字符，約為 500 個漢字信息。這種二維條碼比普通條碼容量高幾十倍。

（2）編碼範圍廣。二維條碼可以將照片、指紋、掌紋、聲音、文字等凡可數字化的信息進行編碼。

（3）保密、防偽性能好。二維條碼具有多重防偽性特性，它可以採用密碼防偽、軟件加密及利用所包含的信息如指紋、照片等進行防偽，因此具有極強的防偽性能。

（4）譯碼可靠性高。普通條碼的譯碼錯誤率約為百分之二，而二維條碼的誤碼率不超過千分之一，譯碼可靠性極強。

（5）修正錯誤能力強。二維條碼採用了世界上最先進的數學糾錯理論，如果污損面積不超過 50%，條碼由於玷污、破損所丟失的信息，可以照常破譯出來。

（6）容易製作並且成本低。利用現有的點陣、激光、噴熱敏/熱轉印、制卡機等打印技術，即可在紙張、卡片、PVC 甚至金屬表面上印出二維條碼，由此所增加的成本也僅是油墨的成本。

（7）條碼符號的形狀可變。基於同樣的信息量，二維條碼的形狀可以根據載體面積及美工設計進行調整。

二、射頻技術

(一) 射頻技術的概念

射頻識別 (Radio Frequency Identification, RFID) 技術簡稱射頻技術,是一種非接觸式的自動識別技術,它通過射頻信號自動識別目標對象並獲得相關數據,識別工作無須人工干預,可工作於各種惡劣環境中。RFID 技術可識別高速運動物體並可同時識別多個標籤,操作快捷方便。

(二) 射頻技術的工作原理

RFID 技術的基本工作原理是:標籤進入磁場後,接收解讀器發出的射頻信號,憑藉感應電流所獲得的能量發送出存儲在芯片中的產品信息,或者主動發送某一頻率的信號;解碼器讀取信息並解碼後,送至中央信息系統進行有關數據處理。RFID 技術的原理是利用發射無線電波信號來傳送資料,以進行無接觸式的資料辨識與存取,實現身分及物品內容識別的功能(圖10-3)。

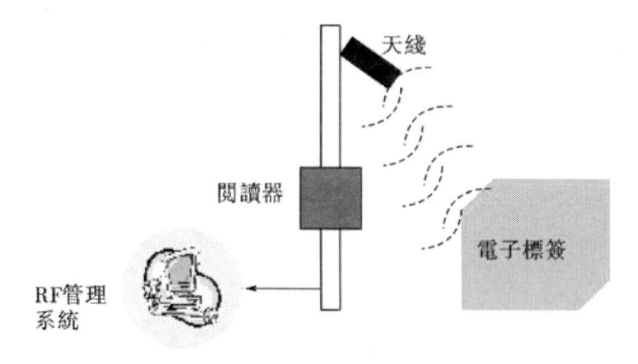

圖10-3 RF 管理系統

(三) 射頻技術與條碼的區別

當條碼被當作一種新的自動識別技術應用的時候,其改變了物品被識別的方式。而隨著 RFID 技術的逐漸應用,其必將掀起一場讓物品識別變得更為自由的革命。二者的區別在於:

1. 快速掃描

條形碼一次只能有一個條形碼受到掃描;RFID 辨識器可同時辨識讀取數個 RFID 標籤。

2. 體積小型化、形狀多樣化

RFID 在讀取上並不受尺寸大小與形狀的限制,無須為了讀取精確度而配合紙張的固定尺寸和印刷品質。此外,RFID 標籤更可往小型化與多樣形態發展,以應用於不同產品。

3. 抗污染能力和耐久性

傳統條形碼的載體是紙張,因此容易受到污染,但 RFID 對水、油和化學藥品等物

質具有很強的抵抗性。此外，由於條形碼是附於塑料袋或外包裝紙箱上，所以特別容易受到折損；RFID 卷標是將數據存在芯片中，因此可以免受污損。

4. 可重複使用

現今的條形碼印刷上去之后就無法更改，RFID 標籤則可以新增、修改、刪除 RFID 卷標內儲存的數據，方便信息的更新。

5. 穿透性和無屏障閱讀

在被覆蓋的情況下，RFID 能夠穿透紙張、木材和塑料等非金屬或非透明的材質，並能夠進行穿透性通信。而條形碼掃描機必須在近距離而且沒有物體阻擋的情況下，才可以辨讀條形碼。

6. 數據的記憶容量大

一維條形碼的容量是 50Bytes，二維條形碼最大的容量可儲存 2～3,000 字符，RFID 最大的容量則有數 MegaBytes（兆字節）。隨著記憶載體的發展，數據容量也有不斷擴大的趨勢。未來物品所需攜帶的資料量會越來越大，對卷標所能擴充容量的需求也相應增加。

7. 安全性

由於 RFID 承載的是電子式信息，其數據內容可經由密碼保護，使其內容不易被偽造和變造。

近年來，RFID 因其所具備的遠距離讀取、高儲存量等特性而備受矚目。它不僅可以幫助一個企業大幅提高貨物、信息管理的效率，還可以讓銷售企業和製造企業互聯，從而更加準確地接收反饋信息，控制需求信息，優化整個供應鏈。

三、電子數據交換（EDI）技術

EDI 是英文 Electronic Data Interchange 的縮寫，它是一種在公司之間傳輸訂單、發票等作業文件的電子化手段。它通過計算機通信網路將貿易、運輸、保險、銀行和海關等行業信息，用一種國際公認的標準格式，實現各有關部門或公司與企業之間的數據交換與處理，並完成以貿易為中心的全過程。它是 20 世紀 80 年代發展起來的一種新穎的電子化貿易工具，是計算機、通信和現代管理技術相結合的產物。

（一）定義

國際標準化組織（ISO）將 EDI 定義為「將貿易（商業）或行政事務處理按照一個共識的標準變成結構化的事務處理或信息數據格式，從計算機到計算機的電子傳輸」。由於使用 EDI 可以減少甚至消除貿易過程中的紙面文件，因此 EDI 又被人們通俗地稱為「無紙貿易」。

總之，EDI 指的是：按照協議，對具有一定結構特徵的標準經濟信息，經過電子數據通信網，在商業貿易夥伴的計算機系統之間進行交換和自動處理的全過程。

（二）內涵

由上述定義可得 EDI 內涵：

（1）定義的主體是「經濟信息」，即 EDI 是面向經濟信息的應用系統，如訂單、

運單、發票、報關單等。

（2）這些信息是「按照協議」形成的，「具有一定結構特徵」這一點對 EDI 很重要。EDI 報關能被不同貿易夥伴的計算機系統識別和處理，關鍵就在於數據格式的標準化。

（3）信息傳遞的路徑是計算機到「電子數據通信網路」，再到對方的計算機，中間補充信息需要人工干預。

(三) EDI 的特點

1. 單證格式化

EDI 傳輸的是企業間格式化的數據，如訂購單、報價單、發票、貨運單、裝箱單、報關單等，這些信息都具有固定的格式與行業通用性。

2. 報文標準化

EDI 傳輸的報文符合國際標準或行業標準，這是計算機能自動處理的前提條件。目前使用最廣的 EDI 標準是：UN/EDI FACT（聯合國標準 EDI 規則適用於行政管理、商貿、交通運輸）和 ANSIX.12（美國國家標準局特命標準化委員會第 12 工作組制定）。

3. 處理自動化

EDI 信息傳遞的路徑是計算機到數據通信網路，再到商業夥伴的計算機，信息的最終用戶是計算機應用系統，它自動處理傳遞來的信息。因此這種數據交換是機—機、應用—應用，無須人工干預。

4. 軟件結構化

EDI 功能軟件由五個模塊組成：用戶界面模塊、內部 EDP 接口模塊、報文生成與處理模塊、標準報文格式轉換模塊、通信模塊。這五個模塊功能分明，結構清晰，形成了 EDI 較為成熟的商業化軟件。

5. 運作規範化

EDI 以報文的方式交換信息有其深刻的商貿背景，EDI 報文是目前商業化應用中最成熟、最有效、最規範的電子憑證之一，EDI 單證報文具有法律效力，已被普遍接受。

四、GPS/GIS 技術

(一) 全球定位系統（GPS）概念

GPS 是英文 Global Positioning System（全球定位系統）的簡稱，而其中文簡稱為「球位系」。GPS 是 20 世紀 70 年代由美國陸、海、空三軍聯合研製的新一代空間衛星導航定位系統。其主要目的是為陸、海、空三大領域提供即時、全天候和全球性的導航服務，並用於情報收集、核爆監測和應急通信等一些軍事目的，是美國獨霸全球戰略的重要組成部分。經過 20 余年的研究實驗，耗資 300 億美元，到 1994 年 3 月，全球覆蓋率高達 98% 的 24 顆 GPS 衛星星座已布設完成。在機械領域 GPS 則有另外一種含義：產品幾何技術規範（Geometrical Product Specifications），也簡稱 GPS，不要混用。

(二) GPS 技術的特點

GPS 的問世標誌著電子導航技術發展到了一個更加輝煌的時代。GPS 系統與其他

導航系統相比，主要特點是：

（1）全球地面連續覆蓋；

（2）功能多、精度高；

（3）實用定位速度快；

（4）抗干擾性能好、保密性強。

GPS 技術在導航儀中的應用舉例：

國際領先的 GPS 導航儀品牌：Ahada（艾航達）——源自美國硅谷，現已登陸中國！

產品核心功能包括：

1. 地圖查詢

◎可以在操作終端上搜索你要去的目的地位置。

◎可以記錄你常要去的地方的位置信息，並保留下來，也可以和別人共享這些位置信息。

◎模糊查詢你附近或某個位置附近的加油站、賓館、取款機等信息。

2. 路線規劃

◎GPS 導航系統會根據你設定的起始點和目的地，自動規劃一條線路。

◎規劃線路可以設定是否要經過某些途經點。

◎規劃線路可以設定是否避開高速等功能。

3. 自動導航

◎語音導航

用語音提前向駕駛者提供路口轉向、導航系統狀況等行車信息，就像一個識路的向導告訴你如何駕車去目的地一樣。導航中最重要的一個功能，使你無須觀看操作終端，通過語音提示就可以安全到達目的地。

◎畫面導航

在操作終端上，會顯示地圖，以及車子現在的位置、行車速度、目的地的距離、規劃的路線提示、路口轉向提示的行車信息。

◎重新規劃線路

當你沒有按規劃的線路行駛，或者走錯路口時，GPS 導航系統會根據你現在的位置，為你重新規劃一條新的到達目的地路線。

目前，GPS 系統主要應用於車輛監控、車輛導航、貨物跟蹤等領域。

（三）地理信息系統（GIS）

地理信息系統由計算機系統、地理數據和用戶組成，通過對地理數據的集成、存儲、檢索、操作和分析，生成並輸出各種地理信息，從而為土地利用、資源管理、環境監測、交通運輸、經濟建設、城市規劃以及政府各部門行政管理提供新的知識，為工程設計和規劃、管理決策服務。地理信息系統具有以下特徵：①地理信息系統在分析處理問題中使用了空間數據與屬性數據，並通過數據庫管理系統將兩者聯繫在一起共同管理、分析和應用，從而提供了認識地理現象的一種新的思維方法；而管理信息

系統則只有屬性數據庫的管理，即使存儲了圖形，也往往以文件等機械形式存儲，不能進行有關空間數據的操作，如空間查詢、檢索、相鄰分析等，更無法進行複雜的空間分析。②地理信息系統強調空間分析，通過利用空間解析式模型來分析空間數據，地理信息系統的成功應用依賴於空間分析模型的研究與設計。

GIS 應用於物流分析，主要指利用 GIS 強大的地理數據功能來完善物流分析技術。國外物流公司已經開發出利用 GIS 為物流分析提供專門分析的工具軟件。完整的 GIS 物流分析軟件集成了車輛路線模型、最短路徑模型、網路物流模型、分配集合模型和設施定位模型等。

第四節　物流信息系統規劃及發展趨勢

一、物流信息系統規劃與開發過程

建立物流信息系統，不是單項數據處理的簡單組合，必須有系統規劃。因為它涉及傳統管理思想的轉變、管理基礎工作的整頓提高以及現代化物流管理方法的應用等許多方面，是一項範圍廣、協調性強、人機緊密結合的系統工程。

物流信息系統規劃是系統開發最重要的階段，一旦有了好的系統規劃，就可以按照數據處理系統的分析和設計持續進行工作，直到系統的實現。

信息系統的總體規劃基本上分為四個基本步驟：

第一步，定義管理目標。確立各級管理的統一目標，局部目標要服從總體目標。

第二步，定義管理功能。確定管理過程中的主要活動和決策。

第三步，定義數據分類。在定義管理功能的基礎上，把數據按支持一個或多個管理功能分類。

第四步，定義信息結構。確定信息系統各個部分及其相互數據之間的關係，導出各個獨立性較強的模塊，確定模塊實現的優先關係，即劃分子系統。

有了系統規劃以後，還要進行非常複雜的開發過程，主要包括以下內容：

（1）系統分析。主要對現行系統和管理方法以及信息流程等有關情況進行現場調查，給出有關的調研圖表，提出信息系統設計的目標以及達到此目標的可能性。

（2）系統邏輯設計。在系統調研的基礎上，從整體上構造出物流信息系統的邏輯模型，對各種模型進行選優，確定最終的方案。

（3）系統的物理設計。以邏輯模型為框架，利用各種編程方法，實現邏輯模型中的各個功能塊，如確定並實現系統的輸入、輸出、存儲及處理方法。此階段的重要工作是程序設計。

（4）系統實施。將系統的各個功能模塊進行單獨調試和聯合調試，對其進行修改和完善，最後得到符合要求的物流信息系統軟件。

（5）系統維護與評價。在信息系統試運行一段時間以後，根據現場要求與變化，對系統做一些必要的修改，進一步完善系統，最後和用戶一起對系統的功能、效益作

出評價。

二、物流企業信息系統規劃

在激烈的市場競爭下，物流企業面臨著越來越多的不確定因素，市場瞬息萬變，不同行業客戶需求各有差異，客戶對服務要求越來越苛刻。開發新的物流客戶，堅持現有物流大客戶的忠誠度，需要有清楚的調查、瞭解，進行有效的跟蹤，準時為客戶提供個性化的優質服務都是對現今在如此激烈競爭中生存的物流企業提出的要求，而先進的物流信息系統無疑為這些要求的兌現提供了幫助。

物流企業服務水平的提升需借助計算機信息技術來實現。先進高效的物流信息系統與信息平臺是現代物流體系的重要組成部分。越來越多的跨國物流公司如 TNT、UPS、馬士基物流、柏靈頓物流加大對華的投資，以先進的物流信息網路提供優質高效的服務以期占據中國的物流市場。與此相比，國內物流企業雖擁有地理優勢，但存在著信息化水平落後、人工重複操縱、人力資源內耗等一系列問題。

中國大型物流企業雖然都建立了比較完善的即時信息系統，內部資源也達到了一定程度的共享，但基本上都還是只對內（營業、運作、職能等部門）發揮了基本的信息協調作用，相對於外部，如上下游客戶（供應鏈）、合作夥伴等，物流信息服務平臺還沒有建立起來，與客戶及合作夥伴之間的信息通道基本上還處於比較原始的狀態，物流信息網路還沒有全面建立起來。所以，中國的物流企業要想發展壯大，提高整個供需鏈的經營效果，在激烈的競爭中獲得優勢，就必須參與到國際競爭中去。而且信息化建設迫在眉睫，大型物流企業需要結合自身的發展戰略，進行物流信息系統的規劃建設。

1. 建立即時信息採集系統

企業各分支機構信息系統的不同一，帶來企業資源無法共享、客戶治理混亂、信息無法互通、治理思想無法貫徹、企業的對外形象不規範等弊端，使得大型物流企業的網路效益、規模效益無法發揮。所以大型物流企業信息化建設的第一步，是用一體化的考慮方式，為企業建立一個信息共享的集中式信息平臺，通過信息系統同一的企業規範，即時採集業務和財務數據，加強對網路的監控力度，實現透明化治理，從而增強企業的競爭優勢。該同一即時信息採集系統功能需涵蓋物流企業的核心業務，如國際海運貨代、國際空運貨代、報關服務、內陸運輸、倉儲、配送、堆場、碼頭業務，以及為物流市場拓展服務的市場拓展治理、服務治理、報價治理、績效治理、市場活動治理、客戶協議治理等。

2. 建立面向上下游客戶的服務平臺

在企業已經建立統一的信息平臺后，就需要考慮如何降低客戶服務成本，增強客戶服務質量，增強客戶對企業的忠誠度，所以此時需要建立一個面向上下游客戶的服務平臺。

明確物流企業客戶服務對象應包括供給商、外部客戶、內部客戶、客戶的客戶、合作夥伴和國外代理。企業可以通過建設電子商務網站、Accounting Center、Document Center、Call Center，或利用信息系統建立虛擬客戶服務中心，通過自動發送電子郵件、

傳真、短信等通知模式，實現企業統一地、規範地為客戶服務的目的，為客戶提供快速的、準確的、主動的服務。

通過建立高效的物流信息服務平臺，不同業務部門之間、不同分支機構之間、與合作夥伴之間、與客戶之間、與供應商之間都可以實現全面的協同工作和信息共享。協同工作帶來的最直接利益是效率的提高和質量的保證。通過協同工作，與合作夥伴之間的合作關係更加堅固；與客戶之間的關係不再通過簡單的買賣關係或銷售職員的銷售能力來維繫，而是依賴優質便捷、可增值的服務來維繫；與供給商之間則可實現獲得最直接的、最快速的貿易信息與服務，使企業在市場競爭中處於領先地位。

3. 建立通用的 EDI 交換平臺

為了更緊密地捆綁企業與客戶的關係，更大程度地縮短企業與客戶的間隔，大型物流企業在擁有客戶服務平臺的基礎上，一定要建立自己通用的 EDI 平臺，以滿足各種類型的客戶對企業信息的需求，其中包括船公司、海關、拖車、堆場、倉庫、代理、合作夥伴等。

通過企業 EDI 平臺的建立，利用系統自動生成、發送、接收 EDI 的功能，與客戶、合作夥伴、供給商、機關實現自動的協同運作，增加企業之間的黏性和穩定性，使企業與客戶間建立起私有信息通道，為自己製造價值的同時也為客戶製造價值，最大限度地發揮企業的網路效益和整體效益。

4. 建立數據倉庫系統

物流企業 80% 的利潤來自於 20% 的核心客戶。在系統穩定運行一定時間後，如何利用現有數據、挖掘出企業 20% 的核心客戶和它們的業務使用情況，如何利用現有的業務和財務數據分析出企業的治理能力、經營狀況、資金狀況等，就成為企業突破自身瓶頸的關鍵。

所以這個階段企業需要建立自己的數據倉庫系統，分析企業運行數據，從而為治理層提供各種決策支持，使治理具有更強的預見性，適時調整企業戰略進展目標，發現企業的核心價值，從而保證企業的良性發展。

5. 建立 CRM 客戶關係治理平臺

如何將企業的市場行銷、銷售、服務、與技術支持連接起來，使企業能夠吸引更多的潛在客戶和保持更多的現有客戶成為現階段的重點。通過建立 CRM 客戶關係治理平臺，不論客戶大小、所在地域以及業務發生的時間，客戶都可以得到優質、滿意的服務；企業可以減少與客戶溝通的環節，加強信用操縱以降低風險，同時通過對客戶進行同一的信用治理，依據不同的信用等級提供不同的服務；根據物流企業進展的策略，對大客戶提供特定的個性化服務，從而使物流企業的服務提升到一個新的層次，真正實現企業的價值。

6. 建立深層次的效益分析系統

物流企業向客戶提供服務的目的就是獲得利潤。為此，有必要利用系統中的歷史數據、正在發生的數據進行深層次的收益分析，以便找到真正的利潤來源，提供有針對性的、更有價值的服務，發現可能的利潤增長點。

三、中國物流信息化產業現狀

中國物流信息化產業現狀是：物流信息化程度低，信息化系統功能欠完善。
我們可以通過圖10-4中的數據對中國物流企業信息化現狀獲得更深層次的瞭解。

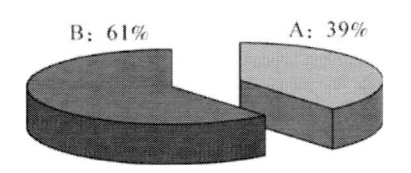

B：61%　　A：39%

A：有信息系統　　B：無信息系統
圖10-4　中國物流企業信息化現狀

從圖中數據可以看出物流企業的信息化普及率不高，多數物流企業還處於以往的人工作業方式。

物流企業的信息系統應用涉及了物流企業營運的各個環節，說明物流企業對信息化發展的需求呈現多樣化的特點（見圖10-5）。

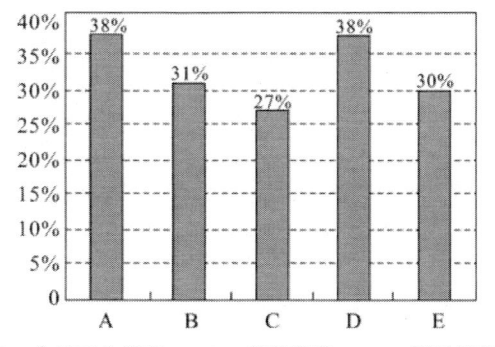

A：38%　B：31%　C：27%　D：38%　E：30%

A：倉儲工作管理　　B：庫存管理　　C：運輸管理
D：財務管理　　E：其他
圖10-5　中國物流企業信息系統的應用

從企業的信息系統功能角度來看，目前物流企業的信息系統存在功能簡單、功能層次低等問題。多數信息系統只有簡單的記錄、查詢和管理功能，而缺少決策、分析、互動等功能（見圖10-6）。

物流企業的營運隨著企業規模和業務跨地域發展，必然要走向全球化發展的道路。在全球化趨勢下，物流目標是為國際貿易和跨國經營提供服務，選擇最佳的方式與路徑，以最低的費用和最小的風險，保質、保量、準時地將貨物從某國的供方運到另一國的需方，使各國物流系統相互「接軌」，它代表物流發展的更高階段。面對信息全球化的浪潮，信息化已成為加快實現工業化和現代化的必然選擇。中國提出要走新型工業化道路，其實質就是以信息化帶動工業化、以工業化促進信息化，達到互動並進，實現跨越式發展。

A：遠程通信功能　　B：業務管理
C：查詢功能　　　　D：決策分析
圖 10-6　中國物流企業信息系統功能

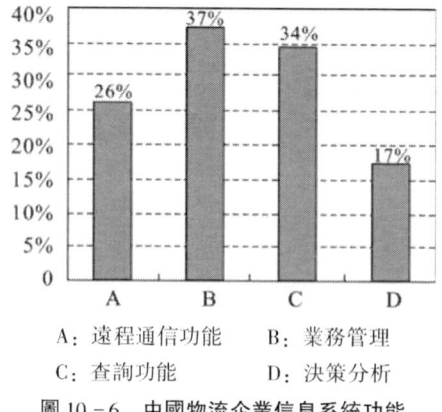

　　中國加入世界貿易組織後，資源在全球範圍內的流動和配置大大加強，企業面臨的國內、國際市場競爭更加激烈，越來越多的跨國公司正加快對中國投資的速度，紛紛到中國設立或擴大加工基地與研發基地，一大批中國企業也將真正融入全球產業鏈，有些還將直接成為國際跨國公司的配套企業，這些都將大大加快中國經濟與國際經濟接軌的步伐，加劇中國企業在本土和國際範圍內與外商的競爭，這都將對中國的物流業提出更高的要求。在這種新環境下，中國的物流企業必須把握好現代物流的發展趨勢，運用先進的管理技術和信息技術，提升自己的競爭力和整體優勢，提高物流作業的管理能力和創新能力，在中國新型工業化的道路上努力拼搏。

四、智能化、標準化和全球化是物流企業信息化發展的趨勢

　　智能化是自動化、信息化的一種高層次應用。物流作業過程涉及大量的運籌和決策，如物流網路的設計與優化、運輸（搬運）路徑的選擇、每次運輸的裝載量選擇、多種貨物的拼裝優化、運輸工具的排程和調度、庫存水平的確定、補貨策略的選擇、有限資源的調配、配送策略的選擇等問題都需要進行優化處理，這些都需要管理者借助優化、智能工具和大量的現代物流知識來解決。同時，近年來，專家系統、人工智能、仿真學、運籌學、智能商務、數據挖掘和機器人等相關技術在國際上已經有比較成熟的研究成果，並在實際物流作業中得到了較好的應用。因此，物流的智能化已經成為物流發展的一個新趨勢。

　　標準化技術也是現代物流技術的一個顯著特徵和發展趨勢，同時也是現代物流技術實現的根本保證。貨物的運輸配送、存儲保管、裝卸搬運、分類包裝、流通加工等各個環節中信息技術的應用，都要求必須有一套科學的作業標準。例如，物流設施、設備及商品包裝的標準化等，只有實現了物流系統各個環節的標準化，才能真正實現物流技術的信息化、自動化、網路化、智能化。特別是在經濟全球化和貿易全球化的新世紀中，如果在國際沒有形成物流作業的標準化，就無法實現高效的全球化物流運作，這將阻礙經濟全球化的發展進程。

本章小結

　　在物流領域，頂尖高手和平庸之輩的差距往往就在於應用物流信息技術的能力。有效的信息管理可以幫助企業滿足顧客的物流需求，使產品和服務更具有競爭力，先進的信息系統可以使物流過程更加順暢，提高物流效率。因此，企業必須重視對物流信息的管理，加強現代信息技術的應用和信息系統的建設。

　　通過信息系統管理物流，可以有效地提高整個物流的靈活性，使物流運行可以適應多種內部及外部環境的變化。

第十一章　現代物流供應鏈管理

學習目標

(1) 掌握供應鏈的概念、特徵；
(2) 掌握供應鏈管理的概念和內容；
(3) 理解供應鏈管理集成的含義及其實現方式。

開篇案例

供應鏈管理對傳統製造模式的挑戰

1. 引言

多少年來，企業出於管理和控制的目的，對為其提供原材料、半成品或零部件的其他企業一直採取投資自建、投資控股或兼併的「縱向一體化」（Vertical Integration）管理模式，即某核心企業與其他企業是一種所有權關係。例如，美國福特汽車公司擁有一個牧羊場，出產的羊毛用於生產本公司的汽車坐墊；美國某報業大王擁有一片森林，專為生產新聞用紙提供木材。脫胎於計劃經濟體制下的中國企業更是有過之而無不及，「大而全」「小而全」的思維方式至今仍在各級企業領導者頭腦中占據主要位置，許多製造業企業擁有從毛坯鑄造、零件加工、裝配、包裝、運輸、銷售等一整套設備、設施、人員及組織機構。

推行「縱向一體化」的目的，是為加強核心企業對原材料供應、產品製造、分銷和銷售全過程的控制，使企業能在市場競爭中掌握主動，從而增加各個業務活動階段的利潤。在市場環境相對穩定的條件下，採用「縱向一體化」戰略是有效的，但是，在高科技迅速發展、市場競爭日益激烈、顧客需求不斷變化的今天，「縱向一體化」戰略已逐漸顯示出其無法快速敏捷地回應市場機會的薄弱之處。顯然，採用「縱向一體化」戰略的企業要想對其他配套企業擁有管理權，要麼自己投資，要麼出資控股，但不論採取哪一種方式，都要承受過重的投資負擔和過長的建設週期帶來的風險，而且由於核心企業什麼都想管住，不得不從事自己並不擅長的業務活動，使得許多管理人員往往將寶貴的精力、時間和資源花在輔助性職能部門的管理工作上，而無暇顧及關鍵性業務的管理工作。實際上，每項業務活動都想自己干，勢必要面對每一個領域的競爭對手，反而易使企業陷入困境。更進一步，如果整個行業不景氣，採取「縱向一體化」戰略的企業不僅在最終用戶市場遭受損失，而且在各個縱向發展的市場上也會遭受損失，因為這樣發展起來的縱向市場是為最終用戶市場服務的，最終用戶市場不景氣，必然連帶著縱向市場的萎縮。因此，「縱向一體化」戰略已難以在當今市場競爭

條件下獲得所期望的利潤。

進入20世紀90年代以來，企業面對著一個變化迅速且無法預測的買方市場，致使傳統的生產模式對市場劇變的回應越來越遲緩和被動。為了擺脫困境，企業雖然採取了許多先進的單項製造技術和管理方法，並取得了一定實效，但在回應市場的靈活性、快速滿足顧客需求方面並沒有實質性改觀，人們才意識到問題不在於具體的製造技術與管理方法本身，而是他們仍在傳統的生產模式框框內。嚴峻的競爭環境改變了人們認識、分析和解決問題的思想方法，開始從「縱向一體化」向「橫向一體化」（Horizontal Integration）轉化。

2. 全球製造與供應鏈管理

全球製造及由此產生的供應鏈管理是「橫向一體化」管理思想的一個典型代表。現在人們認識到，任何一個企業都不可能在所有業務上都成為世界上最傑出的企業，只有優勢互補，才能共同增強競爭實力。因此，國際上一些先驅企業拋棄了過去那種從設計、製造直到銷售都自己負責的經營模式，轉而在全球範圍內與供應商和銷售商建立最佳合作夥伴關係，與他們形成一種長期的戰略聯盟，結成利益共同體。例如，美國福特汽車公司在推出新車Festiva時，就是採取新車在美國設計，在日本的馬自達生產發動機，由韓國的製造廠生產其他零件和裝配，最後再運往美國和世界市場上銷售。製造商這樣做的目的顯然是追求低成本、高質量，最終目的是提高自己的競爭能力。Festiva從設計、製造、運輸、銷售，採用的就是「橫向一體化」的全球製造戰略。整個汽車的生產過程，從設計、製造直到銷售，都是由製造商在全球範圍內選擇最優秀的企業，形成了一個企業群體。在體制上，這個群體組成了一個主體企業的利益共同體；在運行形式上，構成了一條從供應商、製造商、分銷商到最終用戶的物流和信息流網路。由於這一龐大網路上的相鄰節點（企業）都是一種供應與需求的關係，因此稱之為供應鏈。為了使加盟供應鏈的企業都能受益，並且使每個企業都有比競爭對手更強的競爭實力，就必須加強對供應鏈的構成及運作研究，由此形成了供應鏈管理這一新的經營與運作模式。供應鏈管理強調核心企業與世界上最傑出的企業建立戰略合作關係，委託這些企業完成一部分業務工作，自己則集中精力和各種資源，通過重新設計業務流程，做好本企業能創造特殊價值、比競爭對手更擅長的關鍵性業務工作，這樣不僅大大地提高本企業的競爭能力，而且使供應鏈上的其他企業都能受益。

供應鏈管理（Supply Chain Management, SCM）還沒有一個統一的定義，一般認為SCM是通過前饋的信息流（需方向供方流動，如訂貨合同、加工單、採購單等）和反饋的物料流及信息流（供方向需方流動的物料流及伴隨的供給信息流，如提貨單、入庫單、完工報告等），將供應商、製造商、分銷商、零售商直到最終用戶連成一個整體的模式。它既是一條從供應商的供應商到用戶的用戶的物流鏈，又是一條價值增值鏈，因為各種物料在供應鏈上移動，是一個不斷增加其市場價值或附加價值的增值過程。因此，SCM不同於企業中傳統的物資供應管理職能。

SCM提出的時間雖不長，但它已引起人們廣泛的關注。特別是國際上一些著名企業，如惠普公司、IBM公司、DELL計算機公司等在供應鏈實踐中取得的成就，更使人堅信供應鏈是進入21世紀後企業適應全球競爭的一個有效途徑，因而吸引了許多學者

和企業界人士研究和實踐 SCM。20 世紀 80 年代中期以後，工業發達國家中有近 80% 的企業放棄了「縱向一體化」模式，轉向了全球製造和全球供應鏈管理這一新的經營模式。近幾年來，供應鏈管理的實踐已擴展到了所有加盟企業之間的長期合作關係，超越了供應鏈出現初期的那種主要以短期的、基於某些業務活動的經濟關係，使供應鏈從一種作業性的管理工具上升為管理性的方法體系。

3. 中國傳統製造業運作模式存在的問題

中國傳統製造業企業管理體制與運作模式受「大而全」「小而全」思想的影響非常嚴重，「萬事不求人」的封建主義思想使企業成為一個封閉系統，與開放式的全球製造和供應鏈管理模式相差甚遠，無法適應 SCM 的要求。其存在的主要問題簡述如下：

（1）生產系統設計沒有考慮供應鏈的影響。現行的製造業企業生產系統在設計時只考慮生產過程本身，而沒有考慮生產過程以外的因素對企業競爭能力的影響。

（2）供、產、銷系統沒有形成「鏈」。供、產、銷是企業的基本活動，但在傳統的運作模式下基本上是各自為政，相互脫節。

（3）部門主義障礙。激勵機制以部門目標為主，孤立地評價部門業績，造成企業內部各部門片面追求部門利益，物流、信息流經常扭曲、變形。

（4）管理信息處理手段落後。中國大多數企業仍採用手工處理方式，企業內部信息系統不健全、數據處理技術落後。企業與企業之間的信息傳遞工具更是落後，沒有充分利用 EDI、INTERNET 等先進技術，致使信息處理不及時、不準確，不同地域的數據庫沒有集成起來。

（5）庫存管理系統滿足不了 SCM 的要求。傳統企業中庫存管理是靜態的、單級的，庫存控制決策沒有與供應商聯繫起來，無法利用供應鏈上的資源。

（6）沒有市場回應、用戶服務、供應鏈管理方面的評價標準與激勵機制。

（7）協調性差，在各供應商之間沒有協調一致的計劃，每個部門都各搞一套，只顧安排自己的活動。

（8）沒有建立對不確定性變化的跟蹤與管理系統。

（9）與供應商和經銷商都缺乏合作的戰略夥伴關係，且往往從短期效益出發，挑起供應商之間的價格競爭，失去了供應商的信任與合作。市場形勢好時對經銷商態度傲慢，市場形勢不好時又企圖將損失轉嫁給經銷商，因此也得不到經銷商的信任與合作。

這些問題的存在，使企業很難一下子從傳統的「縱向一體化」管理模式很快轉到 SCM 模式上來。但是，為了使企業能在當今這種市場競爭環境中生存和發展下去，必須轉變傳統的管理模式，變革的陣痛可以換來企業長期發展的未來。

4. 順應 SCM 潮流，改革傳統製造模式

研究 SCM 對中國企業實現「兩個轉變」、徹底打破「大而全」和「小而全」、快步邁向國際市場、提高在國際市場上的生存和競爭能力都有著十分重要的理論與實際意義。觀察一下中國目前許多企業的運作方式，就更感到研究與實踐 SCM 的緊迫性和必要性了。

大型百貨商場看起來氣勢不凡，然而其內部卻是作坊的管理模式，各個部門都是

單獨進貨，各有各的進貨渠道。這不僅加大了進貨成本，而且使整個企業失去了抵禦市場變化的能力，沒有發揮集團公司應有的優勢。連鎖經營是國際零售業的一種行之有效的經營方式，然而中國許多模仿建立起來的連鎖公司卻半路夭折，原因就在於連鎖商店不連鎖。名為連鎖，實則各自為政，根本沒有發揮連鎖經營的長處。此間的原因是多種多樣的，觀念落後、管理模式跟不上時代的發展是其中一個主要原因。服務業企業尚且如此，製造業企業的供應鏈應用情況就更差了。從服務業企業的單獨進貨、製造業的「大而全」「小而全」等現象，可以看出中國企業界還沒有構成真正意義的「鏈」，仍是「鐵路警察——各管一段」，其結果是使中國企業失去了競爭實力。

雖然過去國內也有人做過有關供應鏈問題的研究，但主要集中在「供應商—製造商」這一層面上，研究的內容多限於供應商的選擇和布點、如何降低配套件的購進成本、如何控制供應商的產品質量、如何保證供應的連續性和經濟性等，只是供應鏈上的一小段。對製造商—分銷商—零售商—最終用戶這一「長鏈」的研究很少，而且沒有把供應鏈管理納入整個企業應付市場不確定性變化的戰略體系。因此，可以說目前在中國還沒有形成真正意義上的供應鏈，對供應鏈管理的研究和應用都是很不夠的。

為了適應 SCM 的發展，必須從與生產產品有關的第一層供應商開始，環環相扣，直到貨物到達最終用戶手中，真正按「鏈」的特性改造企業業務流程，使各個節點企業都具有處理物流和信息流的運作方式的自組織和自適應能力。因此，對傳統製造模式的改造應側重於以下幾個方面：

（1）供應鏈管理系統的設計。怎樣將製造商、供應商和分銷商有機集成起來，使之成為相互關聯的整體，是供應鏈管理系統設計要解決的主要問題。其中與供應鏈管理聯繫最密切的是關於生產系統設計問題。傳統上，有關生產系統的設計主要考慮的是製造企業的內部環境，側重點放在生產系統的可製造性、質量保證能力、生產率、可服務性等方面，而對企業外部因素考慮甚少。在供應鏈管理的影響下，對產品製造過程的影響不僅要考慮企業內部生產要素的影響，而且還要考慮供應鏈對產品成本和服務的影響。供應鏈管理的出現，擴大了原有的企業生產系統設計範疇，把影響生產系統運行的因素延伸到了企業外部，與供應鏈上的所有企業都聯繫起來了，因而供應鏈管理系統設計就成了構造企業系統的一個重要方面。

（2）貫穿供應鏈的分佈數據庫的信息集成。對供應鏈的有效控制要求集中協調不同企業的關鍵數據。所謂關鍵數據，是指訂貨預測、庫存狀態、缺貨情況、生產計劃、運輸安排、在途物資等數據。為便於管理人員迅速、準確地獲得各種信息，應該充分利用電子數據交換（EDI）、INTERNET 等技術手段實現供應鏈的分佈數據庫信息集成，達到訂單的電子接收與發送，共享多位置庫存控制、批量和系列號跟蹤、週期盤點等重要信息。

（3）集成的生產計劃與控制支持系統。供應鏈上任何一個企業的生產計劃與庫存控制決策都會影響到整個供應鏈上其他各個企業的決策。各企業節點都不是孤立的，因此要研究協調決策方法和相應的支持系統。運用系統論、協同論、精細生產等理論與方法，研究適應於 SCM 的生產計劃與控制模式和支持系統。

（4）組織系統重構。現行企業的組織機構都是基於職能部門專業化的，基本上可

適應現行製造業企業管理模式的要求，但不一定能適應於供應鏈管理，因而必須研究基於 SCM 的流程重構問題。為了使供應鏈上的不同企業、在不同地域的多個部門協同工作以取得整個系統最優的效果，必須根據供應鏈的特點優化運作流程，進行企業重構，確定相應的 SCM 組織系統的構成要素及應採取的結構形式。

(5) 研究適合中國企業的供應鏈績效評價系統。SCM 不同於單個企業管理，因而其績效評價和激勵系統也應不同。新的組織與激勵系統的設計必須與新的績效評價系統保持一致。

總之，要從實用的角度出發，以計算機集成製造技術、網路技術、EDI、INTERNET、INTRANET 為基礎，以系統論、柔性理論、協同論、精細生產、敏捷製造、集成理論、企業重構等為指導，利用現有技術建立 SCM 的支持系統，更好地服務於企業競爭的需求。

5. 結束語

實施 SCM 必須有「集成」意識。從某種意義上講，SCM 要解決的基本問題之一就是在各企業經營管理的流程上，把原來各自為政、分散的活動構成一條「鏈」。可以預計，隨著國際市場競爭的加劇，全球製造鏈將成為許多世界級企業獲取利潤的一種手段。要想使全球製造鏈真正發揮作用，必須建立良好的供應鏈，因而也就必定需要 SCM。中國企業管理和經營正逐步與國際接軌，正處在破除「大而全」「小而全」等落後經營方式的進程之中，企業必然會呼喚更新、更好的理論和方法，SCM 正是順應這一歷史潮流而產生的，必然會受到企業界的歡迎。

供應鏈和供應鏈管理是當今物流管理的熱點。供應鏈的出現，刷新了人們對企業管理的認識，企業的競爭也從單一企業的對抗擴展到整個供應鏈上。瞭解供應鏈的構成，明確供應鏈管理的內容，怎樣將企業物流融合在供應鏈管理之中，是本章的主要內容所在。

第一節　供應鏈的概念、結構模型及其特徵

一、供應鏈的概念

供應鏈 (Supply Chain) 目前尚未形成統一的定義，許多學者從不同的角度出發給出了不同的定義。早期的觀點認為供應鏈是製造企業中的一個內部過程，它是指把從企業外部採購的原材料和零部件通過生產轉換和銷售等活動傳遞到零售商和用戶的過程。傳統的供應鏈概念局限於企業的內部操作層面上，注重企業自身的資源利用。

后來供應鏈的概念注意到與其他企業的聯繫，注意到供應鏈的外部環境，認為它應是一個「通過鏈中不同企業的製造、組裝、分銷、零售等過程將原材料轉換成產品，再到最終用戶的轉換過程」，這是更大範圍、更為系統的概念。例如，美國的史迪文斯認為：「通過增值過程和分銷渠道控制從供應商的供應商到用戶的用戶的物流就是供應

鏈，它開始於供應的源點，結束於消費的終點。」伊文斯認為：「供應鏈管理是通過前饋的信息流和反饋的物料流及信息流，將供應商、製造商、分銷商、零售商，直到最終用戶連成一個整體的模式。」這些定義都注意了供應鏈的完整性，考慮了供應鏈中所有成員操作的一致性（鏈中成員的關係）。

到了最近，供應鏈的概念更加注重圍繞核心企業的網鏈關係，如核心企業與供應商、供應商的供應商乃至與一切前向的關係，與用戶、用戶的用戶及一切后向的關係。此時對供應鏈的認識形成了一個網鏈的概念，像豐田、耐克、尼桑、麥當勞和蘋果等公司的供應鏈管理都從網鏈的角度來實施。哈里森進而將供應鏈定義為：「供應鏈是執行原材料採購，將它們轉換為中間產品和成品，並且將成品銷售到用戶的功能網。」這些概念同時強調供應鏈的戰略夥伴關係問題。菲利浦和溫德爾認為供應鏈中戰略夥伴關係是很重要的，通過建立戰略夥伴關係，可以與重要的供應商和用戶更有效地開展工作。

在研究分析的基礎上，我們給出一個供應鏈的定義：供應鏈是圍繞核心企業，通過對信息流、物流、資金流的控制，從採購原材料開始，制成中間產品以及最終產品，最后由銷售網路把產品送到消費者手中的將供應商、製造商、分銷商、零售商直到最終用戶連成一個整體的功能網鏈結構模式。它是一個範圍更廣的企業結構模式，它包含所有加盟的節點企業，從原材料的供應開始，經過鏈中不同企業的製造加工、組裝、分銷等過程直到最終用戶。它不僅是一條連接供應商到用戶的物料鏈、信息鏈、資金鏈，而且是一條增值鏈，物料在供應鏈上因加工、包裝、運輸等過程而增加其價值，給相關企業都帶來收益。簡而言之，供應鏈是生產及流通過程中，涉及將產品或服務提供給最終用戶的活動的上游與下游企業所形成的網鏈結構。

二、供應鏈的結構模型

根據上述供應鏈的定義，其結構可以簡單地歸納為如圖 11-1 所示的模型：

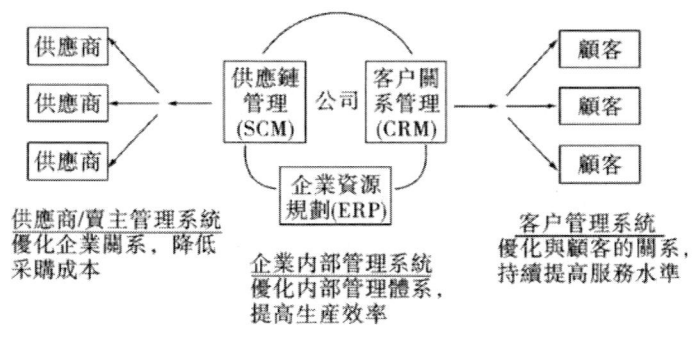

圖 11-1　供應鏈的網鏈結構模型

從圖中可以看出，供應鏈由所有加盟的節點企業組成，其中一般有一個核心企業（可以是產品製造企業，也可以是大型零售企業，如美國的沃爾瑪），節點企業在需求信息的驅動下，通過供應鏈的職能分工與合作（生產、分銷、零售等），以資金流、物

流或/和服務流為媒介實現整個供應鏈的不斷增值。

三、供應鏈的特徵

從供應鏈的結構模型可以看出，供應鏈是一個網鏈結構，由圍繞核心企業的供應商、供應商的供應商和用戶、用戶的用戶組成。一個企業是一個節點，節點企業和節點企業之間是一種需求與供應的關係。供應鏈主要具有以下特徵：

1. 複雜性

因為供應鏈節點企業組成的跨度（層次）不同，供應鏈往往由多個、多類型甚至多國企業構成，所以供應鏈結構模式比一般單個企業的結構模式更為複雜。

2. 動態性

供應鏈管理需要適應企業戰略和市場需求變化，其中節點企業需要動態地更新，這就使得供應鏈具有明顯的動態性。

3. 面向用戶需求

供應鏈的形成、存在、重構，都是基於一定的市場需求而發生，並且在供應鏈的運作過程中，用戶的需求拉動是供應鏈中信息流、產品/服務流、資金流運作的驅動源。

4. 交叉性

節點企業可以是這個供應鏈的成員，同時又是另一個供應鏈的成員，眾多的供應鏈形成交叉結構，增加了協調管理的難度。

四、供應鏈的類型

根據不同的劃分標準，我們可以將供應鏈分為以下幾種類型：

1. 穩定的供應鏈和動態的供應鏈

根據供應鏈存在的穩定性，可以將供應鏈分為穩定的和動態的供應鏈。基於相對穩定、單一的市場需求而組成的供應鏈穩定性較強，而基於相對頻繁變化、複雜的需求而組成的供應鏈動態性較高。在實際管理運作中，需要根據不斷變化的需求，相應地改變供應鏈的組成。

2. 平衡的供應鏈和傾斜的供應鏈

根據供應鏈容量與用戶需求的關係，可以將供應鏈分為平衡的供應鏈和傾斜的供應鏈。一個供應鏈具有一定的、相對穩定的設備容量和生產能力（所有節點企業能力的綜合，包括供應商、製造商、運輸商、分銷商、零售商等），但用戶需求處於不斷變化的過程中，當供應鏈的量能滿足用戶需求時，供應鏈處於平衡狀態，而當市場變化加劇，造成供應鏈成本增加、庫存增加、浪費增加等現象時，企業不是在最優狀態下運作，供應鏈則處於傾斜狀態。平衡的供應鏈可以實現各主要職能（採購/低採購成本、生產/規模效益、分銷/低運輸成本、市場/產品多樣化和財務/資金運轉快）之間的均衡。

3. 有效性供應鏈和反應性供應鏈

根據供應鏈的功能模式（物理功能和市場仲介功能），可以把供應鏈劃分為有效性

供應鏈和反應性供應鏈。有效性供應鏈主要體現供應鏈的物理功能，即以最低的成本將原材料轉化成零部件、半成品、產品，以及在供應鏈中的運輸等；反應性供應鏈主要體現供應鏈的市場仲介功能，即把產品分配到滿足用戶需求的市場，對未預知的需求作出快速反應等。

第二節 供應鏈管理的概念及內容

一、供應鏈管理的概念

人們關注和加強對供應鏈的研究，是基於以下幾點考慮的：①由於日益激烈的競爭壓力，企業需要極大程度地改進生產過程和向客戶提供產品的過程，以增加利潤；②越來越多的生產過程由一些獨立的生產和供貨實體組成；③市場形勢變得越來越殘酷無情；④世界經濟趨於成熟，對「地區性」產品的需求量增加；⑤對特殊客戶的特殊服務，如快速、可靠供貨等的競爭壓力越來越大。

對於供應鏈管理，有許多不同的定義和稱呼，如有效用戶反應（Efficient Consumer Response，ECR）、快速反應（Quick Response，QR）、虛擬物流（Virtual Logistics，VL）或連續補充（Continuous Replenishment）等。這些稱呼因考慮的層次、角度不同而不同，但都通過計劃和控制實現企業內部和外部之間的合作，實質上它們在一定程度上都集成了供應鏈和增值鏈兩個方面的內容。

供應鏈管理就是把供應鏈最優化，以最少的成本，使供應鏈從採購開始，到滿足最終顧客的所有過程，包括工作流程（Work Flow）、實物流程（Physical Flow）、資金流程（Funds Flow）和信息流程（Information Flow），均有效率地操作，以合理的價格，把合適的產品，及時送到消費者手上。因此，供應鏈的概念和傳統的銷售鏈是不同的，它已跨越了企業界限，從建立合作製造或戰略夥伴關係的新思維出發，從產品生命線的源頭開始，到產品消費市場，從全局和整體的角度考慮產品的競爭力，使供應鏈從一種運作性的競爭工具上升為一種管理性的方法體系，這就是供應鏈管理提出的實際背景。

通過供應鏈管理的概念的討論，我們可以知道以下幾點：

1. 供應鏈管理的起點是顧客的需求

整個供應鏈都是由顧客的需求拉動的，整個供應鏈管理也要以滿足用戶的需求為核心來進行運作。目前客戶的需求變化很快，企業的預測往往不準確，一旦預測與需求差別較大，就很有可能造成庫存的積壓。因此，很多企業都把獲得真實準確的需求信息作為供應鏈管理的重中之重。

2. 供應鏈管理的對象是各個企業

供應鏈管理的對象不是單一的企業，而是供應鏈中的各個企業，把供應商、製造商、倉庫和商店等作為一個整體來考慮，對其中的各個環節進行管理，如採購、倉儲、配送等方面。

3. 供應鏈管理追求的是總成本的最低化和整體鏈的高效率

有些企業自己基本做到了零庫存，而它的供應商卻庫存成堆；有些企業自己的反應速度很快，而它的供應商卻跟不上這種節奏。這種企業是無法在競爭中取勝的，因為它只顧及了自己，而忽略了與自己密切相關的夥伴們的利益，最終會導致鏈條的斷裂。所以有人說 21 世紀的競爭不是企業和企業之間的競爭，而是供應鏈和供應鏈之間的競爭。供應鏈管理是把整體供應鏈的運作看成一個系統，它不是追求局部的最優化，而是整體的最優化，希望整體供應鏈上的相關企業都能從中受益。

供應鏈管理是一種集成的管理思想和方法，它執行供應鏈中從供應商到最終用戶的物流的計劃和控制等職能。例如，伊文斯認為：供應鏈管理是通過前饋的信息流和反饋的物料流及信息流，將供應商、製造商、分銷商、零售商直到最終用戶連成一個整體的管理模式。菲利浦則認為供應鏈管理不是供應商管理的別稱，而是一種新的管理策略，它把不同企業集成起來以增加整個供應鏈的效率，注重企業之間的合作。

二、供應鏈管理涉及的內容

供應鏈管理的目標在於提高用戶服務水平，降低總的交易成本，並且尋求兩個目標之間的平衡（這兩個目標往往有衝突）。供應鏈管理包括五大基本內容：

1. 計劃

這是供應鏈管理的策略性部分。你需要有一個策略來管理所有的資源，以滿足客戶對你的產品的需求。好的計劃是建立一系列的方法來監控供應鏈，使它能夠有效、低成本地為顧客遞送高質量和高價值的產品或服務。

2. 採購

選擇能為你的企業提供貨品和服務的供應商，和供應商共同建立一套定價、配送和付款流程並創造一套方法來監控和改善這一流程。還要把供應商提供的貨品和服務的管理流程結合起來，這一流程包括提貨、核實貨單、轉送貨物到自己的製造部門並批准對供應商的付款等。

3. 製造

安排生產、測試、打包和送貨前的準備活動，它是供應鏈中測量內容（質量水平、產品產量和工人的生產效率等）最多的部分。

4. 配送

很多「圈內人」將配送稱為「物流」，它是調整用戶的訂單收據、建立倉庫網路、委派遞送人員提貨並送貨到顧客手中、建立貨品計價系統、接收付款等活動的總稱。

5. 退貨

這是供應鏈中的問題處理部分，指建立網路接收客戶退回的次品和多余產品，並在客戶使用產品出問題時提供支持。

三、供應鏈管理與傳統管理模式的區別

供應鏈管理與傳統管理的區別可以從存貨管理的方式、貨物流、信息流、風險、計劃及組織之間的關係等方面來討論。

從存貨管理與貨物流的角度來看，在供應鏈管理中，重要的是協調供應鏈各成員的存貨水平，以使它們的存貨投資與成本最小。傳統的管理方法是把存貨向前推進或向后延伸，根據供應鏈成員誰最有主動權而定。例如，汽車製造企業採用零庫存（JIT）存貨管理時，供應商的存貨水平大大地提高了，以滿足汽車製造商強加的JIT送貨計劃。把存貨推向供應商並降低管道中的存貨投資，僅僅是轉移了存貨。供應鏈解決這個問題的方法是提供有關生產計劃的信息（透明度），共享有關需求、訂單、生產計劃等信息，減少不確定性，並使安全存貨降低。讓公司共享信息需要克服一些困難，比如共享方擔心競爭對手知情太多會降低其競爭優勢等。

另外，供應鏈管理是通過關注產品最終成本來優化供應鏈的。最終成本是指實際發生的到達客戶時的總成本，包括採購時的價格及送貨成本、存貨成本等，個別公司一般只注重本公司發生的成本，不太注意它們與供應商的關係會如何影響到最終產品的成本。不能向供應商提供備貨時間的信息，或要求顧客大批量購買，會增加他們的存貨成本，最終此成本沿著管道傳遞到最終客戶。但是，信息共享是一個難處理的問題，尤其是在供應商或顧客也與他的競爭對手有業務往來的情況下更是如此。但信息共享是成功的關鍵因素。

風險是供應鏈管理中另一個值得注意的問題。供應鏈管理的思想需要風險共擔才能實現。例如，與第三方物流公司共擔風險的方法有：保證在規定的時間內提供一定的業務量以減少失去業務的風險，以及共同投資固定資產，共擔風險。

供應鏈計劃在許多行業正越來越普遍，尤其在汽車製造業，隨著零庫存計劃的成熟，供應商正成為設計成員之一，在開發模型階段提供工程專業知識。供應商已越來越多地參與到汽車製造的零庫存計劃之中。客戶也通過對調查表的反饋等形式參與到汽車製造設計中，甚至銷售商也正在提供設計方面的反饋意見，在與客戶服務相關的方面起作用。

與共同計劃相關的還有組織之間關係的問題，如戰略聯盟與合作。這種關係包括供應商、承運人、渠道成員和第三方物流提供者，公司通過減少供應商和加強與供應商緊密合作的方式，來取得降低成本和提高質量的目的。

四、供應鏈關係的整合

成功的供應鏈整合關係是基於下列三個目標之上的：
（1）認識最終客戶的服務需求水平；
（2）決定在供應鏈中存貨的位置和每個存貨點的存貨量；
（3）制定把供應鏈作為一個實體來管理的政策和程序。

第一個目標看來很明顯，但在決策時往往會疏忽這一目標。最終客戶需求是在渠道中確定存貨的關鍵，成功的製造商能辨認客戶及他的需求，進而在製造商自己的範圍及整個渠道中協調存貨流。

第二個目標是物流管理的基本作業原則，即滿足客戶需求的內容應包括需要什麼，什麼時間需要，哪裡需要和需要多少存貨。傳統的做法是將存貨推向供應商或銷售商，以減少公司自己的存貨。成功的製造商則認識到，傳統做法雖然能降低製造商的成本，

但必定使渠道的成本次優，最終還是影響了自己。

第三個目標提出，在供應鏈中應當有某些政策與程序來協調各自的利益，這可以通過建立綜合性的物流組織來實現。

以上是對有效供應鏈管理的討論，供應鏈的特徵是與目標相聯繫的，要實現有效的供應鏈目標，具有很大的挑戰性。至少，並非在所有場合下都能實現這些目標。

加拿大哥倫比亞大學商學院的邁克爾·W. 特里西韋教授研究認為，對企業來說，庫存費用約為銷售額的 3%，運輸費用約為銷售額的 3%，採購成本占銷售收入的 40%～60%。而對一個國家來說，供應系統占國民生產總值的 10% 以上，所涉及的勞動力也占總數的 10% 以上。而且隨著全球經濟一體化和信息技術的發展，企業之間的合作正日益加強，它們之間跨地區甚至跨國合作製造的趨勢日益明顯，產品在生命週期中供應環節的費用（如儲存和運輸費用）在總成本中所占的比重越來越大。

舉例來說，一個製造企業的成本構成如表 11-1 所示：

表 11-1　　　　　　　　　　　某企業成本構成

	銷售額	供應鏈成本	其他成本	利潤
金額（萬元）	100	20	70	10

現在該企業想將其利潤提高到 12 萬元，一種辦法是提高銷售額，另一種辦法是降低供應鏈成本，兩種結果比較如表 11-2 所示：

表 11-2　　　　　　提高銷售額與降低供應鏈成本比較　　　　　　單位：萬元

	銷售額	供應鏈成本	其他成本	利潤	利潤率
初始數據	100	20	70	10	10%
提高銷售額	120	24	34	12	10%
降低供應鏈成本	100	18	70	12	12%

假設在銷售額、供應鏈成本、其他成本與利潤成比例增加的情況下，企業需要將銷售額提高 24 萬元，即要增長 20% 才能達到要求，而實際運作中，這往往要付出更高的代價；反之企業採取降低供應鏈成本的辦法，在銷售額不增加的情況下實現了利潤的增長，而且供應鏈成本的降低額就是帶給企業的純利潤，同時這種成本的降低，還帶來企業利潤率的增加。在中國的眾多企業中，企業往往只注重內部挖掘潛力，而忽視對供應鏈的管理。其實，降低供應鏈的總成本，就是給企業帶來了利潤，因此，供應鏈管理是企業的利潤源泉。

實行供應鏈管理的效益主要體現在以下幾個方面：

（1）因為生產是由顧客的需求拉動的，以客戶為中心，就能保證生產出的成品是顧客所需的，降低了經營風險；

（2）信息的及時傳遞，使得需求信息不再是逐級傳遞，而是在同一時間到達各個供應商，使得整體供應鏈更能適應需求的變化，縮短供貨時間，加快訂單的相應速度，

使企業在變化的市場中取勝；

（3）信息的相互共享，使得各企業能更準確地掌握庫存、在途等信息，在保持服務水平的同時，將現在的庫存、固定資產、運輸工具減至最低水平，實現以信息代替庫存；

（4）網上招標、對帳、付款等手續，給企業提供了一個公平、公正的平臺，同時簡化或省去了原先複雜的流程，減少了企業的營運成本；

（5）鏈上企業更緊密的合作，使更多的企業參與到產品的開發和設計當中，減少開發週期，降低開發成本。

五、物流供應鏈戰略的發展趨勢

1. 時間與速度方面

越來越多的公司已認識到時間與速度是影響市場競爭力的關鍵因素之一。起初，公司一般只重視產品設計與製造的時間與速度，目的是減少推出新產品的時間。例如，在汽車行業，日本的公司具有靈活設計與製造的優勢，推出新車型的時間比過去減少了一半以上。歐美的汽車製造商也考慮了時間因素，減少了設計時間並採用了柔性製造。現在對時間與速度的重視已擴大至其他領域，尤其是在供應鏈環境下，時間與速度已被看作提高整體競爭優勢的主要來源，一個環節的拖延往往會影響整個供應鏈的運轉。供應鏈中的各個企業通過各種手段實現它們之間物流、信息流的緊密連接，以達到對最終客戶要求的快速反應、減少存貨成本、提高供應鏈整體競爭水平的目的。

2. 質量方面

物流供應鏈涉及許多環節，需要環環緊扣，並確保每一個環節的質量。因為一個環節如運輸服務質量的好壞，直接影響到供應商備貨的數量、分銷商倉儲的數量，最終影響用戶對產品質量、時效性以及價格的評價。廠商們開始認識到，即使其產品在其他方面都有出色的表現，一旦交付延遲或損壞，都是客戶所不能接受的。劣質的物流業績會毀壞產品在其他方面的出色表現。越來越多的企業信奉物流質量創新正在演變成為一種提高供應鏈績效的強大力量，用「一種尺碼適全套」的觀念來履行物流的職能，不能滿足客戶對其在質量上的要求。這種趨勢促使企業開始實施獨特的物流解決方案，以適應每一位關鍵客戶的高質量期望。

3. 資產生產率方面

另一個改變物流供應鏈的因素是貨主越來越關心他的資產生產率。在改進資產生產率方面，一直很受重視的是存貨水平的減少和存貨週轉的加快，因為存貨所發生的費用是資產占用的重頭部分，減少存貨可以減少存貨成本。固定設施如倉庫的投資也是影響資產生產率的重要方面，通過減少存貨和利用公共倉庫而減少自有倉庫已成為明顯的趨勢。與此類似的還有減少自有運輸工具，增加外包。

現在改進資產生產率不僅僅是減少企業內部的存貨，更重要的是減少供應鏈管道中的存貨。供應鏈中的企業開始合作並共享數據以減少在整體供應鏈管道中的存貨。

4. 組織方面

當前對物流供應鏈有重要影響的一個趨勢是貨主開始考慮減少物流供應商的數量，

這個趨勢非常明顯。跨國公司客戶更願意將它們的全球物流供應鏈外包給少數幾家，最好是一家物流供應商。因為這樣不僅有利於管理，而且有利於在全球範圍內提供統一的標準服務，更好地顯示出全球供應鏈管理的整套優勢。雖然跨國公司希望只採用有操作全球供應鏈能力的少數幾家物流供應商，但目前還沒有一家物流供應商聲稱能夠完全依靠自身實力滿足這些大型公司的要求，因此，物流供應商之間的聯盟應運而生。

5. 客戶服務方面

另一個對物流供應鏈具有影響的趨勢是對客戶服務與客戶滿意的重視。傳統的量度是以「訂單交貨週期」「完成訂單的百分比」等來衡量的，而目前更注重客戶對服務水平的感受，服務水平的量度也以它為標準。例如，一些公司已採用訂單準時交貨的百分比、訂單完整收貨的百分比（貨損貨差率）、帳單準確的百分比等指標。客戶服務的重點轉變的結果便是重視與物流公司的關係，並把物流公司看成是提供高水平服務的合作者。

可靠性是最基本的要求。物流公司力圖採用靈活的方式滿足客戶的特殊要求，鼓勵雇員創造性地增加客戶的價值。物流再次在客戶服務領域起到重要的作用。成功的公司將是那些能提供特定服務、對客戶要求反應迅速的公司。提供高水平服務才能保持在市場的競爭中取得優勢。

第三節　供應鏈環境中的企業物流管理

一、供應鏈體系下企業物流管理的特點

一般環境下的物流管理，其信息傳遞在企業間是逐級進行的，信息偏差會沿著傳遞方向逐級變大，結果信息扭曲現象在所難免，信息的利用率也很低。另外，一般環境下的物流管理缺乏從整體出發來進行規劃的觀念，鏈上的每個組織只關心自己的資源（如庫存），相互之間很少有溝通和合作，經常出現的現象是一方面庫存不斷增加，另一方面當市場需求出現時又無法滿足市場需求，因而企業庫存成本很高，企業因為物流系統管理不善而錯失市場機遇。在供應鏈管理體系下，各方之間是戰略合作關係，具有利益一致性，各方的信息交流不受時間和空間的限制，隨著信息流量的增加，信息的傳遞方式也日漸網路化，進而各方提高了信息共享的程度，避免了信息的失真現象。

除此以外，供應鏈管理體系下的企業物流管理還有以下特點：

1. 提高了物流系統的快速反應能力

供應鏈管理以互聯網作為技術支撐，其成員企業能及時獲得並處理信息，通過消除不增加價值的程序和時間，使供應鏈的物流系統進一步降低成本，為實現其敏捷性、精細性運作提供了基礎性保障。

2. 增進了物流系統的無縫連接

無縫連接是使供應鏈獲得協調運作的前提條件，沒有物流系統的無縫連接，運送

的貨物過期未到而出現誤時，物資採購過程中途受阻等造成的有形成本和無形成本的增加，會使供應鏈的價值大打折扣。

3. 提高了顧客的滿意度

在供應鏈管理體系下，企業能夠迅速把握顧客的現有和潛在（一般和特殊）需求以及需求量，使企業的供應活動能夠根據市場需求變化而變化，企業能比競爭對手更快、更經濟地將商品（或服務）供應給顧客，極大地提高了服務質量和顧客滿意度。

4. 物流服務方式多樣化

隨著現代信息技術和物流技術的不斷發展，物流服務方式日益表現出靈活多樣的特點。為了適應國際化經營的要求，出現了發生在不同國家間的國際物流，出現了專門從事物流服務的第三方物流企業，出現了進行聯合庫存管理的分銷中心等。所有這些都使得物流服務更加高效快捷，適應了個人、企業、社會不斷增長的物流需求。

二、供應鏈體系下企業物流管理的功能

1. 庫存管理

庫存管理可縮短訂貨—運輸—支付的週期，加速庫存週轉，消除缺貨事件的發生，有利於整體供應鏈的協調和運轉。

2. 訂購管理

訂購過程是給供應商發出訂單的過程，主要包括供應商管理、訂購合同管理、訂購單管理。通過供應鏈管理，企業可利用配銷單據等對整體補充網路做計劃，並向供應鏈自動發出訂貨單，通過合同管理在供需雙方間建立長期關係，通過檢查訂購數量，將訂購單送往供應商並對已接收貨物進行支付。

3. 配銷管理

對進入分銷中心的物資，其管理過程主要有以下幾個方面：配銷需求管理、實物庫存管理、運輸車隊管理、勞動管理等。

4. 倉庫管理

除了入庫貨物的接運、驗收、編碼、保管，出庫貨物的分揀、發貨、配送等一般業務外，倉庫管理還包括代辦購銷、委託運輸、流通加工、庫存控制等業務。倉庫管理的操作強度很大，但條形碼技術、掃描儀 EDI 的引入改變了傳統的工作方式，提高了工作效率，從而實現物流管理的電子化，達到對貿易過程即時跟蹤的基本要求。

三、供應鏈管理體系下的企業物流管理策略

在供應鏈管理體系下，對物流的要求提高了，要求物流不斷提高效率，提供更好的服務，為此企業可以採取如下措施來加強物流管理：

1. 利用現代信息技術

供應鏈管理體系下的物流管理高度依賴於對大量數據信息的採集、分析、處理和及時更新。現代信息技術在物流管理中的應用主要有以下幾種：

（1）電子數據交換（EDI）技術。電子數據交換已被確認為是企業間計算機與計算機交換商業文件的標準形式，EDI 使用電子技術來描述兩個組織間傳輸信息的能力。

它是通過以下幾個方面對物流作業成本產生影響的：①降低與印刷、郵寄以及處理書面交易有關的勞動和物料成本；②減少電話、傳真以及電傳通信費用；③減少抄寫成本。

(2) 條形碼技術。條形碼技術是將數據編碼成可以用光學方式閱讀的符號，經過印刷技術生成機讀的符號，最終又能為掃描器和解碼器所識別。條形碼技術在供應鏈管理中的應用是實現各行業自動化管理的有力武器，其表現在：①登錄快速，節省人力和管理成本；②提高物流作業效率；③更精確地控制儲運的指派與貨物的揀取；④實時數據收集，以達到即時控制的目的。

(3) 電子商務技術。電子商務主要是通過計算機網路技術的應用，以電子交易為手段來完成金融、物資、服務和信息價值的交換，快速而有效地從事各種商務活動的最新科學方法。電子商務的應用使物流進一步提速，更加適應市場變化。

2. 建立科學、合理、優化的配送網路和配送中心

產品能否通過供應鏈快速到達目的地，取決於物流配送網路的健全程度。一般情況下，健全的配送網路由以下幾個部分組成：

(1) 配送中心的建設。企業要在國家總體規劃下穩定發展，統一規劃，分步實施，充分利用現有基礎，避免重複建設。利用現有儲運批發企業的場地、設施進行改造擴建，建立適應國情、重視技術進步的現代化配送中心，優化流通結構，實現物流合理化。

(2) 網路中心的建設。企業對採用的軟、硬件信息系統，要求充分瞭解其內在性能指標和穩定性，只有滿足自己需求的技術才是最好的技術，而不應盲目地追求最先進的信息技術。

3. 利用第三方物流

第三方物流是由供應方與需求方以外的物流企業提供物流服務的業務模式。由於第三方物流企業的專業化物流服務更有效率，因此通過物流業務的外包，企業能夠把時間和精力放在自己的核心業務上，提高供應鏈管理體系的運作效率。另外，第三方物流在供應鏈的小批量庫存補給、運輸以外的服務如聯合倉庫管理、顧客訂單處理等方面的優勢使供應鏈管理過程實現了產品從供應方到需求方全過程中環節最少、時間最短、費用最省。

4. 利用延遲化策略

延遲化策略是一種為適應大規模訂制生產而採用的策略，這種策略是在顧客需求多樣化條件下提出的。在這種策略下，分銷中心沒有必要儲備顧客所需的所有商品，只需儲備商品的通用組件，庫存成本大為下降，而此時物流系統則採用比較有代表性的交接運輸方式，交接運輸是將倉庫或分銷中心拉到的貨不作為存貨，而是為緊接著的下一次貨物發送做準備的一種分銷系統。總之，供應鏈管理體系運作是一個價值增值過程，而有效地管理好企業物流過程，對於提高供應鏈的價值增值水平有著舉足輕重的作用。

第四節　供應鏈管理集成

由於企業內部存在著不同類型的獨立的信息系統，因此企業內部需要集成。同時由於企業是供應鏈中的一員，為了更好地應對商業環境的變化，在激烈的市場競爭中取得主動，企業更需要和商業夥伴的系統集成，共同為最終客戶提供更好的服務。

一、企業內部和外部管理集成

1. 企業內部的集成

企業資源規劃系統（ERP）很好地實現了企業內部信息和業務流程的集成，它將企業的財務、製造、分銷等功能模塊有機地結合在一起，共享企業的基礎信息，從而提高企業的運行效率，達到縮短計劃週期，降低庫存成本，加快客戶反應速度的目的。但ERP並不能實現企業內部所有信息的集成，它還需要與其他信息系統集成以實現更高程度的信息共享。如ERP與計算機輔助設計/製造/規劃（CAD/CAM/CAPP）的集成、ERP與質量管理系統的集成、ERP與現場作業及工藝流程管理系統的集成、ERP與辦公自動化（OA）的集成等。

2. 供應鏈的集成

供應鏈把集成的範圍擴展到企業的外部，將企業內部的信息系統和供應鏈中商業夥伴的信息系統集成起來，就形成了集成的供應鏈。供應鏈中的每個成員都能夠依據整體供應鏈的正確信息來協同各自的商業運作，從而實現包括客戶服務和支持、計劃和預測、產品開發、生產製造、採購、人力資源等在內的全面的企業集成。這種集成最初體現在EDI的應用上，它是一種一對一的信息交換和共享，成本高、靈活性低。隨著互聯網的迅猛發展，出現了電子商務系統，它更多地表現為一種B2C模式的信息共享，主要應用在商業零售渠道，它將企業后端支持系統如ERP與前端的客戶服務系統聯繫在一起，是一種一對多或多對多的系統。而隨著供應鏈管理、客戶關係管理、企業應用整合（EAI）的發展和成熟，通過SCM/CRM/EAI將整個供應鏈在互聯網/外部網（Internet/Extranet）的基礎上集成在一起，形成所謂B2B甚至「協同商務」的新的商業模式已經受到越來越多的關注，大家逐漸認識到供應鏈的集成所帶來的不可估量的效益。

二、供應鏈集成的級別

從供應鏈集成的深度和廣度來看，集成可分成四個級別：信息集成、同步計劃、協同工作流、全面的供應鏈集成。表11-3是這四個集成級別的簡單比較。

表11-3　　　　　　　　　　供應鏈集成的級別比較

集成級別	目的	效益
信息集成	信息共享和透明，供應鏈成員能直接即時地獲得數據	快速反應，問題的及時發現，減少「牛鞭效應」
同步計劃	同步進行供應鏈的預測和計劃	降低成本，優化能力使用，提高服務水平
協同工作流	協同的生產計劃、製造、採購、訂單處理，協同的產品工程設計和改造	更快速的市場反應和服務水平
全面的供應鏈集成	建立虛擬的企業組織，以實現新的商業模式	更快速、高效地應對商業環境的變化，更多市場機會

1. 信息集成

對整個供應鏈集成而言，信息集成無疑是基礎。供應鏈中所有的夥伴都有能力及時準確地獲得共享信息是提高供應鏈性能的關鍵。供應鏈的啓動應該由最終的用戶需求驅動。在一個沒有很好的信息集成的供應鏈環境中，最終用戶的需求在供應鏈的傳遞過程中往往會被扭曲放大。因為在這樣的環境中，企業不能基於整個供應鏈的信息，而只能依據企業內部的信息來制定各自的預測、計劃和需求，並且將這種不準確的信息傳遞給上游，如此級級放大，如圖11-2所示：

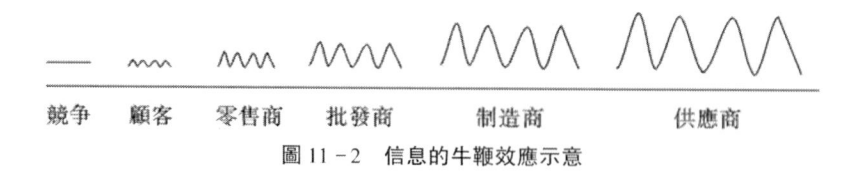

競爭　　顧客　　零售商　　批發商　　製造商　　供應商

圖11-2　信息的牛鞭效應示意

要解決這種扭曲放大的信息傳遞，必須實現供應鏈的信息集成。信息集成沒有統一的模式，要根據供應鏈的實際情況選擇最合適的方式。由於互聯網的迅猛發展，基於互聯網的信息集成得到了廣泛的應用。例如，基於互聯網的信息整合 InformationHUB 模式。信息整合是一個供應鏈信息的集散地，供應鏈中的合作夥伴的信息系統都與之相連，它不負責數據的存儲，其職責是在精確的時間內將正確的信息送往需要的目的地，就如同實際的運輸系統中集散碼頭的作用一樣。如圖11-3所示。

2. 同步計劃

在有了信息集成的供應鏈平臺上，同步計劃是要決定每個合作夥伴應該做什麼、什麼時候完成、完成多少等一系列問題。由於這種計劃是每個合作夥伴根據整個供應鏈的共享信息制定的，因此它是準確有效的，是完全被最終用戶需求驅動的。

高級計劃排程（APS）是一種典型的供應鏈計劃系統。APS採用與製造資源規劃批量計劃完全不同的方式，對最終用戶的訂單逐個進行計劃，並將該計劃在整個供應鏈中傳遞，直到供應鏈的每個參與者都有針對性地作了相應的計劃。這樣，最終用戶的所有需求在整個供應鏈中的執行情況具有透明的可追溯性，並且避免了批量計劃所產

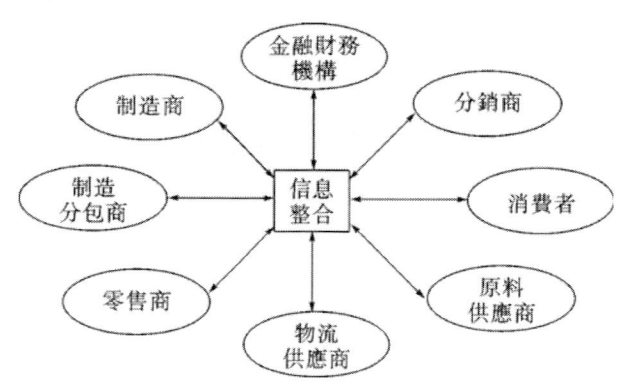

圖 11-3　基於互聯網的信息整合模式示意圖

生的大量的在製品。由於 APS 是基於計算內存實現的，因此又具有快速的特點，並且 APS 在計劃的過程中會同時考慮物料和能力的情況，因此是一種更準確可行的計劃方式。互聯網在同步計劃的實施中扮演了重要的角色。例如，有關的工商業國際協會正在制定和完善的規劃、預測和執行一體化（Collaborative Planning Forecasting and Replenishment，CPFR）架構，買方和賣方利用互聯網共享預測、計劃、需求，及時跟蹤變化，最終實現協調一致的供應鏈計劃。利用信息集成還可以實現同步的產品設計和試製。在汽車行業裡這一點尤為明顯：汽車製造商、原始設備製造商（OEM）、零部件供應商、毛坯件供應商建立和共享一致的產品信息數據，如 CAD、CAPP、ERP 和 PDM，設計工程師、工藝工程師和製造工程師共同協作以加快新的產品的開發和試製。

3. 協同工作流

同步計劃解決了供應鏈應該做什麼的問題，而協同工作流則要解決怎麼做的問題。協同工作流可以包括採購、訂單執行、工程更改、設計優化等業務。其結果是形成靈活、高效、可靠、低成本運作的供應鏈。協同工作流典型的應用一般在採購和銷售領域。例如，可維信公司（Covisint）為汽車行業提供了一個在線採購和銷售的業務平臺。它是一個技術服務公司，它基於互聯網的企業對企業——B2B 應用和通信服務給全球的汽車用戶提供了統一的接口，使它們按照統一的業務流程方式連接各自的供應商和客戶。目前，幾乎全球各大汽車製造商都利用 Covisint 提供的服務建立互聯網門戶入口以連接各自的配件製造商。如，通用電氣公司、戴姆勒—克萊斯勒公司、福特公司、奔馳公司等。通過這種方式，汽車製造商和零部件供應商之間可以在線處理採購、訂單確認、發貨通知單、退貨，並且能在線檢查庫存可用量、在線安排付款等。

目前，很多 ERP 的供應商在其各自的系統中都集成了工作流的應用，但應該說，這只是一種企業內部的工作流，而不是在供應鏈層次的跨企業的工作流。ERP 系統可以根據用戶對工作流（一般以電子郵件的形式）的反應情況而執行相應的動作。但當工作流流出企業內部時（如系統發給供應商電子郵件時），系統則不能根據企業外部的反應而自動執行相應的處理。

4. 全面的供應鏈集成

良好集成的供應鏈環境實際上為供應鏈中的參與者提供了一個全新的商業運作模式，使得公司能用全新的更有效的方式追求企業的目標。

第一，可以更有效地利用資源。以庫存管理為例，在未實現供應鏈集成的情況下，一個企業裡的呆滯或過期庫存純粹是一種資源的浪費，即使它在其他企業內可能是有用的，但是我們很難獲取其他企業的計劃和需求。而在一個良好集成的供應鏈環境中，由於信息的高度共享，物料的信息是被放在整個供應鏈中而被所有的參與者訪問的。因此，單個企業內部的不可用資源在整個供應鏈中則可能是可利用資源，該資源會被同步計劃自動地利用。同理，企業的空余能力、未按期完成的訂單都有可能在整個供應鏈環境中被協同利用和處理。

第二，實現供應鏈結構的優化。在高度協調集成的供應鏈環境中，信息流可以和實際的物流分開以實現更靈活的業務處理。如思科公司、戴爾電腦公司的訂單處理模式，利用基於互聯網的信息系統將公司和客戶、供應鏈夥伴連接到一起，在線處理訂單和採購業務，而實際的物流可能非常簡單：思科公司55%的銷售是直接從供應鏈中的外協單位發送給客戶的，不需要在思科公司的配送中心停留。其結果是低成本、快速、準確的訂單處理和客戶服務。

第三，實現大量定制。通過集成的信息系統平臺，很多公司可以讓客戶直接通過互聯網定制自己所喜歡的產品。這種趨勢已經從最初在線零售商發展到很多大型的生產製造企業，如戴爾電腦公司、福特和通用汽車公司等。用戶的定制需求在一個高度集成的供應鏈環境中被所有的參與者協同完成。可以想像，如果沒有有效集成的供應鏈，這種定制是很難實現的。

全面的供應鏈集成就好像一個大型的虛擬企業組織，組織裡的每個成員共享信息，同步計劃，使用協調一致的業務處理流程，共同應對複雜多變的市場，為最終用戶提供高效、快捷、靈活的支持和服務，從而在競爭中獲得優勢。

三、供應鏈集成的困難

雖然供應鏈的集成帶來了巨大的效益，但由於每個企業的管理具有各自的特點，企業使用的信息系統也是多種多樣的，這就給供應鏈的集成造成了極大的困難。主要表現在難以形成統一的集成標準、跨企業的安全管理，難以和企業內部的信息系統集成等。

1. 統一的標準

由於管理和技術的複雜性，沒有一種或幾種技術或標準能解決所有的集成需求。從早期的 EDI 到基於互聯網的電子商務，從基於組件結構的應用解決方案（如 CORBA，COM+，DCOM）到網路服務（Web Services）的解決方案（如 J2EE，Microsoft.Net，IBM Web Services 等），技術總是為了適應企業的應用而不斷更新發展，而同時新的技術又給企業提供了新的商業機會和商業模式。每一種技術都在應用領域佔有一席之地，如何在這些不同標準和技術的產物之間建立連接、形成共享以至協同工作是一個非常大的課題。

2. 安全性

跨企業的供應鏈範圍的集成顯然要比企業內部集成困難得多。除了信息系統和格式不同外，安全也是需要仔細考慮的問題。這既要考慮到一般的數據本身的安全（如防止企業的機密數據洩露，防止非法入侵公司內部系統等），也要考慮到供應鏈結構不夠健全造成系統崩潰的可能性。企業的工作人員很難對跨企業的信息系統進行控制，當供應鏈中的合作夥伴的系統發生了改變，如升級、更新，或者發生錯誤而停止運行時，將可能導致整個供應鏈系統的運行失敗。

3. 難以和企業內部的信息系統集成

供應鏈系統如果不能和企業內部的信息系統尤其是 ERP 集成，是很難做到真正的信息共享的，更談不上進一步的計劃和協作了，因為 ERP 是真正的企業信息集中地。雖然很多企業在實施完 ERP 後，為了進一步改善與供應商和客戶的關係，又實施了 SCM 和 CRM，但從其實質來說，這些系統都處在企業的內部可控範圍之內。

以信息共享為基礎，通過同步協調一致的計劃和業務處理流程而實現的高效率低成本的供應鏈系統無疑會給企業帶來巨大的效益，能更好地對最終用戶提供服務和支持，更快捷地把握新的市場機會，從而在激烈的競爭中取得優勢。可以說集成（包括企業內部，尤其是企業外部）是企業發展的必然要求。但是，因為每個企業的管理都有自己獨特的個性，更由於企業對信息技術的使用千差萬別，既有信息技術不同發展階段的產物，又有不同技術和標準所形成的系統，因此供應鏈的集成面臨著諸多的困難和挑戰。雖然一些公司或機構提出了一些用於連接或集成異構系統的技術標準和架構，但目前還缺乏實際的應用和支持，並且這些標準和技術之間的集成又會產生新的問題。但一些以互聯網為基礎的針對特定行業一定業務範圍的解決方案已經得到了廣泛應用，並取得了很好的效果。因此，供應鏈的參與者可以以互聯網為依託，從信息共享到同步計劃，從局部業務處理到協同商務，逐步實現供應鏈的全面集成。

本章小結

本章以當代先進的物流管理概念——供應鏈管理為主線，較為系統地介紹了供應鏈、供應鏈管理理念及其在企業物流中的運用，闡述了供應鏈管理集成的管理模式及其重要性。

案例分析

弗萊克斯特羅尼克斯國際公司的供應鏈

電子製造服務（EMS）提供商弗萊克斯特羅尼克斯國際公司兩年前便面臨著一個既充滿機遇又充滿挑戰的市場環境。弗萊克斯特羅尼克斯公司面臨的境遇不是罕見的。事實上，許多其他行業的公司都在它們的供應鏈中面臨著同樣的問題。很多嚴重的問題存在於供應鏈的方方面面——採購、製造、分銷、物流、設計、融資等。

1. 供應鏈績效控制的傳統方法

惠普、3COM、諾基亞等高科技原始設備製造商（CEM）出現外包趨勢，來自電子製造服務業的訂單卻在減少，同時，弗萊克斯特羅尼克斯受到來自製造成本和直接材

料成本大幅度縮減的壓力。供應鏈績效控制變得日益重要起來。

與其他公司一樣，弗萊克斯特羅尼克斯公司首要的業務規則是改善交易流程和數據存儲。通過安裝交易性應用軟件，企業同樣能快速減少數據冗余和錯誤。比如，產品和品質數據能夠通過訂單獲得，和庫存狀況及消費者帳單信息保持一致。再就是將諸如採購、車間控制、倉庫管理和物流等操作規範化、流程化。這主要是通過供應鏈實施軟件諸如倉庫管理系統等實現的，分銷中心能使用這些軟件接受、選取和運送訂單貨物。

控制績效的兩種傳統的方法是指標項目和平衡計分卡。在指標項目中，功能性組織和工作小組建立和跟蹤那些被認為是與度量績效最相關的指標。不幸的是，指標項目這種方法存在很多的局限性。為了克服某些局限性，許多公司採取了平衡計分卡項目。雖然概念上具有強制性，絕大多數平衡計分卡作為靜態管理「操作面板」實施，不能驅使行為或績效的改進。弗萊克斯特羅尼克斯也被供應鏈績效控制的缺陷苦苦折磨著。

2. 供應鏈績效管理週期

弗萊克斯特羅尼克斯公司實施供應鏈績效管理帶給業界很多啟示：供應鏈績效管理有許多基本的原則，可以避免傳統方法的缺陷；交叉性功能平衡指標是必要的，但不是充分的，供應鏈績效管理應該是一個週期，它包括確定問題、明確根本原因、以正確的行動對問題作出反應、連續確認處於風險中的數據、流程和行動。

弗萊克斯特羅尼克斯公司認為，定義關鍵績效指標、異常條件和當環境發生變化時更新這些定義的能力是任何供應鏈績效管理系統的令人滿意的一大特徵。一旦異常情況被確認了，使用者需要知道潛在的根本原因、可採取的行動的選擇路線以及這種可選擇行為的影響。以正確的行動對異常的績效作出快速的回應是必要的。但是，一旦回應已經確定，只有無縫地及時地實施這些回應，公司才能取得績效的改進。這些回應應該是備有證明文件的，系統根據數據和信息以及異常績效的解決作出不斷的更新、調整。回應性行動導致了對異常、企業規則、業務流程的重新定義，因此，週期中連續地確認和更新流程是必要的。

在統計流程控制中，最大的挑戰往往是失控情形的根本原因的確認。當確認異常時，對此的管理是確認這些異常的根本原因。這允許管理者迅速地重新得到相關的數據，相應地合計或者分解數據，按空間或時間將數據分類。

3. 成功的例子

弗萊克斯特羅尼克斯公司的成功，確認了供應鏈績效管理作為供應鏈管理的基礎性概念和實踐力量的重要性。

弗萊克斯特羅尼克斯公司使用了供應鏈績效管理的方法，使它能確認郵政匯票的異常情況，瞭解根本原因和潛在的選擇，採取行動更換供應商、縮減過度成本、利用談判的力量進行改進。績效管理的方法包括了實施基於 Web 的軟件系統來加強供應鏈績效管理。弗萊克斯特羅尼克斯公司在 8 個月的「實施存活期」中節約了幾百億美元，最終在第一年產生了巨大的投資回報。

在識別異常績效方面，弗萊克斯特羅尼克斯系統根據郵政匯票信息連續比較了合

同條款和被認可的賣主名單。如果賣主不是戰略性的或者訂單價格是在合同價格之上的，系統就會提醒買方。另外，如果郵政匯票價格是在合同價格之下的，系統就提供貨物管理人員可能的成本解決機會。向接近 300 個使用者傳遞的郵件通告中包含了詳細績效信息的 Web 連結和異常情況的總結。

弗萊克斯特羅尼克斯公司管理人員隨後使用系統瞭解問題和選擇方案。他們評價異常情況並且決定是否重新進行價格談判，考慮備選資源或者調整基於業務需求的不一致。同樣，採購經理分析市場狀況、計算費用，然后通過商品和賣主區分成本解決的優先次序。在供應鏈績效管理週期開始之前或者週期進行中，弗萊克斯特羅尼克斯公司確認數據、流程和行動的有效性。當實施績效系統時，弗萊克斯特羅尼克斯公司建立指標、確定界限，同時也保證數據的質量和及時性。使用績效管理系統，弗萊克斯特羅尼克斯已經能通過資本化各種機會來節約成本並獲得競爭優勢。

案例思考

如何進行供應鏈績效管理？

第十二章 現代物流成本管理

學習目標

(1) 掌握物流成本的含義和分類；
(2) 掌握物流成本的計算方法；
(3) 瞭解物流成本管理的內容；
(4) 掌握物流成本的控制方法；
(5) 運用物流成本的控制策略。

第一節 物流成本概述

對那些有志於全球經營的企業而言，物流成本，尤其是運輸成本在企業總成本構成中所占比重會越來越大。由於人們對物流活動研究還不完善，對物流成本的提示不夠，物流方面的浪費無法有效控制，因此物流成本管理還未進入科學管理階段，進而也影響了現代物流管理的水平。隨著企業界和研究界對現代物流的實踐和探索不斷深入，物流成本管理的空白點會逐漸填補，特別是現代物流管理的思想與現代成本管理模式的融合會給物流成本管理帶來新的有效方法和思路，以實現物流成本的降低。

物流成本指的是物流活動中所消耗的物化勞動和活勞動的貨幣表現，也叫物流費用。狹義的物流成本是指由物品實體的場所（或位置）位移而引起的有關運輸、包裝、裝卸等成本；廣義的物流成本是指包括生產、流通、消費全過程的物品實體與價值變換而發生的全部成本，它具體包括從生產企業內部原材料協作件的採購、供應開始，經過生產製造過程中的半成品存放、搬運、裝卸，成品包裝及運送到流通領域，進入倉庫驗收、分類、儲存、保管、配送、運輸，最后到消費者手中的全過程發生的所有成本。而物流成本管理則是對所有這些成本進行計劃、分析、核算、控制與優化以達到降低物流成本的目的。

一、物流成本的構成和分類

（一）物流成本的構成

物流成本是企業的物流系統為實現商品在空間、時間上的轉移而發生的各種耗費，具體包括訂貨費用、訂貨處理及信息費用、運輸費用、包裝費、搬運裝卸費、進出庫

費用、儲存費用、庫存占用資金的利息、商品損耗、分揀費用、配貨費用及由交貨延誤造成的缺貨損失等。從其所處的領域看，物流成本可分為流通企業物流成本和生產企業物流成本。

1. 流通企業物流成本的構成

流通企業物流成本是指在組織物品的購進、運輸、倉儲、銷售等一系列活動中所消耗的人力、物力、財力的貨幣表現，其具體構成如下：

（1）人工費用，包括職工工資、獎金、津貼及福利費等；

（2）營運費用，如合理的能源及商品消耗、運雜費、固定資產折舊費、辦公費、差旅費、保險費等；

（3）財務費用，指經營活動中發生的資金使用成本支出，如利息、手續費等；

（4）其他費用，如稅費、資產損耗、信息費等。

2. 生產企業物流成本的構成

生產企業的主要目的是將生產出來的物品通過銷售環節轉換成貨幣，因此製造企業正常的物流過程應包括生產要素的購進、產品生產和產品銷售，同時還要進行產品的返修和廢物的回收。因此，生產型企業的物流成本是指企業在進行供應、生產、銷售、回收等過程中所發生的運輸、包裝、倉儲、配送、回收方面的費用。與流通企業相比，生產企業的物流成本大多體現在所生產的產品成本中，具有與產品成本的不可分割性。生產企業的物流成本一般包括以下內容：

（1）人工費用，包括供應、倉儲、搬運和銷售環節的職工工資、獎金、津貼及福利費等；

（2）生產材料的採購費用，包括運雜費、保險費、合理損耗成本等；

（3）產品銷售費用，如廣告費、運輸費、展覽推銷費、信息費等；

（4）倉儲保管費，如倉庫維護費、搬運費等；

（5）有關設備和倉庫的折舊費、維修費、保養費等；

（6）營運費用，如能源消耗費、物料消耗費、折舊費、辦公費、差旅費、保險費、勞動保護費等；

（7）財務費用，如倉儲物資占用的資金利息等；

（8）廢棄物物流費用，如回收廢品發生的物流成本。

(二) 物流成本的分類

（1）按照物流成本所處的領域不同，可將物流成本分為兩類，即生產企業物流成本和流通企業物流成本。

（2）按照流通環節分類，物流成本主要分為倉儲成本、運輸成本、裝卸搬運成本、流通加工成本、包裝成本、配送成本、物流信息管理成本七個部分。

（3）按物流成本是否具有可控性分類，可將物流成本分為可控成本與不可控成本。可控成本是指考核對象對成本的發生能夠控制的成本；不可控成本是指考核對象對成本的發生不能予以控制，因而也可不予以負責的成本，如材料的採購成本，對生產部門而言就是不可控成本。

(4) 按物流成本的習性分類，可將物流成本分為變動成本和固定成本。變動成本是指隨著業務量的變動而成正比例增減變動的成本，如直接材料費、直接人工費、直接能源消耗等；固定成本是指在一定時期和一定業務範圍內，不受業務量的增減變動影響而保持固定不變的成本，如固定資產折舊費、管理部門的辦公費等。

(5) 按成本計算的方法分類，可將物流成本分為實際成本與標準成本兩類。實際成本是指企業在物流活動中實際耗用的各種費用的總和；標準成本是指通過精確的調查、分析與技術測定而制定的用來評價實際成本、衡量工作效率的一種預計成本。

(6) 按物流成本在決策中的作用分類，可將物流成本劃分為機會成本、可避免成本、重置成本和差量成本。

①機會成本：是企業在作出最優決策時必須考慮的一種成本。其含義是當一種資源具有多種用途，即多種利用機會時，選定其中的一種就必須放棄其余幾種，即選擇資源利用的最優方案所花費的成本。

②可避免成本：是指當決策方案改變時某些可免於發生的成本，或者在有幾種方案可供選擇的情況下，當選定其中一種方案時，所選方案不需支出而其他方案需支出的成本。應注意的是，可避免成本不是可降低的成本。

③重置成本：是指按目前的高價來計量的所耗資產的成本。重置成本所反應的是現時價值，從理論上講，它比採用原始成本計價更為合理。

④差量成本：是指兩個不同方案之間預計的成本差異數。在作出決策時，由於各個方案所選用的生產方式和生產設備的不同，各方案預計所發生的成本也不同，不同方案估計的成本差異數即為差量成本。

(7) 按物流費用的支付形態分類，可將物流成本分為直接物流成本和間接物流成本。直接物流成本由企業直接支付；間接物流成本是指企業把物流活動委託給其他組織或個人時所需支付的物流費用。

(8) 按物流過程劃分，可將物流成本分為供應物流成本、生產物流成本、銷售物流成本、回收物流成本、廢棄物物流成本。

①供應物流成本：是指企業為生產產品購買各種原材料、燃料、外購件等所發生的運輸、裝卸、搬運等成本。

②生產物流成本：是指企業在生產產品時，由於材料、半成品、成品的位置轉移而發生的搬運、配送、發料、收料等方面的成本。

③銷售物流成本：是指企業為實現商品價值，在產品銷售過程中所發生的儲存運輸、包裝及服務成本。

④回收物流成本：是指產品銷售后因退貨、換貨所引起的物流成本。

⑤廢棄物物流成本：主要指為了處理已經成為廢棄物的物流而發生的物流成本。

(9) 按物流活動的構成分類，可將物流成本分為物流環節成本、物流管理成本、信息管理成本等。

①物流環節成本：是指產品實體在空間位置轉移所流經環節發生的成本，包括運輸費、倉儲費、包裝費、裝卸費、流通加工費等。

②物流管理成本：是指物流計劃、協調、控制等管理活動方面發生的費用，不僅

包括現場物流管理成本，而且還包括本部的物流管理成本。

③信息管理成本：是指處理和傳送物流相關信息發生的費用，包括庫存管理、訂單處理、客戶服務等相關費用。庫存管理是指與庫存的移動、計算、盤點等有關的信息處理、傳達等相關的業務。訂單處理是指客戶委託倉庫出庫的相關信息的處理業務，並不包括商流部分訂貨活動。客戶服務是指接受的諮詢和詢問，提供有關信息的業務。

二、物流成本的有關理論

(一) 物流成本的冰山理論

物流成本的冰山理論是由日本早稻田大學的西澤修教授提出的。他指出，傳統會計所計算的外付運費和外付儲存費，不過是冰山一角。而在企業內部占較大比例的物流成本則混入其他費用中，如不把這些費用核算清楚，則很難看出物流費用的全貌。而且，物流成本的計算範圍，各企業也不相同，因此無法與其他企業進行比較，也很難計算出行業的平均物流成本。因為外付物流成本與企業對外委託業務的多少有關。因此，航行在市場之流上的企業巨輪如果看不到海面下的物流成本的龐大軀體的話，那麼最終很可能會遭遇「泰坦尼克號」同樣的厄運。而一旦物流所發揮的巨大作用被企業開發出來，它給企業帶來的豐厚利潤也是有目共睹的。

(二) 物流成本削減的乘法效應理論

物流成本削減的乘法效應理論是指物流成本下降后會引起銷售額成倍的增長。例如，假定銷售額為 100 億元，物流成本為 10 億元，如物流成本下降 1 億元，就可得到 1 億元的收益。這個道理是不言自明的。現在假定物流成本占銷售額的 10%，如物流成本下降 1 億元，銷售額將增加 10 億元，這樣，物流成本的下降會產生極大的效益。這個理論類似於物理學的槓桿原理，物流成本的下降通過一定的支點，可以使銷售額獲得成倍的增長。

(三) 物流成本的效益背反理論

物流成本具有效益背反的特徵。所謂效益背反，是指物流的若干功能要素之間存在著損益的矛盾，即某一功能要素的優化和利益發生的同時，必然會存在另一個或幾個功能要素的利益損失。也就是說改變物流系統中任何一個要素，都會影響到其他要素的改變。因此，設計和管理物流系統時，應把物流作為一個系統來研究，用系統的方法來管理物流，以較少的物流成本，用較好的物流服務為用戶提供物品。同時，應盡量減少外部環境中不經濟因素的影響。

三、物流成本的重要特性

根據物流成本的特點，可以將物流成本的特徵歸納為以下幾點：

(一) 計算要素難以確定

所謂物流成本，就是涉及自己公司的所有物流費用。物流成本管理，首先從把握這種物流成本的總額開始，總額不能掌握，也就不能著手降低成本和改進物流。

企業的物流費，大致上可分為委託物流費和自家物流費。委託物流費是支付給運輸業者、倉儲業者等公司以外的企業的費用。因此，這些費用是比較容易把握的，在會計帳簿上，也列有運輸費、包裝費、保管費等科目。

有問題的是自己公司內的物流成本，即自家物流費。例如，涉及自家倉庫營運的費用，包含人工費、折舊費、水電費、車輛關聯費等科目。

還有更麻煩的是物流和物流以外的費用雜亂地混在一起的現象。如在中小企業中，有時營業員還兼推銷，有時銷售人員用自己的營業車提貨，在這種場合中的人工、車輛、運輸等各種費用如何分攤就是一個問題。所謂「物流費用冰山」，意思就是只能把握委託物流那種容易算清成本的部分，而不能正確地把握隱藏在水面下的自家物流的全部成本。在核算不清的費用中，有自家公司的物流成本，也有不列入費用的如其他公司所交的物流費，若不把這些費用計算清楚，就不能實現物流整體的合理化。「物流費用冰山」一說之所以成立，有三個方面的原因，這也是物流倉儲成本難以確定的因素：

（1）物流成本的計算範圍太大；

（2）物流成本的計算對象難以確定；

（3）物流成本計算內容難以歸集。

（二）存在制度性缺陷、分解計算難度大

由於物流成本大部分發生在企業內部，而且範圍大、流通環節多、涉及的單位較多，因此，許多已經發生的物流費用在具體分解時存在很大的困難。現行會計制度通常將一些應計入物流成本的費用，如倉儲保管費用、倉儲辦公費用、倉儲物資的合理損耗等計入企業的經營管理費用中。同時，將物資採購中發生的物資運輸費用、保險費用、合理損耗、裝卸費用、挑選整理費用等計入了物資採購成本。因此，在實際計算物流成本時，對上述費用的分解還同時存在一個制度規範的問題。而且，如果要分解這些隱藏的費用，在操作上也存在很大的難度，成本較高。

（三）核算方法難以統一

由於不同企業的物流成本項目不同，因此，在如何統一物流成本計算項目方面，尚沒有形成統一的標準。目前，各國在物流成本計算範圍和具體計算方法方面也還沒有形成統一的規範。

美國物流成本的計算範圍包括以下三個部分：

1. 庫存費用

它指花費在保存貨物方面的費用，除了倉儲、合理損耗、人力費用、保險和稅收費用外，還包括庫存佔用資金的利息。

2. 運輸成本

運輸成本包括汽車運輸與其他運輸方式發生的費用。

3. 物流管理費用

這是由專家按照美國的歷史情況確定一個固定比例，乘以庫存費用與運輸費用的總和得出的。

第二節 物流成本的計算

物流成本計算是物流成本管理的第一步，是收集物流活動經濟數據的主要渠道和途徑，它使物流過程透明化。該透明化表現在：①通過物流成本計算程序為各個層次的經營管理者提供物流管理所需的成本資料，使物流經濟活動透明化；②為后期物流預算編製和控制提供所需的基礎數據，使物流成本管理中的計劃透明化；③提供了物流服務或相關產品價格計算的成本依據，使定價透明化。

一、物流成本計算表

1977年，日本運輸省制定了《物流成本統一計算標準》，給出了物流計算表格。其表格設計與傳統的會計科目保持一致，有利於從傳統會計科目中導出相關的物流費用。雖然這種核算方式是建立在傳統會計核算基礎之上的，在反應真實的物流費用方面有所欠缺，但對於處於物流核算期的企業來說，這種方法易於理解和掌握，具有一定的指導作用。主要核算方式有以下三種：

（一）按支付形態和物流過程進行物流費用計算

這種方法是從企業財務會計核算的相關科目中分解出物流成本，然後以表格形式逐步核算，見表12-1。步驟如下：

第一步，將物流費用從會計科目中分解出來。

（1）材料費：材料費指核算期內各種材料的實際消耗量的金額，應包括材料的購買費、進貨運費、裝卸費、保險費、關稅、購進雜費等。

（2）人工費：物流活動中消耗的勞務所支付的費用，包括員工所有報酬、按規定提取的福利基金的支出、員工教育培訓費及其他。如果將物流人工費從企業人工費用中分解時，可按從事物流活動的員工人數比例分攤。

（3）水電費：物流設施的使用都會涉及水電費。可直接從物流設施發生的相關費用進行匯總，也可從整個企業支出的水電總費用中按物流設施的面積與企業設施的總面積比例分攤。

（4）維持費：由於土地、建築物、機械設備等固定資產的使用、運行、維護和保養而產生的維修費、大修理費、保險費、租賃費、土地使用稅等費用的總和，也可按面積比例指數進行分攤。

（5）一般經費：差旅費、交通費、會議費、雜費等一般支出費用。如果使用人員和目的明確，由物流管理活動引進的，可直接計入物流成本；不能直接計入的，可根據員工人數比例分攤。

（6）特別經費：折舊費、企業貸款利息等特殊支出費用。

（7）委託物流費：根據實際發生額計算，包括包裝費、運輸費、保管費、裝卸費、手續費等物流業務費用。

表 12-1　　　　　　　　　　支付形態・領域類別

支付形態類別		領域類別	採購物流費	工廠內物流費	銷售物流費	返品物流費	廢棄物流費	合計
	材料費	燃料費 消耗工具器具費 合計						
	人工費	工資、獎金 福利費 其他 合計						
	水電費	電費 水費 燃氣費 其他 合計						
	維持費	修理費 消耗材料費 保險費 其他 合計						
	一般經費							
	特別經費	折舊費 企業貸款利息 合計						
	自家物流費合計							
委託物流費								
本企業支付的物流費合計								
外部企業支付的物流費								
企業物流費總計								

(8) 其他企業支付的物流費：以本期發生的其他企業應支付的物流實際費用為準。

第二步，把通過計算的以上數據填寫在表 12-1 相關的項目上。

第三步，將費用按企業的物流過程分類，即按供應物流、工廠內物流、銷售物流、返品物流和廢棄物物流分類，然后再匯總。

第四步，通過對物流過程的費用匯總，可看出各個過程實際發生額和它們之間的比例關係，可以初步確定需要加強成本控制的重點過程。

(二) 從物流功能分類和費用支付形態方面計算

這種方法的步驟與第一種方法相似，只是在核算完不同支付形態的物流費用后，不是

按物流過程分類進行匯總,而是按物流功能分類來匯總,即按包裝、運輸、保管、流通加工、物流信息、物流管理等方面進行匯總。功能分類方法可以讓人們確定哪種功能更耗費成本,找出物流活動中的「瓶頸」,得到實現物流合理化的對策。其格式見表12-2:

表12-2　　　　　　　　　　支付形態・功能類別

支付形態類別 \ 功能類別			物資流通費					信息流通費	物流管理費	合計
			包裝費	運輸費	保管費	流通加工費	合計			
	材料費	燃料費								
		消耗工具器具費								
		合計								
	人工費	工資、獎金								
		福利費								
		其他								
		合計								
	水電費	電費								
		水費								
		燃氣費								
		其他								
		合計								
	維持費	修理費								
		消耗材料費								
		保險費								
		其他								
		合計								
	一般經費									
	特別經費	折舊費								
		企業貸款利息								
		合計								
	自家物流費									
委託物流費										
本企業支付的物流費合計										
外部企業支付的物流費										
企業物流費總計										

(三) 按物流功能與過程分類進行費用統計

制得表12-1後,可取得採購物流、企業內物流、銷售物流、返品物流和廢棄物流的總額,還可將這些費用按物流功能進行分類匯總,具體形式見表12-3。表12-3還提供了物流費用與銷售額、銷售成本、銷售數量的比值計算,這樣可使物流成

263

本與企業的銷售成本關係確定下來。從物流系統的觀點來看，一項物流活動或任務就是在一個具體的產品或市場環境中要實現一系列的顧客服務目標，從某種角度來說，這種服務目標可以通過銷售績效表現出來。企業銷售的績效是物流過程的目的或輸出，只有在確定績效基礎上成本管理才更具有意義。在累積了一定的績效成本數據后，可以提供制定合理成本的依據。

表 12-3　　　　　　　　　　　功能類別・領域類別

領域類別 \ 功能類別	物資流通費					信息流通費	物流管理費	合計
	包裝費	運輸費	保管費	流通加工費	合計			
採購物流費								
企業內部物流費								
銷售物流費								
返品物流費								
廢品物流費								
合計								
銷售額　金額								
對銷售額比								
銷售成本　金額								
對銷售成本比								
銷售數量　數量								
單價								

二、ABC 計算法

（一）ABC 計算法概念

ABC（Activity-Based Costing）是一種新的成本計算方法，意思是以活動為基準的成本計算，又稱成本作業法。它是隨企業營運環境和方法的變化而產生的適應企業實際成本計算需要的方法。

20 世紀 80 年代以來，西方發達國家的企業大力採用先進的製造技術參與全球競爭，企業的現代化提高了質量而降低了成本。伴隨著這些變化，傳統成本計算方法已逐漸表現出在真實反應間接成本方面的局限性，因此成本管理也需要完善、變革。在原來大規模、少品種生產模式下，按單個產品的產量等比例地計量資源消耗的傳統成本計算系統是有用的，隨著多品種、少批量生產模式的到來，以及大量現代化技術的採用，企業自動化、信息化程度越來越高，人工費用越來越少，生產成本中的很大比例並不一定是直接人工費用或直接材料費用，而可能是組織管理方面的間接費用，如

為生產準備及為作業或交易而處理材料所發生的成本等,為自動化而引發的大部分開支、生產信息管理的費用等,物流成本也應屬於這類間接成本。總之,與直接人工相關的製造成本的比例持續下降,固定性間接成本的比例不斷提高。而傳統成本計算系統立足於運用產品數量來分攤間接成本,但是不同品種的產品其價值不同、資源消耗存在著巨大差異,單個產品的成本基準不同,採用數量來進行間接成本的分解必然造成產品成本的扭曲。應該根據隸屬於具體產品或具體業務的作業或活動發生的資源消耗來核算成本。其主要思想是:企業的產品或服務是由一系列作業或活動完成的,這些作業或活動會產生資源消耗成本,核算這些作業成本,再將相關作業成本分配給引起它們發生的對象。

(二) 物流 ABC 的計算步驟

如果將物流中心承擔的物流作業作為物流成本核算的對象,物流作業成本與具體的顧客需求有關。這裡的顧客既有外部顧客,如各零售店或銷售商;也有內部顧客,如各生產車間或生產線。顧客的服務需求不同就有不同的資源消耗,就有不同的成本。不同的物流需求其差別在於物流作業過程或環節之間的不同,因此進行 ABC 核算時,就要將這些作業過程的差異考慮全面,才能準確計算成本。計算步驟如下:

1. 分析和確定消耗的資源

首先對物流服務所要消耗的資源有個大概的瞭解,把與物流過程有關的企業費用項目進行大概匯總,剔除與物流活動無關的資源。

2. 分析和確定作業

物流作業分析指描述和識別組織中與研究對象相關的物流作業過程。不同層次的顧客,其物流作業過程是不同的,需要仔細區分。如為零售商提供產成品的銷售物流作業過程與為生產線提供生產材料的供應物流過程有著明顯的區別。能否準確地進行作業分析決定了后面物流費用計算的質量。

流程圖是作業分析常用的工具。流程圖常用的符號如表 12-4 所示:

表 12-4　　　　　　　　　流程圖常用符號

符號	意義
○	流程的起點或終點
□	作業環節
◇	判斷或決策
→	實物流
--▶	信息流

圖 12-1 為某企業物流作業流程圖，通過它可清楚地區別購貨、驗收、會計、製造的過程。

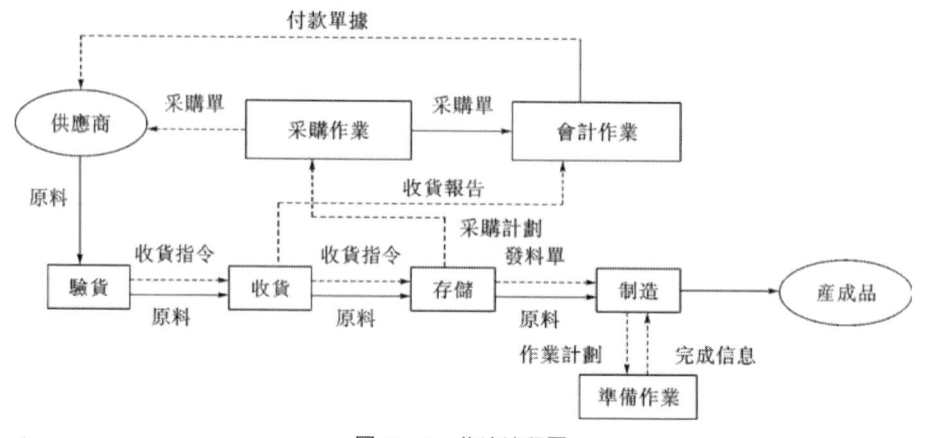

圖 12-1　物流流程圖

此流程圖描述了一個企業從原料採購到產成品生產的過程。但要進行具體的物流過程作業成本計算，還需要將過程再細化，細化至不可再分環節或可直接核算費用的環節。因此，利用 ABC 法計算成本時，可能要運用多層流程圖。

3. 將資源分配給作業

確定物流作業環節的目的是確定這些作業所消耗的資源，即費用，因此要將這些資源分配到作業上去，一般根據成本動因的資源動因分配。

所謂成本動因指的是導致某項作業的成本變動的因素，包括資源動因和作業動因兩類。

資源動因指的是對一項作業所消耗資源數量的計量，典型的資源動因有：①用於物流部門的設施數或面積；②物流作業人員數量；③機器設備的數量等。

作業動因指成本對象對作業需求的頻度和強度的計量。常見的作業動因有：①某項作業的次數，如採購訂單份數或次數、驗收作業次數或驗收單份數；②作業的時間，如直接人工小時、機器運轉小時；③數量，如產品數量、零部件儲存數、週轉次數等。

在將資源分配到作業中時，需要根據實際情況靈活選用資源動因。如將水電費在物流部門中分配時，可能要採用面積指數；分配人工費用時，則要採用人員數量指數。

4. 分配成本到成本對象

最後應將各物流作業成本再按不同的產品、顧客或服務項目進行分配及匯總，一般應用作業動因分配。這樣就把物流產出與物流費用直接聯繫起來了，為物流成本管理打下了基礎。

總之，ABC 方法運用到物流成本計算上，提供了真實、豐富的物流成本信息，為準確確定物流服務的能力、物流成本或價格，為利用這些信息來進行產品定價、顧客服務及資本支出等戰略決策打下了良好基礎。

第三節　物流成本管理

一、物流成本管理的含義

在瞭解物流成本管理時，首先必須從明確其含義著手。因為許多人一提到物流成本管理，就認為是「管理物流成本」。成本就其含義來說是用金額評價某種活動的結果。成本是可以計算的，但卻不能成為被管理的對象，能夠成為管理對象的只能是具體活動。所以，在經營過程中，能成為管理對象的是活動本身，而不是物流成本。也就是說，物流成本管理不是管理物流成本，而是以成本作為一種手段來管理物流活動。

二、物流成本管理的作用

物流成本管理的作用在於，通過對物流成本的有效把握，利用物流要素之間的關係，科學、合理地組織物流活動，加強對物流活動過程中費用支出的有效控制，降低物流活動中的物化勞動和活勞動的消耗，從而達到降低物流總成本、提高企業和社會經濟效益的目的。具體來講，主要體現在以下兩個方面：

1. 宏觀角度

（1）如果全行業的物流效率普遍提高，物流費用平均水平降低到一個新的水平，那麼，該行業在國際上的競爭力將會得到增強。對於一個地區的行業來說，可以提高其在全國市場上的競爭力。

（2）全行業物流成本的普遍降低，將會對產品的價格產生影響，導致物流領域所消耗的物化勞動和活勞動得到節約。即以盡可能少的資源投入，創造出盡可能多的物質財富，減少資源的消耗。

2. 微觀角度

（1）物流成本在產品成本中佔有較大比重，在其他條件不變的情況下，降低物流成本意味著擴大企業的利潤空間，提高利潤水平。

（2）物流成本的降低，增強了企業在產品價格方面的競爭優勢，企業可以利用相對低廉的價格在市場上出售自己的產品，從而提高產品的市場競爭力，擴大銷售，並以此為企業帶來更多的利潤。

（3）根據物流成本的計算結果，制訂物流計劃，調整物流活動並評價物流活動效果，以便通過統一管理和系統優化降低物流費用。

（4）根據物流成本的計算結果，可以明確物流活動中不合理環節的責任者。

總之，通過計算物流成本，管理者就可以運用成本數據改進工作，從而大大提高物流管理的效率。

三、當前中國企業物流成本管理存在的問題

自從20世紀70年代中國引入物流概念以來，大家已認識到物流在國民經濟發展過

程中對促進資源合理配置、改善國家基礎設施建設、降低社會總成本、提升國民經濟平均水平以及加速物資在時空上的流動等方面起著至關重要的作用。但中國物流業的現狀與發達國家水平相比還有不小的差距，其中在物流成本管理方面存在的問題主要有以下三點：

1. 對物流成本沒有單獨記帳

物流在企業財務會計制度中沒有單獨的項目，一般採用的是將企業所有的成本都列在費用一欄中，因而較難對企業發生的各種物流費用作出明確、全面的計算與分析。

2. 對於物流費用的核算方法沒有固定的標準，不能把握企業的實際物流成本

在通常的企業財務決算表中，物流費核算的是企業對外部運輸業者或第三方物流供應商所支付的運輸費，或向合同共同倉庫支付的商品保管費等傳統的物流費用，相反，對於企業內與物流相關的人工費、設備折舊費及有關稅金則是與企業其他經營費用統一歸集核算。因而，從現代物流管理的角度來看，企業難以從外部準確把握實際的企業物流成本。現代先進國家的實踐經驗表明，除了企業向外部支付的物流費用外，企業內部發生的物流費用往往要超過外部支付額的 5 倍以上。

3. 對物流成本的計算和控制分散進行

對物流成本的計算和控制，各企業通常是分散進行的，也就是說，各企業根據自己不同的理解和認識來把握物流成本。這樣就帶來了一個管理控制上的問題，即企業間無法就物流成本進行比較分析，也無法得出行業平均物流成本值。

四、降低物流成本的途徑

1. 從供應鏈的視角來降低物流成本

從企業的範圍來控制成本的效果是有限的，而應該從原材料供應到最終用戶整個供應鏈過程來考慮提高物流效率和降低成本。例如，有些製造商的產品全部通過批發商銷售，其物流中心與批發商物流中心相吻合，從事大批量的商品儲存和輸送。然而，零售業中折扣店、便民店的大量開設，客觀上要求製造商必須適應這種新狀況，開展直接面向零售店的配送活動。在這種情況下，原來的投資就有可能沉澱，同時又要求新型的符合現代配送要求的物流中心及設施，儘管從製造商的角度看，這些投資增加了物流成本，但從社會供應鏈來看，增強了供應鏈的競爭力，提高了物流績效，從而使用戶滿意程度提高、商品銷售增加，這樣，單位商品分攤的物流成本就下降了。

2. 通過優化顧客服務來削減成本

一般來說，提高服務水平會增加物流成本，如多頻率、少批量配送會增加運輸成本，而縮短顧客的訂貨週期和訂貨的滿足率又會增加倉庫成本。顯然，也不可能通過降低服務水平來削減物流成本。但是，卻可以通過對顧客服務的優化，在不降低服務水準甚至提高服務水準的前提下，降低物流成本。優化顧客服務的第一步是要明確顧客究竟需要什麼樣的服務項目和水平。為此，必須與顧客進行全方位、頻繁的溝通，深入瞭解顧客企業的生產、經營活動的特點；要經常站在顧客的立場考慮問題，模擬顧客的行為。第二步是消除過度服務。超過必要量的物流服務，必然會帶來物流成本的上升，而顧客的滿意程度並沒有因此而有效提高。第三步是實現物流服務的規模化、

網路化、專業化。物流服務的規模化、網路化可以使顧客能就地就近、隨時隨地得到服務，並得到專業化服務，從而有效降低物流成本。

3. 重視企業內部物流成本的控制

一般企業都十分重視降低外購物流費用，而對企業內部物流成本卻較少關注。事實上，多數物流成本發生在企業內部，重視企業內部物流成本的控制，是降低物流總成本的主要途徑。為此，應在企業內部設立專門的物流成本項目，分清物流成本控制的關鍵點；應用管理會計方法，分析物流成本的習性，改善企業物流成本管理。

4. 借助現代信息系統的構築降低物流成本

缺少及時、準確、全面的信息是產生車輛空載、重複裝卸、對流運輸等無效物流現象的根源，也是導致庫存週轉慢、庫存總量大的重要原因。為此，企業必須依靠建立現代化信息系統，提高物流管理的科學性、精確性，降低物流成本。

5. 通過物流外包降低成本

將企業物流業務及物流管理的職能部分或全部外包給第三物流企業，並形成物流聯盟，也是降低物流成本的有效途徑。一個物流外包服務提供者可以使一個公司在規模經濟、更多的門到門運輸、減少車輛空駛等方面實現物流費用的節約，並體現出利用這些專業人員與技術的優勢。另外，一些突發事件、額外費用如緊急空運和租車等問題的減少增加了工作的有序性和供應鏈的可預測性。

6. 依靠標準化降低物流成本

物流標準化，包括物流技術、作業規範、服務、成本核算等方面的標準化，對於降低物流成本具有重要的意義。技術上的標準化可以提高物流設施、運載工具的利用率和相互的配套性；物流作業和服務的標準化可以消除多余作業和過度服務；物流成本核算的標準化能使各企業的成本數據具有可比性，從而可以使標杆學習法在物流管理中得以推廣並發揮作用。

第四節　物流成本控制

一、生產企業物流成本分析與控制

生產企業物流包括供應物流、生產物流、銷售物流和廢棄物物流等，相應的物流費用也分為供應物流費、生產物流費、銷售物流費及廢棄物物流費等。但是，各類生產企業花費在這幾個環節上的物流費用的比例並不相同。汽車製造等行業供應物流費占全部物流成本的比例要遠大於其他行業；而冶金、化工等行業的生產物流費所占的比例大；輕工、小商品及水泥、玻璃等產品的銷售物流費所占的比例較大；也有一些廢棄物物流費占重要地位的企業，如印染、造紙等。這些物流費用支出突出的環節，就成為各類生產企業物流成本控制的重點。

1. 供應物流成本的控制

對於生產企業而言，一般產品成本中，外購原材料、零配件的成本占很大的比例。

因此，控制供應物流成本是降低企業物流總成本的主要途徑之一。控制供應物流成本，並不是指生產企業僅僅通過對進貨價格的控制而尋求費用的削減。在一個成熟的工業品市場上，價格是產品質量、交通成本的體現。生產企業如果只是尋求低價格，而非採取切實有效的方法，那麼極易產生購入原材料、零配件質量下降的問題，從而影響到企業自身的產品質量。生產企業控制供應物流成本的主要措施有：

（1）零部件設計盡量標準化；
（2）實行準時制採購，減少原材料、零部件庫存；
（3）減少供應商數目，甚至單源採購；
（4）密切與供應商的關係，根據與供應商的關係採用不同的質量控制方法等。

2. 生產物流成本的控制

在產品的成本上，除了原材料、零部件外，相當一部分直接人工費和製造費用都屬於廠內物料搬運、儲存等物流成本。此外中間產品庫存過高，也會導致資金佔用增加，利息支出增多。尤其那些從購進原材料開始經生產過程到最終發貨需要較長週期的產業，生產物流成本佔有重要地位。控制生產物流成本的主要途徑有：

（1）工廠布置合理化，縮短廠內運輸距離；
（2）優化工藝流程，減少迂迴、重複物流；
（3）實行廠內物流的標準化和流程的固定化；
（4）採用準時制（JIT）生產方式和看板管理，減少中間產品庫存等。

3. 銷售物流成本的控制

隨著社會分工向縱深方向發展，工業企業的市場範圍越來越大。中國加入世界貿易組織後，有更多的中國企業進入國際市場。市場擴大將導致分銷渠道環節增多、路線延長，銷售物流成本呈上升趨勢。中國許多鮮活商品正是銷售物流成本過高，限制了其市場範圍及企業規模的擴大。控制銷售物流成本的主要途徑有：

（1）採用計算機信息技術，降低訂貨處理成本，優化運輸路線；
（2）採用集裝箱運輸，減少貨損貨差；
（3）收縮分銷網點，集中庫存，降低庫存費用；
（4）採用共同配送，減少物流設施投資及配送成本；
（5）選擇物流外包，利用第三方物流企業的規模經濟和專業化技術與管理降低物流成本等。

二、流通企業物流成本分析與控制

中國的流通企業包括批發企業、零售企業、外貿企業等。除少數經銷商、代理商不佔有商品實體，基本沒有物流費用支出外，多數流通企業是商流和物流合一，擁有商品庫存和運輸工具等。在中國，商品流通領域實行改革最早、市場化程度最高，市場競爭使得商品購銷差價越來越小。流通企業只有有效降低物流費用，才能取得利潤。

流通企業的物流成本分析的困難之處是難以區分純粹流通費用和物流費用，如訂貨費用、商品陳列費用、信息費用等。一般的處理辦法是，既可作商流費用又可作物流費用的都算作物流費用。

流通企業控制物流成本的主要途徑有：

1. 減少流通環節

大多數零售企業一般從批發商處進貨，流通環節多而物流成本高。以連鎖為特徵的現代零售業，可以憑藉其規模經營的優勢，直接從製造商處進貨，從而節省了批發商的中轉物流費用。

2. 建設配送中心

配送中心可以使庫存集中，從而減少零售企業的庫存，降低流通企業的總體庫存水平；配送中心可以集中送貨，從而節省各零售企業在運輸工具上的投資和營運成本；配送中心可以統一進貨，從而節省各零售企業的採購成本。

3. 採用條形碼與 POS 系統

實施商品條形碼管理及 POS 系統，企業可隨時掌握商品的庫存情況，從而避免盲目進貨，降低庫存水平。

4. 發展與製造商的長期合作夥伴關係

與製造商結成長期合作夥伴關係，不僅可以降低進貨價格，還可以減少庫存。流通企業與製造商關係可靠，信任度高，流通企業可以不設或少設安全庫存，並減少信息搜尋等成本。

5. 建立物流分公司

中國流通企業大多數擁有倉庫、運輸工具等物流設施，由於這些設施服務於企業內部的業務部門，普遍存在著利用率低、經營成本高的現象。其根本原因是缺乏競爭的壓力和有效的激勵機制。把這些部門改造成相對獨立的物流分公司，可以強化其動力機制和競爭機制，從而提高效率、降低物流成本。

三、專業物流企業的物流成本分析與控制

對專業物流企業而言，其物流成本的概念與工商等企業不同。物流企業全部成本都可認為是物流成本。

物流企業控制成本的主要途徑有：

1. 提高物流集成化程度

物流企業往往是從提供單項服務起步的，如運輸或運輸代理、倉儲。隨著企業的發展，業務功能不斷增強，提供的服務項目也不斷增多。但如果這些服務項目之間彼此無關，仍不能享有現代物流管理所產生的效益。因此必須提高物流管理的集成化程度，通過業務流程的優化和物流總成本法、得失比較法、避免次優化等系統管理思路的應用，降低物流總成本。

2. 應用現代信息技術

現代化物流企業廣泛應用 GPS、電子商務、ERP 或 LRP（物流資源計劃）等信息技術。信息技術的應用是實現物流系統化管理的前提，也是降低局部成本的重要手段。如 GPS 系統，可以在提高服務質量的前提下，優化車輛調度，減少車輛等待時間和單程空駛現象，從而節省運輸費用。

3. 合理規劃配送路線、合理拼載

物流企業應採用系統科學的方法對貨物配送、運輸路線進行優化，減少出車次數、縮短運輸距離。同時，進行合理拼載，提高車輛利用率。

4. 物流技術裝備現代化

採用自動化分揀、存取系統，建造立體倉庫，加快貨物週轉速度，減少倉庫占地面積，減少存貨損耗。

5. 節省管理費用

通過精簡機構減少冗員，制定合理的經費預算並嚴格執行等手段，節省物流企業管理費用。

物流企業除了要控制自身的物流成本外，還應利用其專業化優勢，幫助客戶降低物流成本。例如，幫助客戶改善企業內部物流流程，選擇合理的運輸方式和工具，提供準時制送貨服務，幫助客戶降低庫存等。這些做法，表面上看可能會減少物流企業的收入，但從長遠來看，贏得了客戶對企業的忠誠，可以降低企業尋找客戶、說服客戶等成本。

四、量本利分析在物流成本控制中的應用

1. 物流成本的劃分

量本利分析的基本原理是將成本劃分為變動成本與固定成本，從而找出銷售量與固定成本、變動成本及利潤之間的關係，通過業務量的增加，減少分攤到單位業務量上的固定成本，從而使單位成本下降。量本利分析的第一步是根據物流成本與物流業務量的變動關係，將物流成本劃分為固定成本與變動成本。

（1）物流系統的固定成本。固定成本指在一定範圍內不隨業務量的增減而變動的成本。如固定資產折舊費、財產保險費、管理人員工資、廣告費、研究與開發費用、職工培訓費等。

（2）物流系統的變動成本。變動成本指與業務量直接成正比變動的費用，如燃料成本、裝卸費用、計件工資、倉裝材料成本等。為了簡化，通常假設單位業務量的變動成本是不變的。這一假設在一定物流業務量範圍是正確的，但超過一定業務量，可能產生加班工資等成本，則單位業務量的變動成本會上升。

（3）物流系統半變動成本。這是指總額受業務量變動的影響，但變動的幅度與業務量的增減不保持比例關係的成本。如輔助材料成本、設備維修費等。半變動成本可以劃分為混合式半變動成本和階梯式半變動成本。混合式變動成本可分解為固定成本和變動成本。如設備維修費用，可分解為定期預防性檢修費和故障維修費，前者可視為固定成本，後者因與設備使用時間直接相關，可視為變動成本。階梯式半變動成本是在相關範圍內保持不變，當物流業務量超過相關範圍時，其總額將呈跳躍式上升的成本。

2. 量本利分析模型

量本利分析模型如下：

$$TC = FC + VC = FC + V \cdot Q \qquad (12-1)$$

式中：TC——總成本；
　　　FC——固定成本；
　　　VC——變動成本；
　　　V——單位變動成本；
　　　Q——業務量。

在不考慮營業稅的情況下，物流系統量本利三者的關係可表示如下：

$$\begin{aligned} R &= P \cdot Q - \text{TC} \\ &= P \cdot Q - (\text{FC} + V \cdot Q) \\ &= (P - V)Q - \text{FC} \end{aligned} \quad (12-2)$$

式中：P——單位業務量的收費（單價）；
　　　R——盈利。

當盈利為零時，上式為：

$$(P - V)Q = \text{FC}$$

$$Q_B = \text{FC}/(P - V) \quad (12-3)$$

此時業務量（Q_B）稱為盈虧平衡點業務量（見圖12-2），又稱保本點。

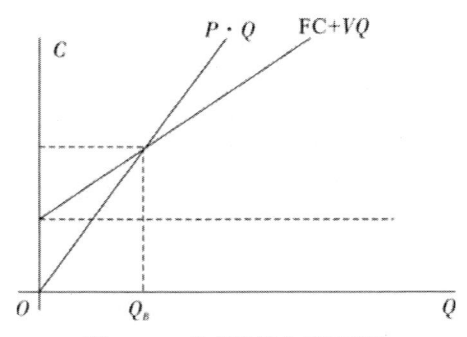

圖12-2　盈虧平衡分析示意圖

如果目標利潤為R，則：

$$\begin{aligned} Q_R &= (\text{FC} + R)/(P - V) \\ &= Q_B + R/(P - V) \end{aligned} \quad (12-4)$$

其中Q_R稱為保利點，即企業為實現目標利潤R所應達到的目標業務量。

3. 量本利分析在成本控制中的應用

量本利分析通常假定成本是已知的，再由成本推導利潤及業務量。但是，若將公式稍加變換，也可作為成本控制的方法。

假設一定時期業務量Q是既定的，即可能在合同中已經確定了，對第三方物流企業而言，這種情況是可能的。所謂既定，並非是固定的意思，而是說這一變量是由外部環境決定的，企業無法控制。在這種情況下，企業要實現目標利潤R，就必須控制固定成本或變動成本。由公式可得：

$$\text{FC} = (P - V)Q - R$$

$$V = P - (FC + R)/Q \qquad (12-5)$$

以上兩式說明，只有將固定成本或單位變動成本控制在公式右邊數字的範圍以內，才能實現目標利潤 R。

4. 量本利分析的局限性

量本利分析是以固定成本不隨業務量變動、單位業務量的變動成本也不隨業務量變動為假設前提的。這在一定範圍內是可行的，但超過一定範圍，固定成本和單位變動成本都會上升。業務量增長達到一個臨界值時，邊際成本等於收益，業務量如果超過這一臨界值，總利潤將會下降。在經濟學上，將這一臨界值稱為利潤最大化的均衡點。

五、物流成本控制的策略

1. 混合策略

混合策略是指配送業務一部分由企業自身完成。這種策略的基本思想是：儘管採用純策略易形成一定的規模經濟，並使管理簡化，但由於產品品種多變、規格不一、銷量不等等情況，採用純策略的配送方式達到一定程度后不僅不能取得規模效益，反而還會造成規模不經濟。而採用混合策略，合理安排企業自身完成的配送和外包給第三方完成的配送，能使物流成本最低。

2. 差異化策略

差異化策略的指導思想是：產品特徵不同，顧客服務水平就不同。當企業擁有多種產品時，不能對所有產品都按同一標準的顧客服務水平來配送，而應按產品的特點、銷售水平來設置不同的庫存、不同的運輸方式及不同的儲存地點，忽視產品的差異性會增加不必要的配送成本。

3. 合併策略

合併策略包含兩個層次：一個層次是配送方法上的合併，另一個層次則是共同配送。配送方法上的合併是指企業在安排車輛完成配送任務時，充分利用車輛的容積和載重量，做到滿裝滿載。由於產品品種繁多，不僅包裝形態、儲運性能不一，容重方面也往往相差甚遠。車上如果只裝容重大的貨物，往往是達到了載重量，但容積空余很多；只裝容重小的貨物則相反，看起來車裝得滿，但實際上並未達到車輛載重量。這兩種情況實際中都造成了浪費。實行合理的輕重配裝，使用容積大小不同的貨物搭配裝車，不但可以在載重方面達到滿載，而且還可以充分利用車輛的有效容積，取得最優效果。最好是借助電腦計算貨物配車的最優解。共同配送是一種產權層次上的共享，也稱集中協作配送。它是幾個企業聯合，集小量為大量，利用統一配送設施的配送方式。其運作標準形式是：在中心機構的統一指揮和調度下，各配送主體以經營活動聯合行動，在較大的地域內協調運作，共同對某一或某幾個客戶提供系列化的配送服務。

4. 延遲策略

傳統的物流計劃安排中，大多數的庫存是按照對未來市場需求的預測量設置的，這樣就存在預測風險，當預測量與實際需求量不符時，就出現庫存過多或過少的情況，

從而增加物流的成本。延遲策略的基本思想就是對產品的外觀、形狀及其生產、組裝、配送盡可能推遲到接到客戶訂單后再確定。一旦接到訂單就要快速反應，因此採用延遲策略的一個基本前提就是信息傳遞要非常快。

5. 標準化策略

標準化策略就是要盡量減少品種多變導致的附加物流成本，盡可能多地採用標準零部件、模塊化產品。如服裝製造商按統一規格生產服裝，直到客戶購買時才按客戶的身材調整尺寸大小。採用標準化策略要求廠家從產品設計開始就要站在消費者的立場考慮以節省物流成本，而不要等到產品定型生產出來以后才考慮採用什麼技巧降低配送成本。

本章小結

本章對物流成本進行了討論。物流成本是指產品空間位移（包括靜止）的過程中所消耗的各種資源的貨幣表現，是物品在實物運動中，如包裝、裝卸、搬運、運輸、存儲、流通加工、物流信息處理等各個環節中所支出的人力、物力、財力的總和。具體而言，物流成本從所處領域來看，可分為物流企業物流成本和生產企業物流成本，且它們各自的構成也不一樣。接下來介紹了物流成本的計算範圍和方法，它們之間可以相互使用。在物流成本計算的基礎上介紹了如何利用計算的數據對物流成本進行管理，以及分析物流成本管理系統。最后介紹了物流成本控制的內容、方法和策略。

案例分析

百勝物流降低連鎖餐飲企業運輸成本之道

對於連鎖餐飲行業來說，靠物流手段降低成本並不容易。然而，作為肯德基、必勝客等快餐業內巨頭的指定物流提供商——百勝物流公司抓住運輸環節做文章，通過合理的運輸安排，降低配送頻率，實施歇業時間送貨等優化管理方法，有效地實現了物流成本的「縮水」，給業內管理者指出了一條細緻而周密的低物流成本之路。

由於連鎖餐飲企業（OSR）的原料價格相差不大，物流成本始終是企業成本競爭的焦點。有關資料顯示，在一家連鎖餐飲企業的總體配送成本中，運輸成本占到60%左右，而運輸成本中55%~60%是可以控制的。因此，降低物流成本應當緊緊圍繞運輸這個核心環節來進行。

1. 合理安排運輸排程

運輸排程的意義在於：盡量使車輛滿載，只要貨量許可，就應該做相應的調整，以減少總行駛里程。

由於連鎖餐飲業餐廳的進貨時間是事先約定的，這就需要配送中心根據餐廳的需要，制定一個類似列車時刻表的主班表，它是針對連鎖餐飲業餐廳的進貨時間和路線詳細規劃制定的。

眾所周知，餐廳的銷售存在著季節性波動，因此主班表至少應有旺季、淡季兩套方案。有必要的話，應該在每次營業季節轉換時重新審核運輸排程表。安排主班表的基本思路是：首先計算每家餐廳的平均訂貨量，設計出若干條送貨路線，覆蓋所有的

連鎖餐廳,最終達到總行駛里程最短、所需司機人數和車輛數最少的目的。

規劃主班表遠不如人們想像中的那樣簡單。運輸排程的構想最初起源於運籌學中的最短路線原理,其最簡單的模型為從起點 A 到終點 B 有多條路徑可供選擇,每條路徑的長度各不相同,要求找到最短的路線。實際問題要比這種模型複雜得多。首先,需要瞭解最短路線的點數,從實際上的幾個點增加到甚至上千萬個點。路徑的數量也相應增加到成千上萬條。其次,每個點都有一定數量的貨物需要配送或提取,因此要尋找的不是一條串聯所有點的最短路線,而是每條串聯幾個點的若干條路線的最優組合。另外,還需要考慮許多限制條件,比如車輛裝載能力、車輛數目、每個點相應的時間開放窗口等,問題的複雜度隨著約束數目的增加呈幾何級數增長。要解決這些問題,需要用線性規劃、整數規劃等數學工具。目前市場上有些軟件公司能夠以數學解題方法作為引擎,結合連鎖餐飲業的物流配送需求,設計出優化運輸路線安排的系統軟件。

在主班表確定以後,就要進入每日運輸排程,也就是每天審視各條路線的實際運貨量,根據實際運貨量對配送路線進行安排、調整。通過對所有路線逐一進行安排,可以去除那些不太合理的若干條送貨路線,這樣一來,至少可減少某些路線的行駛里程,最終達到增加車輛利用率、提高司機工作效率和降低總行駛里程的目的。

2. 減少不必要的配送

對於產品保鮮要求很高的連鎖餐飲業來說,盡力和餐廳溝通,減少不必要的配送頻率,可以有效降低物流配送成本。

如果連鎖餐飲業餐廳要將其每週的配送頻數增加一次,那麼會對物流運作的哪些領域產生影響呢?

在運輸方面,餐廳所在路線的總貨量不會發生變化,但配送頻數上升,結果會導致運輸里程上升,相應的油耗、路橋費、維護保養費和司機人工費用都要上升。在客戶服務方面,餐廳下訂單的次數增加,相應的單據處理作業也要增加。餐廳來電打擾的次數相應上升,辦公用品的消耗也會增加。在倉儲方面,所要花費的揀貨、裝貨的人工會增加。如果短保質期物料的進貨頻數增加,那麼連倉儲收貨的人工都會增加。

在庫存管理方面,如果短保質期物料進貨頻數增加,由於進貨批量減少,進貨運費很可能會上升,處理的廠商訂單及后續的單據作業數量也會上升。

由此可見,配送頻數增加會影響配送中心的幾乎所有職能,最大的影響在於運輸里程上升所造成的運費上升。因此,減少不必要的配送,對於降低連鎖餐飲企業送貨成本顯得尤其關鍵。

3. 提高車輛的利用率

車輛時間利用率也是值得關注的。提高卡車的時間利用率可以從增大卡車尺寸、改變作業班次、二次出車和增加每週運行天數這四個方面著手。

由於大型卡車可以每次裝載更多的貨物,一次出車可以配送更多的餐廳,由此延長了卡車的在途時間,從而增加了其有效作業時間。這樣做還能減少干線運輸里程和總運輸里程。雖然大型卡車應繳的路橋費、油耗和維修保養費高於小型卡車,但其總體上的使用費用絕對低於小型卡車。

運輸成本是最大項的物流成本,所有其他物流職能都應該配合運輸作業的需求。

所謂改變作業班次就是指改變倉庫和其他物流職能的作業時間，以適應實際的運輸需求，提高運輸資產的利用率。否則朝九晚五的作業時間表只會限制發車和收貨時間，從而降低卡車的使用效率。

如果配送中心實行 24 小時作業，卡車就可以利用晚間二次出車配送，大大提高車輛的時間利用率。在實際物流作業中，一般會將餐廳分成可以在上午、下午、上半夜、下半夜四個時間段收貨，據此制定倉儲作業的配套時間表，從而將卡車利用率最大化。

4. 嘗試歇業時間送貨

目前許多城市的交通運輸限制越來越嚴，卡車只能在夜間時段進入市區。由於連鎖餐廳運作一般到夜間 24 點結束，如果趕在餐廳下班前送貨，車輛的利用率勢必非常有限。隨之而來的解決辦法就是利用餐廳的歇業時間送貨。歇業時間送貨避開了城市交通高峰時段，既沒有交通擁擠的干擾，也沒有餐廳營運的影響。由於餐廳一般處在繁華路段，夜間停車也不用像白天那樣有許多顧忌，可以有充裕的時間進行配送。由於送貨窗口拓寬到了下半夜，卡車可以二次出車，提高了車輛利用率。

在餐廳歇業送貨的最大顧慮在於安全。餐廳沒有員工留守，司機必須擁有餐廳鑰匙，掌握防盜鎖的密碼，餐廳安全相對多了一層隱患。卡車送貨到餐廳，餐廳沒有人員當場驗收貨物，一旦發生差錯很難分清到底是誰的責任，雙方只有按誠信的原則妥善處理糾紛。歇業時間送貨要求配送中心與餐廳之間有很高的互信度，如此才能將系統成本降低。所以，這種方式並非在所有地方都可行。

5. 評述

不論是傳統儲運，還是現代物流，運輸都是其中的核心職能，有些甚至可占到整個物流成本的一半左右，運輸費用的高低對整體物流成本的影響很大。影響運費的因素很多，如各種運輸路線的選擇、不同動力的合理使用與搭配、最佳運輸批次與運量的計算、運輸路線的選擇等，都是運輸環節必須認真考慮的問題。本案例中的百勝物流在為連鎖餐飲業做物流配送服務時，通過抓好配送中的運輸環節，在其他環節相差無幾的情況下，實現物流成本的「縮水」。在為餐飲業服務中，百勝物流的服務方式相對簡單，即以市內短途汽車運輸為主，所以，壓縮成本的選擇範圍也相對較少，難度也就相對增大。百勝物流為此採用了合理排程、提高車輛利用率、減少配送頻率、利用歇業時間送貨等措施實現了成本的降低。這說明提高物流管理水平，確實「有利可圖」。

在經濟發展和市場競爭的一定時期，企業注重加強內部管理，以降低成本、保證質量來提高經濟效益，增強競爭優勢。百勝降低了連鎖餐飲企業的運輸成本，從而降低了總成本，增加了利潤。

案例思考

1. 百勝物流在為連鎖餐飲業的配送服務中，如此精細地管理，是否需要一定的管理環境？你認為在中國的企業管理中適用嗎？我們是否具備這樣的管理環境？

2. 這裡講的都是「節流」的思想，你認為一個企業家應更多關注「開源」還是「節流」？或二者並重？

3. 你認為「利用餐廳的歇業時間送貨」是利大還是弊多？為什麼？

國家圖書館出版品預行編目(CIP)資料

現代物流管理/ 何峻峰 主編. -- 第二版.
-- 臺北市：崧燁文化，2018.08

　面　；　公分

ISBN 978-957-681-522-5(平裝)

1.物流管理 2.供應鏈管理

　496.8　　　　107013640

書　名：現代物流管理
作　者：何峻峰 主編
發行人：黃振庭
出版者：崧燁文化事業有限公司
發行者：崧燁文化事業有限公司
E-mail：sonbookservice@gmail.com
粉絲頁　　　　　　網　址：
地　址：台北市中正區重慶南路一段六十一號八樓 815 室
8F.-815, No.61, Sec. 1, Chongqing S. Rd., Zhongzheng Dist., Taipei City 100, Taiwan (R.O.C.)
電　話：(02)2370-3310　傳　真：(02) 2370-3210
總經銷：紅螞蟻圖書有限公司
地　址：台北市內湖區舊宗路二段 121 巷 19 號
電　話：02-2795-3656　　傳真：02-2795-4100　網址：
印　刷：京峯彩色印刷有限公司（京峰數位）

本書版權為西南財經大學出版社所有授權崧燁文化事業有限公司獨家發行電子書繁體字版。若有其他相關權利及授權需求請與本公司聯繫。

定價：500 元

發行日期：2018 年 8 月第二版

◎ 本書以POD印製發行